生物学 之 书

Biology

[美] 迈克尔·C·杰拉尔德 格洛丽亚·E·杰拉尔德 著

傅临春 译

重庆大学出版社

生物学之书

The Biology Book

From the Origin
of Life to Epigenetics,
250 Milestones
in the History of Biology

从生命的起源到实验胚胎学

生物学史上的

250个里程碑

这本书献给我们可爱的孩子们：马克·乔纳森·杰拉尔德和梅利莎·苏珊娜·杰拉尔德。他们的成就带给我们巨大的欢乐和骄傲，我们为此充满了爱和感激。

这本书也献给我已逝的兄弟史蒂文·杰拉尔德和我们的父母——托拜厄斯·杰拉尔德、露比·杰拉尔德和海曼·格鲁伯、埃斯特·格鲁伯。感谢他们的爱、鼓励和启发。

目 录

V

前言

　　我们尚无文字的祖先开始清楚意识到生命与非生命物体间的差别时，无疑便是生物学历史的第一页被"写下"的时候。为寻找猎物及收集食物时，他们在当地环境中遇见各种生物体，便渐渐认识到这些生物间的相同与不同之处——至少在肤浅的层面上认识到了。在使用动物准备饭食的过程中，它们的内部结构被展露出来，但是我们没有什么理由认为这些动物的不同之处能激发聪明猎人们的好奇心。在先人们的生活中，超自然力量重要得多，这种力量使他们能够生存，并有好运和后代作为奖励，同时隐藏食物来源并传播疾病作为惩罚；而他们指望能通过人祭和畜祭来影响这种力量的决定。大约 12 000 年前，人类才开始种植植物以得到食物，驯养动物——尤其是狗——以得到它们的辅助和陪伴，从而更好地掌控自己的生存环境。

　　最早的生物学学徒是医疗者，他们被称为巫医、药师／女药师，又或是萨满，等等，他们是应对疾病的专家。他们的"治疗"结合了草药、对超自然力量的祝祷和祈求，以及自己长年的治疗经验——其中并不包括系统性的学习。亚里士多德（公元前 384—前 322 年）是最早且最伟大的生物学者之一，他系统性地考察动植物和它们的特征；在一丝不苟地观察、推论和解读的基础上为它们分类，并不采用超自然力的解释；他还创作了至少四本书来分享这方面的知识。

　　到了 17 世纪后期，列文虎克（Leeuwenhoek）发现了一个前人未知的微观世界，居住于其中的生命既不是植物也不是动物。他接受的训练是如何做一个麻布商人，却自学成为透镜研磨的业余爱好者，而他写给各个欧洲科学学会的信件用的都是母语荷兰语。有了显微镜，施耐德（Schneider）和施万（Schwann）才能在 19 世纪 30 年代确定细胞为生物——包括动植物在内的所有生物——的结构和功能的基本单位，就如原子是化学基本单位一样。

　　在 19 世纪之前，对生物体的研究——之后这个专业被称为自然史——主要注重于动植物的差异与分类，以及动物的解剖和生理机能。这些自然学家更倾向于采用观察法，而非实验研究。到了 19 世纪，这种状况戏剧性地改变了，对生物的系统研究和对有机体功能的描述爆发性地发展起来。"自然科学"被新名词"生物学"取代。在对生物有机体化学反应的研究中，克洛德·贝尔纳（Claude Bernard）等生物化学先驱运用了有机化学的发展新成果；这些研究一直延续到今天，渐趋成熟。

生物学领域最重要的一些发现也许是出现在 1859 年至 1868 年的十年中。1859 年，查尔斯·达尔文完善了他的自然选择理论，它是进化论的基础。进化论如今已是生物学的主流观点，它被用来解释所有生物体的统一性和多样性。科学界对于达尔文的《论借助自然选择的方法的物种起源》反响热烈，但几乎没有注意到格里哥·孟德尔的成就，这位籍籍无名的捷克牧师在修道院花园中种植研究豌豆，并发表了关于其植株高度的研究成果。三十多年后，孟德尔的论文被重新发现，他的理论成为新学科遗传学的基础。它也为引起自然选择的突变现象提供了理论基础，这个解释使达尔文及其追捧者十分困扰，并挑战了后者的进化论。自远古时起，人们就相信生物都源自非生命体，即自然发生说。路易·巴斯德以一个简单却精妙的实验提供了令人信服的证据，证明生物体是源自更早期的生命形式。但是问题依然存在，生命最原始的来源是什么？

20 世纪至今最至关重要的研究包括探索个体细胞成分的作用，以及它们对细胞功能的独特贡献。詹姆斯·沃森（James Watson）和弗朗西斯·克里克（Frances Crick）于 1953 年提出的 DNA 结构引发了生物学研究领域的一场革命，并使大众对科学产生了源源不断的兴趣。后续研究注重于解释——通过 DNA 结构，基因如何担任遗传的分子基础，指导蛋白质合成，并影响我们的健康。在发展与修正药物及实用性动植物创新的领域中，DNA 操控技术与生物科技成为当代宝贵的科学工具。

不同于热衷并试图理解他那个时代所有知识的亚里士多德，19 世纪晚期的生物研究渐渐变得精细、多元化且专业化，衍生出了各种分支学科，而受过专门训练的专业人员则越来越侧重于积极的实验。普通生物学，或动／植物学课程与动／植物学科分化成了生物化学、分子与细胞生物学、解剖学和生理学、微生物学、进化生物学、遗传学以及生态学等学科。在《生物学之书》中，你能找到上述每个专业学科的里程碑事件。

我们编写《生物学之书》的目的，是想以深入浅出、令人愉悦的方式，为读者提供途径来领略生物学领域 250 个最具重大意义的事件。我们希望每一章节都能让所有读者轻松地理解，并获得科学系统的新信息和新见解。我们会在一些篇章的适当位置提供基本的背景资料，以搭建入门的阶梯，使读者免于吃力地理解艰深晦涩的技术辩题与理论。简言之，这些按年代顺序陈列的事件意在合乎科学逻辑，又同时易于阅读且引人入胜，并且每一章都能独立存在，无须按顺序阅读。我们提供对照检索，使读者可以找到与某一主题相关的不同章节，以及更详细的资料来源。某些事件的相关时间略有参差，我们相信您一定可以理解这一点：专家们对于某个日期未必会意见一致，就此而言，甚至对于哪位研究者对事件最有功劳也各执一词。

一流的大学生物教科书都超过了 1 000 页，我们又是如何仅仅选出 250 个重要事件呢？首先，每个里程碑事件都必须代表当时的一项重大科学发展，它在数百年里，甚至可能直至今天都意义深远。其中一些事件渐次建立在早期的发现上，并延续这些发现，当代人毫无困难地接受了它们。其他事件则并非如此，尤其是那些实质上为革命性的主题——即科学哲学家托马斯·库恩（Thomas Kuhn）所描述的思考模式的根本变化——它们极其不同于当时流行的"真理"，因此全都被大肆抨击，遭到暴风骤雨般的嘲笑、批评，甚至是彻底的敌视。科学家们往往认为自己是合理且客观的，然而一些学者却长久地抗拒并且排斥政治、哲学、经济或宗教理性的新颖理念，因为这样的理念与历史悠久的传统观念、与他们所拥护的崇高信念背道而驰，又或是单纯因为他们的愚昧。不管怎样，当无可辩驳的证据出现时，科学界认可了安德雷亚斯·维萨里对盖仑的纠正，后者对人体的错误描述在近 1 500 年中被毫不置疑地传授给了医学生。罗伯特·科赫证明了传染病的致病因素是细菌，而非超自然力量或"瘴气"，这是科学方法的另一次胜利，它颠覆了医药学。

一些最伟大的科学家——即使并非生物学家——也在生物科学领域拥有不朽的发现。《生物学之书》强调了这些科学家的特别成就，并在适当的情况下提供关于他们的有趣简介。比如奥托·勒维，他为神经元的化学传递提供了令人信服的证据，并在纳粹入侵后用他的诺贝尔奖金买通关卡，离开了奥地利。最后，我们必须坦白，有一部分重大事件被列入，主要是因为它们讲述了一个精彩的故事，我们猜所有人都喜欢好故事。

《生物学之书》中的大事记印证了牛顿的理念："如果说我看得比别人更远些，那是因为我站在巨人的肩膀上。"我们将尽力从历史角度解释这些生物领域的发现或概念的重要性，并展示这些发现对于后续研究，以及现代思想的影响。我们希望读者在掩卷之时，能在身边的生命世界里看到全新的天地。

致谢

我们想对女儿梅利莎·杰拉尔德（Melissa Gerald）致以衷心的感谢，她作为一名生物人类学家的建议与意见为本书的方方面面都提供了极其重要的帮助。还有我们的儿子马克·杰拉尔德（Marc Gerald），他协助我们与斯特林出版公司联系，并在整个项目中为我们提供鼓励和宝贵的专业支持。感谢克里斯蒂娜·杰拉尔德（Christina Gerald）在编写本书的过程中给我们的关爱支持，还要感谢乔恩·伊万斯（Jon Lvans）对事件选择提出的意见。谢谢斯特林出版公司的编辑与制作人员的鼎力相助——尤其是我们的责编梅兰妮·马登（Melanie Madden）；光速出版社的斯科特·卡拉马（Scott Calamar）推动了本书的出版。我们向所有人致以最深切的谢意。

生命的起源

路易·巴斯德（Louis Pasteur，1822—1895）
J. B. S. 霍尔丹（J. B. S. Haldane，1892—1964）
亚历山大·奥巴林（Alexander Oparin，1894—1980）

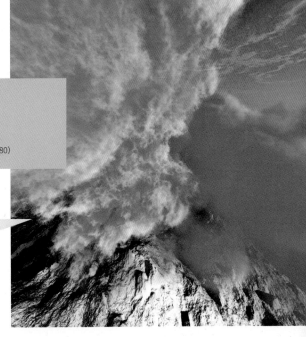

地球生命如何起源的问题困扰了学者与哲学家们数千年。我们的这颗行星在形成约十亿年时拥有极其特别的环境，它非常有利于原始大气中的原料合成有机小分子。

原核生物（约公元前 39 亿年），真核生物（约公元前 20 亿年），新陈代谢（1614），驳斥自然发生说（1668），化石记录和进化（1836），达尔文的自然选择理论（1859），酶（1878），米勒-尤列实验（1953），生物域（1990）

微生物化石上的遗骸表明，生命可能早在 40 亿～ 42 亿年前就在地球上出现了。但是生命是如何起源的呢？"自然发生说"的理念可追溯至古希腊时期，这一理念认为，生命可能来自无生命物质。直到 1859 年，路易·巴斯德操作的一系列实验才明确反驳了这个观念。不过到了 20 世纪 20 年代中期，自然发生说再次复苏，如今它被重新命名为"无生源说"。俄国生物化学家亚历山大·奥巴林和英国进化生物学家 J. B. S. 霍尔丹各自独立提出：原始地球环境与现在的环境有很大的不同，它有利于化学反应的发生，从而导致从无机原料合成有机分子。科学文献中充斥着各种假定生命起源如何发生的理论，但没有哪个理论获得了一致的认可，而且，其中大多数理论的依据都是不同版本的奥巴林-霍尔丹假说。

自我复制的非生物（无生命）简单有机分子通过自然发生（或生命自生），形成生命，这个过程分为以下几个步骤：大气中的二氧化碳和氮合成诸如氨基酸和氮基化合物之类的有机小分子，其所需能量来自强烈的日照或紫外（UV）辐射；这些有机小分子继续联合，形成大分子，比如蛋白质和核酸；大分子被聚拢到原始细胞中，这些原始小囊是活细胞的前身，外面包裹着一层可调控细胞内在化学成分的膜，在这样的条件下，复制、产能和用能的化学反应得以发生；最后，产生了能够自我复制的核糖核酸（RNA），它是蛋白质合成所需的物质，并且能执行 RNA 复制所需的酶催化功能。独特的化学反应模式令这些新 RNA 分子成为自我复制的佼佼者，且可以将优异的特性传递给 RNA 子代。这一过程可能是自然选择的最早期范例。■

约公元前 40 亿年

最后一位共同祖先

查尔斯·达尔文（Charles Darwin，1809—1882）

生命之树暗示了我们的共同起源，这个隐喻被用于世界各地的宗教和神话中。这幅生命之树的画作来自沙基汗宫（约 1797 年），现在它被展示在阿塞拜疆国家艺术博物馆中。

 生命的起源（约公元前 40 亿年），原核生物（约公元前 39 亿年），真核生物（约公元前 20 亿年），达尔文的自然选择理论（1859），脱氧核糖核酸（DNA，1869），酶（1878），米勒-尤列实验（1953）

约公元前 39 亿年

查尔斯·达尔文的进化论假定地球上的所有生命都源自同一位祖先。在《物种起源》一书中，达尔文写道："因此我通过类比推断，地球上生活过的所有有机体都源自同一个原始形态，最先拥有生命的便是这个原始形态。"这最后一位共同祖先（LUCA）也被称为最近公共祖先（LCA），它其实未必是地球最初的生命体。但是地球上现存的几乎所有生命体都共享着它的遗传特征，在约 39 亿年前都从它开始分支进化。生物体有三个主要分支：一是真核生物，包括植物、动物、原生动物，以及其他拥有细胞核的生物；另外两个分支则是没有细胞核的细菌和古细菌。

对遗传特性的这一探索结果使我们得知，LUCA 的形态显然难以确定，并且极有争议。当探索开始时，人们假定 LUCA 是一种原始简单的聚合体，但现在我们确信这种假想过于简单化了。2010 年一项正式的验证评估了 LUCA 应该具有的共同特征。

LUCA 是一个单细胞有机体，它的细胞外包裹着类脂膜。其他一些特征属于遗传学、生物化学、能源和复制的综合领域。在所有的生命形态中，遗传信息储存在脱氧核糖核酸（DNA）的编码中。从细菌到人类的所有生物，DNA 转录、翻译为酶和其他蛋白质过程所用的遗传编码都几乎完全一致。遗传信息的转录、翻译过程支持了 LUCA 的概念，生命显然不太可能起源于多个祖先。

LUCA 的识别过程中最复杂的状况之一是与基因交换相关。事实表明，基因能在一个生物体中转移到另一个生物体，这就使我们很难判定我们所观察到的特征究竟是生物共有的，还是交换所得的。■

原核生物

卡尔·乌斯（Carl Woese, 1928—2012）
乔治·E. 福克斯（George E. Fox, 1945— ）

原核生物是数量最庞大，同时也是最早出现的生命体。细菌是三域生物之一，并且是最常见的原核生物，它们有细胞壁，主要有四种形状：棒状（如图）、球状、弧形和逗号状。

生命的起源（约公元前 40 亿年），真核生物（约公元前 20 亿年），列文虎克的微观世界（1674），细胞学说（1838），达尔文的自然选择理论（1859），脱氧核糖核酸（DNA，1869），革兰氏染色（1884），细菌致病论（1890），益生菌（1907），抗生素（1928），核糖体（1955），生物域（1990）

约 40 亿年前，地球上开始出现生命，那时这颗行星刚刚形成 6 亿年。原核生物是最原始且最多样的生命形态，它们的成功存活要归因于若干因素：大多数原核生物有细胞壁，它能保护细胞并维持其形状；许多原核生物表现出了趋向性，它们本能地趋向营养物质和氧气，避开有害刺激物；最重要的是，原核生物能通过二分裂生殖（分裂成两半）迅速无性繁殖，并快速适应不利的环境条件。

根据乌斯和福克斯的"生物域分类"，三域中的两大类——古细菌和细菌——都是原核生物，它们的核质和细胞器外没有细胞膜包裹，细胞器是胞内执行特殊功能的结构（比如核糖体和线粒体）。原核生物的细胞内呈胶状流体，称为细胞质基质，其中悬浮着胞内物质。脱氧核糖核酸（DNA）则位于细胞液中的拟核区域。

古细菌拥有在极端环境中适应、生存并大量繁殖的非凡能力，少有其他生命形态能够在这类环境中存活。古细菌又被称为极端微生物，其中一些生活在火山热泉中，另一些则生活在美国犹他州的大盐湖中，后者的盐浓度比海水高十倍。

到目前为止，多数原核生物都是细菌，其中一些和动物形成了共生或互惠共生（互惠互利）的关系。不过细菌更广为人知的是其致病性，人类所患的疾病中大概有一半种类都是细菌引起的。细菌在显微镜下呈现多种形状，最常见的是球状、棒状、弧形或逗号状。根据细胞壁的化学成分及其染色反应（革兰氏染色），细菌被分为革兰氏阳性或革兰氏阴性，这一点对临床诊断是否需要使用抗生素以及治疗传染性疾病有重要意义。∎

约公元前 39 亿年

藻类

所有的生命都依赖于光合作用，藻类能进行光合作用。这个过程中形成的有机分子是海洋生命赖以生存的基础。氧气也是光合作用的副产品，而它是陆生生物的生存要素。

原核生物（约公元前 39 亿年），真核生物（约公元前 20 亿年），真菌（约公元前 14 亿年），陆生植物（约公元前 4.5 亿年），细胞核（1831），光合作用（1845），食物网（1927）

约公元前 25 亿年

作为食物链的基础，从单一的细胞至数百万细胞组合，藻类的结构复杂程度千变万化。从大小上说，它们跨越了七个量级——有微小的微单胞菌属（直径 1 微米），还有巨大的巨藻（约 60 米长）。通过光合作用，藻类将二氧化碳和水合成为有机食物分子，这便是食物链的基础所在，所有海洋生物的生存都依赖于此。氧是光合作用的副产物，所有陆生动物呼吸都需要氧气，而全球的氧气有 30% ~ 50% 是藻类产生的。原油和天然气则是远古藻类的光合产物。

藻类的异构性挑战了如今得到广泛认可的一种生物分类法。有些藻类拥有与原生动物和真菌一样的特征，然而后两种生物早在 10 亿多年前便和藻类分道扬镳了。作为一个类别，各种藻类并不密切相关，它们也并非来自同一条进化链。在大约公元前 23 亿年时，大气中的氧气含量曾有一次巨大的提升，人们认为这是蓝藻细菌光合作用的结果，这个事件表明，藻类的进化史从 25 亿年前就开始了。10 亿多年前，红藻和绿藻由一个共同的古老祖先分化而来，最古老的红藻化石可追溯至大约 15 亿年前。形成绿藻的进化链同时也产生了陆生植物，有些生物学家建议将绿藻纳入植物界体系。

有些藻类分类法根据它们是拥有细胞核（真核），还是没有细胞核（原核）来分类；又或是从生态学上依它们的栖息地分类。自 19 世纪 30 年代起，藻类根据它们的颜色来分成几大类：红藻、绿藻、褐藻等。它们的色彩来自光合作用的辅助色素，其掩盖了叶绿素的绿色。已知的红藻大约有 6 000 种，它们的形状因海水深度而各不相同。在热带海域温暖的沿海水域中，红藻最为繁盛。大多数红藻是多细胞生物，最大型的被称为"海藻"。绿藻类超过了 7 000 种，大多数生活在淡水中。■

真核生物

真核生物包括多细胞植物、动物和真菌，也包括单细胞原生生物。自然界中约有 600 种伞形毒菌，95% 致命毒蕈中毒事件的罪魁祸首都是它们。

 生命的起源（约公元前 40 亿年），最后一位共同祖先（约公元前 39 亿年），藻类（约公元前 25 亿年），真菌（约公元前 14 亿年），列文虎克的微观世界（1674），细胞核（1831），细胞学说（1838），达尔文的自然选择理论（1859），减数分裂（1876），有丝分裂（1882），革兰氏染色（1884），细菌致病论（1890），内共生学说（1967），生物域（1990），原生生物分类（2005）

所有的高级生命形态都有真核细胞。在大约 16 亿～ 21 亿年前，拥有真核细胞的有机生物体出现了，通常认为它们是由一个原核祖先通过内共生过程进化而来的。真核细胞比原核细胞大十倍，而且结构更加复杂。从阿米巴变形虫到鲸鱼，从红藻（属于最初的真核生物）到恐龙，真核生物在形状和大小上展现出了令人惊异的多样性。

真核细胞和原核细胞有一个最显要的区别：真核细胞的细胞核以及其他细胞器外都包裹着一层膜。这些小小的隔离区域使细胞器以更为高效的方式执行它们自己的特殊功能——比如能量转换、消化代谢和蛋白质合成，而这些功能不会受到细胞内同时进行的其他进程干扰。

最大的细胞器是细胞核，它包含携带遗传信息的染色体，DNA 就存在于染色体中。真核细胞的复制包括两种形式：有丝分裂，在这个过程中，一个细胞分裂生成两个基因完全相同的子细胞；减数分裂，在这个过程中，成对的染色体分成两半，每个子细胞中的染色体数目都是母细胞所含的一半。

真核生物是生命形态的三域生物之一，包括动物、植物和真菌——这些生物全都是多细胞的；还包括真核原生生物——绝大多数都是单细胞生物。原生生物是目前为止形态最多样、数量最庞大的真核生物。区别不同生物界的方法之一，是看它们如何满足自己的营养需求。植物通过光合作用生产自己的食物，真菌从生长环境中吸收分解的营养物质（腐烂的有机体、无生命的废物），动物则进食并消化其他有机体。至于原生生物以及它们获得养分的方式，则难以概括：从获得养分的方式看，藻类和植物很像，黏液菌和真菌很像，而阿米巴原虫则更像动物。近些年，原生生物的分类法及进化史都得到了修正，遗传分析显示，有些原生生物与别的原生生物差别甚大，反而与动物和真菌更相近。■

约公元前 20 亿年

酵母菌、霉菌和伞菌是可以食用的真菌（如蘑菇和松露），也可以用来发酵制造面包和酒精饮料（使用酵母菌）。在凝乳中注入精选的真菌，能为制成的乳酪带来独特的风味和质感。

真核生物（约公元前 20 亿年），麦角中毒与巫术（1670），酶（1878），抗生素（1928），生物域（1990），原生生物分类（2005），美国栗树疫病（2013）

约公元前 14 亿年

除了霉菌和伞菌外，真菌在人们的印象中并不是什么重要的生命形态，然而它们对我们有巨大的影响。真菌协助分解自然环境中的尸体和有机物质，令其腐烂并再次进入自然循环。除了蘑菇、羊肚菌和松露外，还有一些真菌被用来催熟乳酪，而酵母菌则被用于面包、酒精饮料和工业化学制品的生产。真菌是所有药物中最重要的医药来源：如青霉素与环孢素，后者可以抑制器官移植的排异反应。但是在 10 万种真菌中，有 30% 都是寄生菌或病原体。植物是它们钟爱的目标，它们毁坏果林，引发美国栗树疫病[1]、荷兰榆树病，以及麦角中毒——公元 944 年，麦角菌在法国杀死了 4 万人；在塞勒姆女巫审判案中，人们控诉是巫术引发了受害者的幻觉，但其实这很可能是麦角菌引发的。真菌还能引发皮肤感染（脚气）、宫颈感染（念珠菌症），以及致命的系统感染。

真菌以前被归类为植物。它们生长在土壤中，是固着生物（不能随意移动），而且有细胞壁。但是分子生物学证据表明，它们更接近于动物，在至少 14 亿年前，它们和动物一样是由一个共同的水生单细胞祖先进化而来的。最古老的陆生真菌化石有 4.6 亿年的历史。

除了酵母菌这样的单细胞真菌外，大多数真菌都具有菌丝，菌丝是线状的中空细丝，外面包裹着几丁质的细胞壁（如同昆虫的外骨骼），但没有植物所拥有的纤维素。菌丝顶端分枝成菌丝体（交织的丝网垫），它们伸出地面，形成包含孢子的子实体，实行繁殖功能。

动物能摄取食物，植物能制造食物，而真菌以几种不同的方法获取养分：如异养真菌，它们从环境中吸收养分；如腐生真菌，它们分泌酶类，将活细胞和死细胞（落木、动物尸体）上的有机大分子分解成自己可以吸收的小分子；如寄生真菌，它们能分泌一些可以渗透细胞壁的酶类，将其他细胞的养分吸入自己的细胞。■

---

1 美国栗树疫病：20 世纪初，栗疫病开始在北美大陆横行，在 40 多年里从缅因州蔓延至佐治亚州的所有地区，毁灭了 35 亿多棵栗树。

节肢动物

在所有活着的以及成为化石的动物中，有四分之三被鉴别为节肢动物，其中包括龙虾等甲壳类。右页的《夏威夷龙虾》(*Hawiian Lobster*) 水彩画绘于 1819 年，作者是一位名叫小阿德里安·陶内的 16 岁法国画家。

 昆虫（约公元前 4 亿年）

节肢动物是这个行星上最成功的动物，从两极到热带，从最高的山峰到最深的海底，陆地、海洋和空中到处都有它们的身影。在所有活着的以及成为化石的动物中，四分之三都是节肢动物。现存于地球上的节肢动物数量估计有 100 亿亿（10^{18}），其中已被鉴别描述的有 100 万种，热带雨林里还有几百万种未被鉴别。它们的大小千变万化，从微小的昆虫和甲壳纲动物，到白令海中的蓝色帝王蟹——它的一条腿可超过 6 英尺（1.8 米）长，体重往往超过 18 磅（8 公斤）。

节肢动物的起源和进化备受争议，因为其最早的许多成员都没有留下化石遗迹。人们通常认为，所有的节肢动物都是从一个共同的环节动物祖先进化而来的，那是 5.5 亿～6 亿年前的一种海生蠕虫。从这个祖先开始，所有的节肢动物究竟是只经历了单次进化还是有多轮进化，科学家对此毫无头绪。最早的化石遗迹是现在已经灭绝的海洋三叶虫，它的历史可追溯至 5.3 亿年之前。最早的陆生动物也是多足纲节肢动物（蜈蚣的亲属），它们出现在大约 4.5 亿年前。

节肢动物门是动物界种类最多的一门动物，它们都是无脊椎动物，被分为五大群体——昆虫、蜘蛛、蝎子、甲壳类以及蜈蚣。这五大群体都拥有共同的特征：它们两侧对称（和人类一样），也就是说，左半边身体是右半边身体的镜像；它们都有一层外壳，这层外骨骼是由几丁质（一种多糖聚合物）构成的，可以为身体提供保护，并为移动附肢的肌肉提供附着点，同时防止身体丧失水分。昆虫的身体是分段的，它们的附器由关节连接（"节肢"一词的由来），所以，尽管身体被坚硬的外骨骼包裹，但它们还是可以移动腿、爪和口器。节肢动物的附器在进化过程中渐渐变少，并且功能也变得更专门化，比如用来运动（走或游）、进食、防御、感觉（它们的感官相当发达），以及繁殖。■

约公元前 5.7 亿年

COVER COUGHS
COVER SNEEZES

NEVER GIVE A GERM A BREAK!

延髓：至关重要的大脑

延髓是最原始的大脑结构，它控制着如呼吸、心跳和血压这样至关重要的功能，以及咳嗽和打喷嚏这样的反射性反应。这张海报是第二次世界大战期间由美国战争信息办公室发布的，意在警告美国士兵遮掩咳嗽和喷嚏，以免传播病菌。

鱼类（约公元前 5.3 亿年），血压（1733），神经系统通信（1791），神经元学说（1891）

约公元前 5.3 亿年

每当提及大脑，我们无疑都会想到推理、情感，当然还有思考——这些都是大脑最高层级的活动。不过，大脑还有一些关键的功能要比上述这些活动基础得多，它们对生存而言至关重要。这些基础功能由延髓调控，它很可能是大脑进化的第一部分。有些权威人士坚称，延髓才是大脑最重要的组成部分。

所有脊椎动物的共同祖先是一种被称为"两侧对称动物"的原始动物——即拥有左右对称身体的动物，它们最早出现于大约 5.55 亿～ 5.58 亿年前。它们的特征之一是拥有一根中空的肠管，它从口部延伸至肛门，并包裹着一根神经索，那是脊髓的前身。第一种脊椎动物在 5 亿多年前出现，人们认为它类似现在的盲鳗，它的神经索的前端结构进化出了三个膨大的部分：前脑、中脑和后脑。

延髓是后脑的结构之一，由脊髓的顶端发展而来，它在大脑的最下部，也是脊椎动物大脑中最原始的部分。延髓调控的功能是生命最为依赖的要素，而且这些功能不由我们自主操控：它们是呼吸、心跳和血压。延髓中的化学受体监测血液中的氧气和二氧化碳含量，并据此精心调节呼吸的频率变化。延髓被破坏会使生物立即因呼吸衰竭而死。主动脉和颈动脉中的压力感受器能探测到动脉血压的变化，继而通过神经脉冲将信息传递给延髓中的心血管中枢，后者触发状态变化，使血压和心跳恢复至正常水准。

延髓同时也是一系列反射中枢的所在地，当人体需要呕吐、咳嗽及吞咽时，这些中枢能在无须认知加工的状态下及时做出反应。此外，延髓还提供了神经进出大脑的通路，并在大脑和脊髓间传递信息。■

鱼类

无颌鱼是最原始的鱼类，它们用圆形的口部进行滤食，比如图中这条七鳃鳗。人们认为北美五大湖中的七鳃鳗是入侵物种，它们很幸运，在这个区域它们没有天敌，并且其食物是具有极高商业价值的湖红点鲑。

泥盆纪（约公元前 4.17 亿年），两栖动物（约公元前 3.6 亿年），古生物学（1796），"活化石"腔棘鱼（1938）

大约 5.5 亿年前，脊椎动物最早的祖先出现在了海洋中。之后，泥盆纪（4.17 亿年前至 3.59 亿年前）见证了鱼类的显著进化，这个纪元也被称为鱼类时代。如今，鱼类的多样性胜过了任何其他脊椎动物。在 52 000 种脊椎动物中，有 32 000 种是鱼类，它们可以被简单地统称为缺少有趾四肢的有鳃类脊椎动物。

最早的鱼类是无颌类，它们出现在约 5.3 亿年前的寒武纪大爆发中。它们没有下颚，头部有甲胄，圆形的口部用以吮吸或滤食。现在的七鳃鳗和盲鳗是无颌类仅存的后代。鱼类渐渐进化出下颌——这个过程可见于如今的软骨鱼类和硬骨鱼类，这使它们能够摄取更多种类的食物，变成活跃的猎手。软骨鱼类缺少真正的骨骼，它们拥有的是轻盈柔韧的软骨，因此许多软骨鱼都是非常敏捷的猎食者，比如魟、鲨鱼和鳐鱼。

真正的硬骨鱼有 19 000 种，它们的形态各不相同，如鳗鱼、海马、鳟鱼和鲔鱼。大多数硬骨鱼都有鱼鳔，它是一个充满气体的囊状物，可以让鱼类毫不费力地浮在它们所需的深度上。鲨鱼和魟没有鱼鳔，而它们又比水重（所有的鱼类都是如此），因此容易下沉。它们要么在海床上歇息，要么就要不断地运动，后者使它们耗费大量能量。水中的氧气含量和空气中的相比微不足道，但各种鱼类的鱼鳃都是高效的呼吸工具，在水流持续穿过鱼鳃的过程中，它们摄取氧气，排出代谢最终产物二氧化碳。

硬骨鱼主要有两大类：十分常见的辐鳍鱼，这个名称来源于支撑鱼鳍的放射状鱼骨；还有肉鳍鱼，比如"活化石"腔棘鱼，在它们的胸鳍和腹鳍中，肌肉包裹着棒状的骨骼。这些肉鳍鱼渐渐进化出了四足动物的四肢，即进化成了有四肢的陆生动物，其中包括人类。■

约公元前 5.3 亿年

陆生植物的大小形态非常多样，有毫不起眼的野草，也有高耸入云的红杉。图中所绘的苔藓体内没有运输水分的系统，所以它们需要生长在潮湿的环境中，而且只有在被液态水包裹时才能进行繁殖。这些在雨中保持潮湿的屋瓦是苔藓理想的生长环境。

藻类（约公元前 25 亿年），真核生物（约公元前 20 亿年），植物对食草动物的防御（约公元前 4 亿年），种子的胜利（约公元前 3.5 亿年），裸子植物（约公元前 3 亿年），被子植物（约公元前 1.25 亿年），植物源药物（约公元前 6 万年），农业（约公元前 1 万年），光合作用（1845），达尔文的自然选择理论（1859）

约公元前 4.5 亿年

亚里士多德是历史上第一位将生命世界分成动物和植物的人，这种区分如今仍然被广泛使用：动物会移动，而植物不能。现存的陆生植物（有胚植物）有 30 万～ 31.5 万种，其中包括开花植物、球果植物、蕨类植物和苔藓植物，但不包括藻类和真菌。

所有的陆生植物都来源于一种绿藻——轮藻，它们于 12 亿年前首次出现在陆地上。当时有许多绿藻生活在水塘和湖泊边缘，而这些水源正渐渐干枯。达尔文的自然选择理论表明，在水面下降时，那些适应了水位以上环境并生活于其中的藻类幸存了下来。这些早期陆生植物大约出现在 4.5 亿年前，比起从前，它们能更好地获得明亮的阳光和二氧化碳——这对它们来说大有裨益，因为这二者通过光合作用制造有机物的自养的条件——除此之外还有营养丰富的土壤。占所有陆生植物 85%～ 90% 的种子植物在 3.6 亿年前出现，又过了 1.4 亿年，开花植物也出现了，之后是最新种类禾本植物，这一大型群体于 4 000 万年前出现。

从纤小的野草到高耸的红杉，绿色植物的形态多种多样。所有的绿色植物都是真核细胞生物（有细胞核），并且细胞壁都由纤维素构成，另外，它们几乎全都通过光合作用获得能量。最初的种子植物是现在已经灭绝的种子蕨。种子中包括一个胚，即受精卵，其养料包裹于一层保护层中。这样的种子从亲本植株上脱落后，还可以休眠许多年。

大约 12 000 年前，世界上许多地区的人类都开始培植野生的种子植物，从狩猎采集者变成了农夫。种子植物是我们的主要食物来源，同时也为我们提供燃料、木制品（所有的木制品都来自种子植物），以及药物。非种子植物不开花，也不经由种子生长，其包括蕨类植物、苔藓植物、地钱和木贼。■

泥盆纪

亚当·塞奇威克（Adam Sedgwick, 1785—1873）
罗德里克·麦奇生（Roderick Murchison, 1792—1871）

这张图来自恩斯特·海克尔于 1904 年出版的《自然界的艺术形态》（*Art Forms of Nature*），图中展示了各种海葵。它们是水生掠食性动物，也许曾在泥盆纪的珊瑚礁上繁盛一时。然而大多数海葵都没有坚硬的结构，因此它们的化石记录非常稀少。

 鱼类（约公元前 5.3 亿年），陆生植物（约公元前 4.5 亿年），两栖动物（约公元前 3.6 亿年），裸子植物（约公元前 3 亿年），珊瑚礁（约公元前 8000 年），古生物学（1796），化石记录和进化（1836），大陆漂移说（1912）

泥盆纪是 1839 年由地质学家亚当·塞奇威克和罗德里克·麦奇生命名的，以纪念英国德文郡[1]，这个纪元的化石正是在此地首次得到了研究。泥盆纪距今 4.17 亿年至 3.59 亿年，它见证了植物与鱼类的重大变化，其中包括某些鱼类冒险登上陆地的壮举。当时的海洋覆盖了 85% 的地球面积，此外有两个超级大陆：北半球的劳亚古陆和南半球的冈瓦纳古陆。

最初的陆生植物出现在大约 4.5 亿年前，而泥盆纪初始就出现了最古老的维管植物。和地钱、蕨类以及苔藓这样更早的无维管植物不同，维管植物拥有大量管状系统，可以在植物体内运输水分和养分。在这个时代，植物结构都很简单，并且只生活在水域边缘，它们都是一些小型植物，最高的只有 3 英尺（1 米）。木质的出现使植物的轴向力量渐渐增强，它们开始长得更高，以获得更敞亮的阳光，并可以支撑更多枝叶的重量。土壤的改变促进了植物根系的进化，在大约 3.85 亿年前，第一批类似树木的有机体从森林中脱颖而出。

生物世界的大变革。在泥盆纪中期，无颌类（无下颚的鱼类，具有板状甲胄）的数量开始锐减。有颌鱼的数量和形态渐渐增多，开始成为海洋和淡水中的主要猎食者，其中包括形似鲨鱼的软骨鱼和现存硬骨鱼中的大多数鱼类。因此，这个纪元又被无可非议地称为鱼类时代。从肉鳍有颌鱼类中进化出了最早的四足动物，它们从泥浆中爬出，移出水域，以陆生无脊椎动物为食。

至泥盆纪末期，大约有 70% 的无脊椎动物消失了，海洋种类灭绝得最多，稍好一些的是淡水种类。珊瑚礁完全消失了。泥盆纪晚期大灭绝事件大约持续了 50 万～2 500 万年。虽然我们至今不知道这次灭绝的起因是什么，不过它仍被列为生物史上五大灭绝事件之一。

---

1 德文郡的英文为 Devon，泥盆纪的英文为 Devonian。——译者注

约公元前 4.17 亿年

温瑟斯洛·霍拉（1607—1677）是一位出生于波西米亚的蚀刻师，他的作品囊括了一系列极其广泛的主题，其中包括这张 1646 年的蚀刻作品：《41 只昆虫》（*Forty-One Insects*）。

 节肢动物（约公元前 5.7 亿年），植物对食草动物的防御（约公元前 4 亿年），被子植物（约公元前 1.25 亿年），古生物学（1796），昆虫的舞蹈语言（1927），信息素（1959），社会生物学（1975）

约公元前 4 亿年

数量最多的动物。我们大约已鉴别描述了 100 万种昆虫，而科学家推测还有 600 万～1 000 万种昆虫正等待我们去发现。同样，昆虫是动物界中最大型的群体，比其他所有动物加起来还要多。无脊椎动物节肢动物门中的昆虫种类已被分为至少 30 个目，每一个目都有外骨骼和相同的共同特征：三对足；三个明显的体节——头部、胸部和腹部；一对触须，它们能侦测声响、振动和化学信号（包括外激素在内的化学信息素）；还有专门用于进食的外口器。

昆虫出现在约 4 亿年前，最古老的化石标本形似现代的衣鱼。科学家们曾发现一只正在飞翔的昆虫的完整化石印痕，人们认为它生活在 3 亿年前。昆虫是最早能够飞翔的动物，并且也是唯一能飞翔的无脊椎动物。飞翔能力为昆虫带来了明显的竞争优势，使它们得以逃离捕食者、找到食物和伴侣，并迁往新的栖息地。

许多昆虫都要经历变态期，那是它们生命循环不可或缺的一部分。有一些可能是不完全变态，比如蝗虫，其幼体（若虫）形似成虫，只不过个头更小。与之相比，蝴蝶经历的则是完全变态，其幼体（幼虫）经历四个不同的阶段，而后完全变形为成虫的样子。美国生物学家爱德华·O.威尔逊一直在研究蚂蚁及其社会行为，并在与人合著的《蚂蚁》（*The Ants*，1990）一书中对此加以描述。完全社会性的蚂蚁是群居动物，它们合作照顾幼体，有世代重叠及生殖分工的特征。

昆虫与它们的生活环境有着多层面的联系。我们许多人都将它们看作害虫，认为它们依靠动物宿主为生（比如蚊子）、传播疾病（疟疾）、摧毁庄稼（蝗虫）和建筑（白蚁）。但它们也为开花植物授粉，对遗传研究有益，并为动物提供食物。■

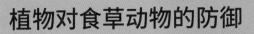

植物对食草动物的防御

刺、棘、针都是有坚锐末端的植物结构，它们以物理防御方式阻止食草动物。这些名词常常被随意混用，不过植物学家们根据它们起源于植物的位置来区分它们。图中是一支玫瑰的刺。

陆生植物（约公元前4.5亿年），昆虫（约公元前4亿年），两栖动物（约公元前3.6亿年），新陈代谢（1614），氮循环和植物化学（1837），协同进化（1873），酶（1878），线粒体和细胞呼吸（1925）

化石证据表明，在大约4亿年前，也就是首批陆生植物出现的5 000万年后，昆虫开始尽情地享用植物。最早的陆生脊椎动物可追溯至约3.6亿年前，它们是两栖动物，最初食用的是鱼类和昆虫，但随后就将植物也纳入了自己的食谱。食草动物从解剖结构和生理上都适应了以植物为主要食物，后者能为它们提供丰富的碳水化合物。为了阻碍这些食草动物，也为了提高自己的存活率和生殖适合度，植物们进化出了各种物理与化学防御机制以阻碍、伤害甚或杀死其天敌。但是在植物进化的同时，食草动物也一起进化了，后者的进化是为了战胜或削弱植物的防御机制，并使自己能够继续食用植物。

植物的物理防御或机械屏障是用来阻止或伤害食草动物的，比如玫瑰茎上的刺和仙人掌的尖棘。毛状体是覆盖在植物茎叶上的细毛，对大多数食草昆虫而言，这是一种典型的有效遏制，不过有一些昆虫进化出了相应的反防御机制。蜡或树脂能覆盖植物的一部分，以更改其质感，使细胞壁难以被食用及消化。

为防御而产生的化学物质是植物新陈代谢的副产物，这些次级代谢产物并不参与生长、发育和繁殖等基本功能。它们的作用是通过排斥或毒伤食草动物，以保障植物的长期生存。这些化学物质中包括植物碱和氰苷类两大类，这两类物质都含氮。植物碱是氨基酸代谢的衍生物，包括很多耳熟能详的化学制品，如可卡因、番木鳖碱、吗啡和烟碱，烟碱长期被用作花园和农田里的杀虫剂。植物碱能对食草动物造成不利影响，如改变它们的酶活性、抑制蛋白质合成及DNA修复机制、干扰神经功能。当食草动物食用含有氰苷类的植物时，植物将会释放氰化氢，抢先破坏掠食者的细胞呼吸功能。■

约公元前4亿年

这种红眼树蛙栖息于中美洲的热带雨林中。受到惊吓时，它们突起的红眼睛会突然睁开，并亮出鲜艳的色彩——这种防御机制被称为"威吓变色"，可以吓住捕食的鸟或蛇，使树蛙有机会逃走。

 鱼类（约公元前 5.3 亿年），昆虫（约公元前 4 亿年），植物对食草动物的防御（约公元前 4 亿年），气体交换（1789），甲状腺和变态（1912），食物网（1927）

约公元前 3.6 亿年

大约 3.6 亿年前，肉鳍鱼的鳍进化成了有指趾的臂和足。这些早期的四足动物有能力离开水源，而这一点显示出了躲避水生竞争和捕食的优势，并使它们得以在水源边缘繁茂的植物群中追捕猎物。这些四足动物进化成了两栖动物（意指"过着双重生活"），其中许多成员在整个生活周期中都可在水中及陆地上栖息。

两栖动物有 5 000 ～ 6 000 种，它们被分为三个群体，每个群体都有各自的特征：有尾目，如蝾螈有长长的尾巴和两对肢；无足目没有腿，几近失明，是在热带栖息地中发现的类蠕虫生物；现存的两栖动物中，有大约 90% 都被归为第三个群体——蛙类和蟾蜍，即无尾目，它们在幼年时栖息于水中，成年后的大部分时间在潮湿的陆地上生活。雌性将卵产在水中，由雄性的精子进行体外受精。蛙类的幼体是蝌蚪，它们拥有可以从水中摄取氧气的鳃、一条长尾，以及一个侧线系统——这个感觉系统能检测到水流和水压的变化。在变态之后，蝌蚪发育出肌肉强壮的后肢、一个大脑袋和双眼，还有一对外鼓膜以及适应于食肉的消化系统。相应地，它失去了尾部、侧线系统和鳃。呼吸时的气体交换——氧气和二氧化碳——是通过皮肤进行的，这是所有两栖动物的共同特征。有许多两栖动物都要历经变态过程，但并不是所有的两栖动物都如此。

生物多样化的先导者。 自 20 世纪 80 年代以来，两栖动物和蛙类在全世界范围内的数量都急剧下降，这个令人担忧的现象导致了某些种类的灭绝，并且代表着全球生物多样性遭到了重大威胁。两栖动物不仅以藻类和浮游生物为食，而且它们也是活跃的昆虫捕手，这减少了许多以昆虫为媒介的传染病传播概率。而两栖动物又是其他脊椎动物的食物来源。其数量下降的原因尚未确定，但这些原因很可能包括栖息地的毁坏或改变、污染以及真菌感染。■

种子的胜利

种子植物使花粉能够携带精子长距离移动、忍受不良气候条件，并为胚珠授精。图中的种子来自被称为"幸运豆"的念珠刺桐（*Erythrina lysistemon*），它属于豆科植物，被培育在公园和花园中，人们相信它有某种魔力和药效。

陆生植物（约公元前 4.5 亿年），裸子植物（约公元前 3 亿年），被子植物（约公元前 1.25 亿年），臭氧层损耗（1987）

第一批陆生植物是苔藓和蕨类的亲属，它们大约在 4.5 亿年前登上陆地，之后统治植物界超过 1 亿年之久。这些早期蕨类植物没有种子，依靠水为载体进行有性繁殖。雄性配子体释放精子，后者必须在一层水膜中游动，找到一枚卵子为之授精，以形成受精卵。种子植物是地球上最重要的生命有机体之一，它们在约 3.5 亿年前首次出现，从彼时至今，它们一直都是最具优势且最常见的植物形态。种子和花粉使植物得以在陆地上繁茂生长，解放了它们在繁殖时对水的依赖，并使它们适应了干旱和阳光中有害的紫外线。

非种子植物只产生单一类型的孢子，这催生了雌雄同体的配子体。随着时间的推移，这些植物中有一些进化成了能够产生两种孢子的种子植物：一种是小孢子，这使植物形成了多种多样的雄性配子体；还有一种是大孢子，它们只产生一种雌性配子体。雌性配子体及包裹它的保护性外层被统称为"胚珠"，是一颗未成熟的种子。花粉粒是包含精子的雄性配子体，外面也有一层保护层——可以防止精子变干、帮助它们抵御化学侵害、使它们能够经历长距离的移动并传播基因。非种子植物的精子必须游动直至找到胚珠，种子植物的精子则是被动地靠气流传播。

将花粉运输至胚珠所在处的过程称为授粉。在胚珠内的卵细胞由精子授精之后，胚珠将形成胚，而后发育成一颗种子。种子为胚提供保护与营养，使胚能够在必要时保持休眠状态达数十年，等待适合发芽的气候条件。

种子植物有两种类型：一种是裸子植物，其中包括针叶树；另一种是被子植物（开花植物），它们大约有 25 万种，占植物世界的 90%。∎

约公元前 3.5 亿年

绿树蟒生存于新几内亚、印度尼西亚以及大洋洲北部的约克角半岛。这种巨蟒可超过 6 英尺（180 厘米）长，以一种与众不同的盘绕姿态居住于树枝间。

 两栖动物（约公元前 3.6 亿年），恐龙（约公元前 2.3 亿年），鸟类（约公元前 1.5 亿年），古生物学（1796），温度感受（约 1882）

约公元前 3.2 亿年

在大约 3.2 亿年前，出现了最早的爬行动物。它们由两栖动物进化而来，有肺，有更加强壮的双腿，还能产下硬壳的体外卵——比起两栖动物受水束缚的卵，这些卵更能适应陆地环境。爬行动物在整个中生代（2.5 亿～2.65 亿年前）都占据着陆地上的统治地位，这个纪元被名副其实地称为"爬行动物时代"，因为这些动物是当时数量最多且最具优势的脊椎动物。在繁盛一时后，只有海龟、鳄鱼、蛇和蜥蜴幸存了下来，而现存爬行动物中超过 95% 都是蜥蜴。

爬行动物是羊膜动物（即把卵产在陆地上的四足动物，其中不包括鸟类和哺乳动物），它们有鳞片或是骨质外板，而且都是变温动物，依靠外源为身体加热。最早的爬行动物化石出土于加拿大的新斯科舍，可追溯至 3.15 亿年前。这些化石遗迹是一系列足迹，它们来自一只类蜥蜴动物，大约有 8～12 英寸（20～30 厘米）长。双孔类属于最早的一批爬行动物，它们的头骨两侧各有一对孔。双孔类进化出了两个分支：鳞龙超目和古蜥。

鳞龙超目包括蜥蜴、蛇和大蜥蜴。后者是一种长达约 39 英寸（1 米）的蜥蜴，它们曾栖息在世界上的众多地区，但现在仅存于新西兰岛的沿海区域。鳞龙超目中最令人印象深刻的是沧龙，这种已灭绝的海生爬行动物形似巨蜥，不过可达 57 英尺（17.5 米）长。但沧龙的动作迅速又敏捷，在几近两千万年的时间里都是海中霸主。

两种著名的古蜥是翼龙和恐龙。翼龙原本被称为翼手龙，是最早掌握飞翔能力的脊椎动物。它们自始至终都是最大型的飞行动物，翼展可达 40 英尺（12 米）。在 120 种翼龙中，最小的只有麻雀那么大。和鸟类一样，它们的骨骼是中空的，但与蝙蝠和鸟类不同，它们由极长的第四趾为双翼提供支撑。翼龙最初在大约 2.15 亿年前出现，繁盛了 1.5 亿年，而后渐渐灭绝。■

017

裸子植物

历史悠久的狐尾松被认为是现存最古老的树木，比如图中的这一棵，它生活在加利福尼亚内华达山脉中的伊尼欧国家森林里。它们的寿命以千年为单位，其长寿被归功于它们密度极大、极其坚韧的树脂质木质，这样的木质能抵御昆虫和真菌。

 陆生植物（约公元前 4.5 亿年），种子的胜利（约公元前 3.5 亿年），恐龙（约公元前 2.3 亿年），被子植物（约公元前 1.25 亿年），植物源药物（约公元前 6 万年），古生物学（1796）

如果树能说话。 裸子植物是最古老、最高、最茂密的现存生物之一，许多裸子植物都生活在加利福尼亚。红杉能活几千年，而一株名叫"麦修彻拉"的狐尾松的树龄已超过 4 600 年，这株狐尾松被认为是世界上最古老的树。海岸红杉有时能长到 360 英尺（110 米）高，世界上最高的树是"同温层巨人"，它高达 370 英尺（113 米）。化石记录显示最早的裸子植物出现在大约 3 亿年前，也就是首批种子植物出现的 5 000 万年后，它们为食草恐龙提供了养分。如今，裸子植物在植物世界中的领先地位已被被子植物（开花植物）取代——后者出现在 1.25 亿年前，不过松柏类在高海拔地区和干燥环境中仍然更具优势，另外，在更寒冷的北美和欧亚大陆北至北极冻原的边缘地区，它们也比被子植物更加繁盛。针叶树大约有 600 种，到目前为止是裸子植物中最大的群体，其中大多数都是常绿植物。

裸子植物通过裸露的种子（胚珠）繁殖，我们往往能在形成锥形体的变态叶上发现这些种子。被子植物则相反，它们以成熟的子房（果实）包裹胚珠。作为典型的种子植物，裸子植物的结构包括茎、根、叶，以及具有两种传导通路的维管系：木质部将水和矿物从根部传送至嫩枝，韧皮部将叶片中生成的有机物质传输至植物的非光合作用部分。

裸子植物有非常重要的经济价值。北半球的大多数商业木材都来自针叶树的树干，比如松树、云杉、花旗松，这些木板被称为软木材，大多数胶合板都以它们制成。针叶树也是精油的重要来源，它们的树脂中包含衍生的松节油、松香、木醇和香脂。有些非针叶树的裸子植物被用于医药中，其中包括麻黄属（麻黄素的来源），在中国，用它来治疗呼吸障碍的历史已有数千年；银杏，人们认为它能有效治疗阿尔茨海默病、高血压和更年期综合征；还有抗癌药物紫杉酚，它是从紫杉树皮中提取的。■

约公元前 3 亿年

恐龙

威廉·布克兰（William Buckland，1784—1856）
理查德·欧文（Richard Owen，1804—1892）

玛君龙是一种两足恐龙，生活在约 6 600 万～7 000 万年前的马达加斯加岛。这些食肉恐龙的身长通常可达 20～23 英尺（6～7 米），体重达 2 400 磅（1 130 千克）。它们在自己的生活环境中是顶级捕食者。

 爬行动物（约公元前 3.2 亿年），鸟类（约公元前 1.5 亿年），古生物学（1796）

约公元前 2.3 亿年

侏罗纪世界。 从大约 2.3 亿年前始，在之后的 1.35 亿年中，恐龙都占据着陆生脊椎动物中的霸主地位。1824 年，威廉·布克兰首次在科学文献中描述了它们的化石，而后是理查德·欧文，他在 1842 年创造了"恐龙"（dinosaur）这个名词，意为"恐怖的蜥蜴"。不过恐龙并不是蜥蜴。

恐龙被归类为爬行动物，它们是一个极其多样化的群体，种类超过了 1 000 种，因此，除了产卵与穴居的行为习惯外，要将它们所有有意义的特征都列出来是不切实际的。有些恐龙是草食性的，有些是肉食性的；有些直立身体，用两足奔跑，另一些则是四足着地。在很长时间里，人们都相信恐龙是笨拙迟缓的生物，但是最近几十年的证据表明，有些恐龙非常敏捷，移动迅速，并且善于交流，总是群体行动，迅猛龙便是如此。恐龙的大小各不相同，最小的只有鸽子般大，最大的可谓是有史以来最大型的陆生动物。食草的雷龙颈部非常长，相对而言头就显得很小，它的长度可达到 75 英尺（23 米）。最为人熟悉的恐龙是雷克斯霸王龙，这种两足奔跑的食肉恐龙可达 40 英尺（12 米）长，它和鸟类同源，有共同的祖先。

学界普遍认同鸟类是从恐龙进化而来的，始祖鸟可能就是遗传链中缺失的一环，它大约生活在 1.5 亿年前，于 1861 年在巴伐利亚首次被发现。尽管始祖鸟的化石记录中没有留下羽毛的痕迹，但自 20 世纪 90 年代以来，有其他具有羽毛的恐龙被发现，从而进一步证明了它们与鸟类的关系。

在大约 6 600 万年前，所有的非鸟类恐龙都开始走向灭绝，与它们一起消失的是地球上 95% 的生命。引起这次大规模灭绝的原因几乎一直都停留在猜测和理论阶段。最流行的理论认为，是一次星体碰撞导致大气层被污染，进而长久地遮蔽阳光，使植物和动物耗尽了生命。尽管恐龙已经消失，但它们并没有被遗忘。在孩子们的毛绒玩具、书籍和电影中，它们一直是很受欢迎的文化产品。关于恐龙的电影包括阿瑟·柯南·道尔的《迷失的世界》（1925），还有《金刚》（1933）和《侏罗纪公园》（20 世纪 90 年代—21 世纪初）。■

哺乳动物

卡尔·林奈（Carl Linnaeus, 1707—1778）

这是一张 1937 年的海报，其主题是鼓励以母乳喂养婴儿。母乳哺育自古以来就很常见，但从 20 世纪初至 20 世纪 60 年代，这种哺育方式的比例就大幅度下降，其原因是消极的社会态度和日益流行的婴儿配方奶粉。不过从 1960 年代起，这一比例又渐渐回升，专家建议婴儿至少要在头 6 个月中食用母乳。

灵长类（约公元前 6500 万年），胎盘（1651），
古生物学（1796）

在过去的 6 500 万年中，哺乳动物一直是这颗行星上最主要的陆生动物，如果不和昆虫及蛛形纲动物（蜘蛛）相比的话，它们还是世界上分布最广泛的生物。每一片陆地和水域中都栖息着哺乳动物，它们在生态分布上的成就大都要归功于它们控制体温的能力。哺乳类有 5 500～5 700 种动物，它们的大小各不相同，大黄蜂蝠只有 1.2～1.6 英寸（30～40 毫米），而现存的最大型动物是蓝鲸，它们可以超过 100 英尺（30 米）长。

第一批真正的哺乳动物大约出现在 2 亿年前，在数千万年的时间里，它们分化成了三个分支：单孔类是产卵的哺乳动物，比如仅存于澳大利亚和新西兰的鸭嘴兽；袋鼠和负鼠属于有袋类，它们生活在澳大利亚和美洲，其新生儿离开子宫后，继续在育儿袋（携带幼子的袋状结构）中发育；90% 的哺乳动物是有胎盘类（真兽亚纲），其胎儿在母体子宫中发育至相当成熟的阶段才会出生。2013 年，在中国发现了一个鼩鼱大小的化石，它被命名为中华侏罗兽（*Juramaia sinensis*），人们认为它是最古老的有胎盘哺乳动物，生活在 1.6 亿年前。

哺乳动物的许多特征都和其他脊椎动物大不相同：其乳腺由汗腺进化而来，使雌性可以用乳汁养育幼体，那是其后代的主要营养来源（1758 年，林奈将这些动物命名为哺乳动物 [mammals]，这个单词在拉丁文中意为"乳房"）；哺乳动物在某段生命周期中总有毛发或毛皮能为它们抵御严寒；它们的中耳有三块小骨，可以将声振动转换成神经脉冲；它们的下颌由每侧一块骨头构成。哺乳动物还有一些共同特征，不过未必是其特有的，这些特征包括恒温（温血）、分工的或有差异的牙齿、更大的大脑（尤其是新皮质，这是大脑最高级的区域）、横膈膜（一片肌肉薄层，将心肺和腹腔隔离开来），以及一颗高效的四腔心脏。■

约公元前 2 亿年

鸟类

查尔斯·达尔文（Charles Darwin，1809—1882）

兀鹫是一种掠食性鸟类，它们惊人的翼展可超过 9 英尺（2.7 米）长。和其他的旧大陆秃鹰一样，它基本腐食，但是缺乏新大陆秃鹰所拥有的敏锐嗅觉。

 爬行动物（约公元前 3.2 亿年），恐龙（约公元前 2.3 亿年），动物迁徙（约公元前 330 年），达尔文和贝格尔号之旅（1831），达尔文的自然选择理论（1859）

约公元前 1.5 亿年

如今所有大陆上的鸟类大概总共有 1 万种，它们的共同特征都是具有羽毛、有双翼、二足着地、恒温，以及产卵。不过如果将鸟类和几乎所有其他动物相比较，它们最明显的特征依然是：大多数鸟类都能飞。飞翔能力为鸟类带来许多优势，这种能力源自生活在大约 1.5 亿年前的有翼始祖鸟，或某种与它们有亲属关系的兽脚类（两足着地的恐龙）。飞翔是鸟类的行动原代码，而除此之外，飞翔还加强了鸟类的其他能力：捕猎、搜寻、繁育、逃离陆地上的捕食者、前往食物更丰富的地区以及迁徙。

为了提升飞行能力，鸟类进化出了一系列特征：它们的身体呈流线型，以尽量减小空气阻力；中空的骨骼减轻了它们的体重，此外，它们在进化中抛弃或改良了不重要的骨骼、膀胱，以及牙齿；为了适应自身对大量氧气的需求，它们改进了呼吸系统。不过，迄今为止它们最重要的改进在于羽毛和双翼，后者由前肢进化而来。各种鸟类的翅膀和羽毛都进化出了更符合空气动力学的大小和形状，以获得更快的速度、更低的耗能，以及更好的上升、滑翔能力及机动性。羽毛除了能为飞翔提供辅助，还能隔绝寒冷和雨水，协助保持体温，并在求偶过程中用来吸引伴侣。

鸟类最与众不同的特征还包括它们嘴部（即喙）的大小和形状，查尔斯·达尔文于 1835 年在加拉帕戈斯群岛驻留期间，曾标注过这一特征。他的进化论以自然选择学说为基础，这份观察报告为他的理论成型提供了一个关键线索。在达尔文的记录中，他观察了十几种雀科鸟类的喙，发现它们都进化成了适应自身特定食物的形态。鸟类主要使用喙部进食，同时，喙部也被用来检测食物、杀死猎物、操控物体、梳洗、喂养幼鸟以及辅助求偶。■

被子植物

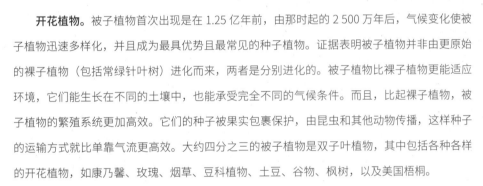

被子植物，即开花植物的种类超过了 25 万种，其多样性在这两张伊朗瓷砖镶嵌画中可见一斑，它们是 19 世纪前半叶的作品。

陆生植物（约公元前 4.5 亿年），昆虫（约公元前 4 亿年），种子的胜利（约公元前 3.5 亿年），裸子植物（约公元前 3 亿年），生态相互作用（1859）

开花植物。被子植物首次出现是在 1.25 亿年前，由那时起的 2 500 万年后，气候变化使被子植物迅速多样化，并且成为最具优势且最常见的种子植物。证据表明被子植物并非由更原始的裸子植物（包括常绿针叶树）进化而来，两者是分别进化的。被子植物比裸子植物更能适应环境，它们能生长在不同的土壤中，也能承受完全不同的气候条件。而且，比起裸子植物，被子植物的繁殖系统更加高效。它们的种子被果实包裹保护，由昆虫和其他动物传播，这样种子的运输方式就比单靠气流更高效。大约四分之三的被子植物是双子叶植物，其中包括各种各样的开花植物，如康乃馨、玫瑰、烟草、豆科植物、土豆、谷物、枫树，以及美国梧桐。

25 万种被子植物占据了所有植物总数的 90%，它们的数量仅次于昆虫。它们有千变万化的大小、形状、颜色、气味和结构，这些特征使它们与互惠传粉者形成了高度特化的合作关系——这是两种完全不同的生物体协同进化的经典案例，例如由风来传播花粉的花朵便没有鲜艳的色彩。

被子植物的花朵往往很美丽，不仅如此，它们还是高效且各具特色的繁殖系统，包含雄性或雌性生殖结构，又或是同一朵花中就包含雌雄两套生殖器官。花中的不同器官产生配子，受精过程和胚的发育过程都在花朵内部进行，因此避开了气候变化造成的影响。含有精子的花粉是由雄蕊产生的，胚珠则由雌蕊产生。花粉被传输至雌蕊的柱头上，在那里萌生出花粉管。精子通过花粉管被传送至胚珠，使雌蕊中的胚珠受精。胚周围的组织开始生长变厚，种子发育成了果实。与花粉和种子一样，果实不仅由气流传播，还可以依靠食用果实的动物传播。无法被消化的种子穿过消化道，通过排泄物被传播到另一个地方。■

约公元前 1.25 亿年

山魈是色彩最鲜艳的灵长类，这种旧大陆猴和狒狒有很近的亲缘关系。它们大都生活在热带雨林和西非的热带稀树大草原中，在圈养状态下寿命可达 31 年。

 哺乳动物（约公元前 2 亿年），尼安德特人（约公元前 35 万年），解剖学意义上的现代人（约公元前 20 万年）

约公元前 6500 万年

关于约 350 种灵长类的学名和分类，学界一直缺乏共识，其中最具争议的，是人类究竟应该被单独分类，还是被包括在类人猿中。在一种简单且传统的分类中，最早出现的灵长类原猴亚目包括了狐猴、懒猴和眼镜猴。类人猿包括猴子、猿（长臂猿、猩猩、大猩猩、黑猩猩、倭黑猩猩）以及人类。无论如何，生物学家们还是赞同一点：人类并非由猿类进化而来；相反，人类和猿类有一个共同的祖先，两者在约 500 万～800 万年前开始分支进化。

我们的远祖究竟是在何时登上了历史舞台，关于这一点，化石记录的年龄在 5 500 万～8 500 万年间变动不休，不过学界一致认同是在 6 500 万年左右。大约 3 500 万～5 500 万年前，狐猴和懒猴也紧随着我们的远祖出现了，这些物种有大大的双眼和大脑、小鼻子以及更笔直的躯体姿态。第一批猴子出现在 3 500 万年前，又过了 1 000 万～1 500 万年，旧大陆猴子中分化出了猿类。

树栖使各种灵长类有一系列不同程度的相同特征，不过这些特征未必是灵长类独有的（大多数灵长类依然生活在树上，它们栖息在亚热带以及非洲、亚洲和美洲的热带雨林中）。灵长类的双手和双脚已适应于抓握，有特化的神经末梢提供更强的触觉灵敏度；这些指趾上的指甲是扁平的，而不是爪子。猿类和某些猴子的拇指是对生的，人类在这一点上也很典型，对生拇指使这些生物可以操纵工具，其中包括电脑键盘。灵长类的双眼直视前方，并且紧挨在一起，这为它们提供了立体视觉，并使之有潜力发展出深度知觉，后者对于在树间晃荡的生物而言是个有利条件。其他的哺乳动物较为依赖嗅觉，而猴子和猿则更加依赖视觉作为它们的主要知觉。

灵长类最特别的特征是其高度的社会性和发达的认知技能。智力等级由低到高的是新大陆猴、旧大陆猴、猿类，而后是猿类的堂亲——人类。灵长类的发育速度比其他哺乳动物慢，它们的青幼期很长，我们可以假定这是一个向长辈学习的阶段。■

亚马孙雨林

箭毒蛙原产自中美洲和南美洲，其中包括亚马孙雨林。这些蛙类中有许多能从皮肤分泌碱基毒素，作为抵抗捕食者的化学防御手段。美洲印第安人用这些分泌物涂抹他们的标枪和箭头。

陆生植物（约公元前 4.5 亿年），昆虫（约公元前 4 亿年），种子的胜利（约公元前 3.5 亿年），裸子植物（约公元前 3 亿年），被子植物（约公元前 1.25 亿年），植物源药物（约公元前 6 万年），全球变暖（1896），绿色革命（1945）

约公元前 5500 万年

　　世界上其他任何地方的生物多样性都无法与亚马孙雨林（亚马孙流域）相媲美：这颗行星上的十分之一生物物种都栖息于此，它是世界上最大的动植物收集园。这个大园的详细目录还远未完备，有许多生物未被描述，但已登记在册的就包括 100 万种昆虫、4 万种植物、2 200 种鱼，以及 2 000 种鸟类和哺乳动物。地球上超过 20% 的氧气都来自这片雨林——它是"地球之肺"。

　　亚马孙河全长 4 000 英里（6 400 千米），是世界第二长河，它源自安第斯山脉，一路流向通往大西洋的入海口。亚马孙雨林是这条河流及其 1 100 条支流的流域盆地，它伸展覆盖了 9 个国家，其中 60% 的面积都在巴西境内。它是世界上最大的流域盆地，总面积达 270 万平方英里（700 万平方千米）。这片雨林已存在了大约 550 万年，它的存在全靠庞大的年降雨量和高湿度以及全年高温。

　　自 20 世纪 60 年代以来，亚马孙流域独特的生物多样性遭到了森林采伐的威胁，后者一直持续至 21 世纪初，才慢慢减缓了步调。有些资料称雨林失去了五分之一的面积。在许多区域，森林因其优秀的硬木木材而被砍伐一空，将土地让给了畜牧场和农田。

　　环保人士警告说，雨林的减少将对其中居住的动植物造成深远的影响，无论是已知的生物，还是未被发现的生物。这些生物中包括一些潜在的药用植物，它们已被土著治疗师使用了无数个世代，不过其药效仍未获得精确的评估。另外，这片雨林还是二氧化碳的主要处理区，如果二氧化碳累积起来，将会加速气候变化，尤其是导致全球变暖。■

1899 年，克罗地亚地质学家、古生物学家及考古学家德拉古丁·乔伊安诺维奇-克拉姆博格（1856—1936）在克拉皮纳发现了 800 多具尼安德特人的化石，那是克罗地亚北部的一个小镇。现在，这些化石与图中所示的雕像都被保存于克拉皮纳尼安德特博物馆中。

 灵长类（约公元前 6500 万年），解剖学意义上的现代人（约公元前 20 万年），化石记录和进化（1836），最古老的 DNA 与人类进化（2013）

约公元前 35 万年

根据博物馆、图书插画和电影中出现的形象重建，我们对尼安德特人一直以来的印象都是弯腰弓背、口齿不清的野人，还有长长的毛发盖着他们类人猿般的样貌。然而，近年来越来越多的证据都支持了这样一个概念：尼安德特人直立行走、用语言交流、使用工具、埋葬死者、脑容量同等于甚或是大于现代人，并且其面部毛发也并不多于现代人。2013 年，一具 12 万年前的尼安德特人化石重见天日，化石痕迹表明其生前患有骨纤维异常增殖症，这是现代医疗中也会出现的一种癌症。现在，当代博物馆重建的尼安德特人形象已更接近现代欧洲人，不过前者的颅骨更大、前额更低，没有明显的下巴，骨节粗大，而且有更强壮的手和手臂。

1829 年，在如今的比利时地区的一个山洞里，菲利普-夏尔·施梅林发现了第一具尼安德特人的化石，那是一个小孩子，不过直到 1936 年，它才得到详细的鉴定。1856 年，在德国的尼安德谷发现了第一具被确认的人形化石，他被称为尼安德特人（Neanderthal，thal 是"山谷"的意思）。自那以后，在西欧、近东和西伯利亚也都发现了其他化石遗迹。尼安德特人生活在距今约 35 万～ 60 万年前，他们在欧洲的人口数量最多时曾达到 7 万左右。之后，在大约 30 万～ 45 万年前，他们开始渐渐灭绝，其原因至今仍然偏向于猜测和理论——我们对尼安德特人所"知"的或认为我们自己知道的，也同样偏向于猜测和理论。

DNA 研究结果表明，尼安德特人和智人这两个分支源于约 40 万～ 50 万年前的同一个祖先，学界如今依然在争论尼安德特人是否算是智人的一个亚种（更多人倾向于认为尼安德特人是一个独立的物种）。在数十万年里，尼安德特人都生活在与现代人生活区域相同的地理区域内，而且似乎他们与人类杂交繁殖。尼安德特人的 DNA 约有 99.7% 与现代人类的 DNA 相同，欧洲人和亚洲人约有 1%～ 4% 的基因源自尼安德特人。■

解剖学意义上的现代人

爱德华·拉尔泰（Édouard Lartet，1801—1871）

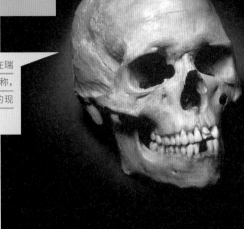

这是 1.3 万前的一位克鲁马努人的颅骨，在瑞士纳沙泰尔州西部的比根洞穴被发现。据称，克鲁马努人是欧洲最早的解剖学意义上的现代人。

灵长类（约公元前 6500 万年），尼安德特人（约公元前 35 万年），放射性定年法（1907），露西（1974），线粒体夏娃（1987），最古老的 DNA 与人类进化（2013）

化石记录表明，大约在 15 万～ 20 万年前，埃塞俄比亚出现了第一群早期人类。根据流行的"走出非洲"的观点，在大约 5 万年前，这些早期人类又出现在了欧洲。但另一些科学家则更偏爱一种"多地起源说"，这种学说认为，现代人是在世界上的不同地区各自演化的。相比于当代人类，这些早期人类有近似的身高，直立行走，不过骨架更加健壮，而眉骨——即眼窝上方突出的骨层并不那么明显。简而言之，他们的样貌与我们非常相似，因此被认定为解剖学意义上的现代人（AMH）或早期现代人。

专家们一直在争论，AMH 究竟是先达到了解剖结构上的现代水平（15 万～ 20 万年前），其后才发展出现代行为——比如现代语言、抽象思维与象征能力、做出更精致的工具——还是同时发展出了解剖学以及行为上的现代性。最早出现在西欧的 AMH 通常被称为克鲁马努人。在过去的 20 年里，专家们争论不休，说既然他们和现代人类没什么区别，就不值得拥有一个专门的学名，应该称他们为欧洲早期现代人。1868 年，法国地质学家爱德华·拉尔泰在一个山洞里发现了克鲁马努人的第一批骨骼遗迹，现在这个山洞以他的名字命名。之后发现的遗迹表明，这些早期人类生活在欧洲的时间是 1 万～ 4.5 万年前。

克鲁马努人是游牧猎人兼采集者，他们编织衣物，并举行复杂的仪式。遗留下来的动物及人类小雕像证明，他们已经在创作最早期的人类艺术。在西班牙和法国都发现了旧石器时代的洞穴壁画，其中最著名的洞穴是 1940 年在法国的拉斯科发现的，这个洞穴中有大约 600 幅彩色壁画及动物和符号画作，可追溯至公元前 1.5 万年。证据表明，克鲁马努人在开始灭绝之前，至少和更早的尼安德特人共存了 1 万年。尼安德特人则消失于 3 万多年前。■

约公元前 20 万年

1775 年，英国医生威廉·威瑟灵（1741—1799）受命评估一份治疗"水肿"（心力衰竭引起的液体积累）的复杂秘方，这份秘方来自一位什罗普郡的老妇人。威瑟灵确认了其中的活性成分是洋地黄（俗称狐狸手套），经过十年的细致研究，他发现了医药史上最重要的药物之一。

陆生植物（约公元前 4.5 亿年），裸子植物（约公元前 3 亿年），亚马孙雨林（约公元前 5500 万年），尼安德特人（约公元前 35 万年），解剖学意义上的现代人（约公元前 20 万年），农业（约公元前 1 万年），木乃伊化（约公元前 2600 年）

约公元前 0 万年

在搜寻新环境的营养资源时，我们最早的人类祖先对当地植物进行了采样——无疑效仿了当地动物和鸟类的行为。这一采样过程是反复试验并纠错的过程：一些植物可以给他们充饥，另一些植物则产生了意外的效果——有好有坏。草药可能会引发可怕的感觉、产生严重的毒性反应，甚至造成死亡——至少在大量服用时可能如此。也许食用较少的叶片、浆果或根茎就会安全得多。

另一方面，采集者们的饥饿、疼痛、发热或便秘都可能被植物缓解；除此之外，草药也许有极大的催眠效果，可以弥补极度缺失的睡眠；又或者，食用某些叶片或果汁能消除发痒的皮疹。或迟或早，经验总会告诉他们，仅摄取某些植物的叶片、或根部、或种子、或浆果、或汁液，便能产生他们要的效果，并且没有太多的副作用。这样的经验会被传授给下一代医师。

使用白柳皮可以缓解疼痛、降低热度，而蓍草能让人发汗，这两种植物在欧洲和中国都有悠久的种植历史。在尼安德特人的墓地遗址沙尼达尔四号中挖掘出了这些植物，这个遗址位于伊拉克，有大约 6 万年的历史。冰人奥茨身上携带的桦木多孔菌是一种可食用的伞菌，它可以用作泻药。冰人奥茨是一具有 5 000 年历史的冰封木乃伊，他死于奥地利西部地区，于 1991 年被发现。

据世界卫生组织估计，如今地球上约有 70% ～ 80% 的人完全或者部分使用草药。植物源药物一直被用于顺势疗法和保健食品中。对植物活性成分的分离纯化始于 19 世纪，随着这一技术的发展，这些拥有已知成分、已知纯度和剂量的植物化学制品在很大程度上取代了西方医药中所使用的草药。尽管如此，现代医药中许多非常重要的药物仍是植物或植物产品的衍生物，其中包括吗啡、可待因、阿司匹林（镇痛）、阿托品（眼科检查）、地高辛（心力衰竭）、奎宁（疟疾）、可卡因（局部麻醉）、华法林（抗凝剂）、秋水仙碱（痛风）以及紫杉醇和长春碱（癌症）。■

小麦：生活必需品

图中的中国农民正扛着一扁担干小麦，正如他数千年前的祖先一样。

被子植物（约公元前 1.25 亿年），农业（约公元前 1 万年），水稻栽培（约公元前 7000 年），人工选择（选择育种，1760），孟德尔遗传（1866），转基因作物（1982）

小麦是最早被种植并大量储藏的谷物之一，它让人类从狩猎采集时代进入了农耕时代，并协助人类建立起城邦国家，进而发展成巴比伦和亚述帝国。小麦最初是中东新月沃地和亚洲西南部的野生植物。人们根据考古学证据追溯小麦的起源，发现它原本只是野草，比如野生二粒小麦（*Triticum dicoccum*），在公元前 1.1 万年，人们在伊拉克采集它作为食物；还有单粒小麦（*T. monococcum*），它于公元前 7 800—前 7 500 年生长在叙利亚地区。在公元前 5 000 年之前，人们就已经在埃及的尼罗河谷种植了小麦，据希伯来圣经，约瑟于公元前 1 800 年在那里监督小麦的储藏。

天然杂交种小麦，源于谷物的异花授粉。在数千年的时光里，农民和育种者们将作物杂交，以最大程度地提升他们认为最可取的品质。在 19 世纪，各种性状优异的单基因品系被筛选培植出来。随着孟德尔遗传定律渐渐被人理解，两个品系被杂交繁育，其后代同系交配十个世代以上，以获得某些特性并使其最大化提升。20 世纪见证了杂交谷物的发展和培植，它们都是基于各种可取的性状被挑选出来的，这些性状包括大穗、短茎、耐寒、抗虫以及对真菌、细菌和病毒的抗性。

在最近数十年中，细菌被用来传递基因信息，以培植转基因小麦。人们研发这样的转基因作物（GMC），以获得更大的收成、降低对氮的需求，并产生更多的营养价值。2012 年，面包小麦的全基因组测序完成，人们发现其含有 96 000 个基因。这标志着人们在生产改良转基因小麦的过程中又迈出了重要的一步，可以将特定的优良性状基因嵌入小麦染色体的特定位点中。

水稻是亚洲膳食的主要成分，小麦在欧洲、北美和西亚的地位可以与之相比。小麦是世界上最多人食用的粮食，世界小麦贸易量也大过于所有其他作物贸易量的总和。■

约公元前 1.1 万年

1867 年，全美保护农业协会在美国成立，这个农民联盟的宗旨是促进团体利益与农业发展。图为 1873 年的海报"给协会会员的礼物"，它展现农场生活的如诗风光，以推广自己的机构。1870 年，美国人口中的 70%～80% 都在从事农业工作，到了 2008 年，这个比例减少到了 2%～3%。

 小麦：生活必需品（约公元前 1.1 万年），动物驯养（约公元前 1 万年），水稻栽培（约公元前 7000 年），植物学（约公元前 320 年），人工选择（选择育种，1760），绿色革命（1945），转基因作物（1982）

约公元前一万年

人类初始只是狩猎采集的小团体，四处寻觅浆果和其他可食用植物，而后，农业作为一种应用生物学渐渐发展成了培植和耕作庄稼。这种积极主动的行为出现在不同的时代与不同的区域，并依据环境条件发展出各种规模：考古证据表明，农业的发源时间可追溯至冰河时代末期，早在 1.2 万～1.45 万年前。伴随着远古文明的兴起，农业最早的兴旺出现在各大河流的河谷中，每年的洪水不仅为这些河谷带来了水分，还长期提供一种天然肥料——淤泥。许多农业发源地都是这样的河谷，其中包括新月沃地，它位于美索不达米亚的底格里斯河及幼发拉底河与埃及的尼罗河之间；还有印度的印度河流域、中国的黄河流域。

对于人类实行农业并得到不同成果的现象，专家们有不同的解释：有些专家坚称农业的产生是当时的人类有计划地想要满足渐增的食物需求，因为人口数量始终在迅速增长，食物采集或狩猎已不能满足食物需求；另一种观点是，农业也许并不是应粮食短缺而生，相反，只有在具备了稳定的食物来源之后，一定区域内的人口才会显著增长。双方都可以列出证据以支持自己的观点。在美洲，耕作开始发展之后，村庄才开始四处涌现；而欧洲的村庄和城镇则是在农业发展之前或同时出现。

农业的发达不仅有赖于任性的自然为之提供良好的气候条件，还要取决于早期农民的各种能力——灌溉、轮作、施肥以及育种（有意识地选择培植那些性状更优良的植物）。用来获得野生食物的简单工具被替换成了那些用于生产的工具，比如犁和动物拉动的工具。人类最早培育的作物包括中东的黑麦、小麦与无花果；中国的水稻和粟；印度河谷里的小麦和部分豆类；美洲的玉米、土豆、番茄、辣椒、南瓜以及豆角；还有欧洲的小麦和大麦。■

动物驯养

狗全部都是由灰狼演化而来，它们是最早被驯养的动物，在大约 12 000 年里都是人类的工作伙伴与忠诚伴侣。它们现在通常依据职责不同分类为陪伴犬、警卫犬、猎犬、牧羊犬和工作犬。

农业（约公元前 1 万年），人工选择（选择育种，1760），化石记录和进化（1836），达尔文的自然选择理论（1859）

家养动物最初发展自群居的野生物种，它们能够在圈养环境中繁殖，从而使基因得到改良，以增强那些对人类有益的品质。根据物种不同，它们可能拥有如下这些可取的品质：温顺且易于掌控；有能力生产更多的肉、羊毛或皮毛；适合拉货、运输、防治害虫、协助、陪伴或作为货币形式存在。

最常见的家养动物是狗（家犬），它是灰狼（*Canis lupis*）的亚种。最古老的化石遗迹表明，狗和灰狼的血统在大约 35 000 年前就分离了。家犬是最早被驯养的动物，最早的证据是在伊拉克一个山洞中发现的一块下颚骨，它的历史大约有 12 000 年。埃及绘画、亚述雕像，以及罗马镶嵌画中的形象都表明，甚至在远古时代，家犬就已经有众多不同的大小和形态。家犬最初是被狩猎采集者驯养的，不过从那以后，它们的工作范围扩大了，除了狩猎外，还包括畜牧、保护、负载、协助治安及军事、帮助残障人士、作为人类的食物，以及提供忠诚的友谊。现在美国育犬协会的记录中有 175 个品种，其中大多数都只有几百年历史。

在大约 1 000 年前，绵羊和山羊在西南亚被驯养。在活着时，它们为庄稼提供肥料资源；死后，它们是食物、皮革和羊毛的常规补给品。研究人员长久以来都困惑于家马（*Equus ferus caballus*）的来源和进化过程，马的野生原种最初出现于 16 万年前，但现在已经灭绝了。根据考古与基因证据——包括在远古波泰文明相关地点发现了套在马齿上的马嚼子——研究人员于 2012 年推定，马的驯养史可追溯至大约 600 年前的欧亚大草原西部（哈萨克斯坦）。这些早期的家马在驯养过程中会定期与野马交配，以提供肉类和皮革，之后它们在战争、运输和运动中都扮演了重要的角色。

约公元前 1 万年

在一片珊瑚花园中，一对小丑鱼在海葵触手的保护下筑巢栖息。生活于此的藻类为珊瑚礁添上了它们美丽的色彩。

藻类（约公元前 25 亿年），真菌（约公元前 14 亿年），鱼类（约公元前 5.3 亿年），泥盆纪（约公元前 4.17 亿年），亚马孙雨林（约公元前 5500 万年），光合作用（1845），生态相互作用（1859），全球变暖（1896），反灭绝行动（2013）

约公元前 8000 年

珊瑚礁是这颗行星上最具多样性的生态系统之一，栖息于此的生物大约有 60 万～ 900 万种。除了珊瑚虫外，珊瑚礁中还居住着藻类、真菌、海绵动物、软体动物、甲壳动物、各种各样的鱼以及海鸟。简而言之，珊瑚礁是"海中的雨林"。

珊瑚虫是无脊椎刺胞动物门的一员——这一门还包括海葵、海蜇和水螅。珊瑚是固着生物，也就是说它并不移动，而是固定在某处生活。它们聚居生活，每个个体都被称为珊瑚虫，珊瑚虫从基部分泌碳酸钙，形成整个聚居地的骨骼基础。活着的珊瑚群体持续累积碳酸钙，扩大整个结构的规模。珊瑚虫居住在群体结构的表面，完全覆盖其上，珊瑚礁的规模和形状取决于珊瑚的种类，其颜色则因藻类的颜色而不同。

珊瑚虫伸出触手捕食，它们的猎物包括小鱼和浮游生物。另外，珊瑚和藻类（虫黄藻）保持着一种共生关系，这些藻类生活在珊瑚虫内部，在其中进行光合作用。藻类为珊瑚提供能量和养分，作为交换，它们得到保护以及光合作用所需的阳光。珊瑚礁都位于热带或亚热带的清澈浅水中，光线可以抵达珊瑚虫的位置。珊瑚礁在数亿年前的寒武纪和泥盆纪就已存在，尤其是泥盆纪，但它们也已遭遇过许多次毁灭性的灭绝事件。大多数现存珊瑚礁的历史都不超过 1 万年，那是在全球冰川溶解之后，当时海平面因此上升，淹没了各个大陆架。

一系列生态剧变使珊瑚礁的存在变得岌岌可危。如飓风一类的自然应力通常只会持续短暂的时间，比它们严重得多的是一系列人为灾害，比如农业径流，包括除草剂、杀虫剂和化肥，工业废料径流，污水及有毒废物的污染，毁灭性的捕鱼业，以及珊瑚开采。专家估计，到 2030 年，约有 90% 的珊瑚礁将面临灭绝的危险，除非我们采取积极的手段逆转人为造成的气候变化及海洋温度上升，后者会导致珊瑚白化、酸化以及海洋污染。■

水稻栽培

稻米是世界上最重要的粮食作物，为亚洲人民提供了比例最高的热量来源。尽管这种作物通常生长在洪泛平原上（如图中的泰国地区），不过它同样也可以被栽种在荒漠上。

 小麦：生活必需品（约公元前 1.1 万年），农业（约公元前 1 万年），植物学（约公元前 320 年），维生素和脚气病（1912），稻米中的白蛋白（2011）

亚洲食粮。 水稻是世上最古老以及最重要的经济粮食作物之一。它是亚洲 33 亿人口的卡路里最大来源，占据了他们热量总摄入量的 35% ～ 80%。不过，虽然米饭很有营养，却并不足以担当主要养分来源。米饭作为一种食物，在全世界范围内都很普及，这在某种程度上是因为它能生长在从洪泛平原至荒原的各种地区，且遍布于除了南极洲外的所有大陆上。中国和印度是最主要的水稻产地及消费大国。

大约在 12 000 ～ 16 000 年前，水稻最先以一定规模出现在全球潮湿的热带及亚热带地区，并由居住在那里的史前人类食用。栽培稻种的野生原型源自野生禾草，属于禾本科（又称早熟禾科）。根据基因证据，最近的研究报告称，中国人在 8 200 ～ 13 500 年前最早开始栽培水稻。栽培技术从中国传播到印度，而后于公元前 300 年由亚历山大大帝的军队引进西亚和希腊。最受欢迎的栽培水稻是亚洲稻（*Oryza satliva japonica*，到目前为止，它也是最常见的），以及非洲稻（*Oryza glaberrima indica*），这两种水稻都是由同一种植物培育而来。

稻谷外面有一层外壳保护着内部的果实，即米粒。人们碾压种子以去掉米糠（谷壳），得到的是糙米。如果继续碾磨，就能去掉谷壳剩余的部分，最后剩下精米。糙米更有营养，它包含蛋白质、矿物质和硫胺素（维生素 B_1），而精米主要包含碳水化合物，并且已几乎不含硫胺素。缺乏硫胺素会导致脚气病，它在亚洲地区可谓是一种历史悠久的地方病，因为亚洲人喜欢精米。精米可以保存更长的时间，并且与贫困没有什么历史关联。在各种谷物食品中，大米的钠与脂肪含量较低，并且不含胆固醇，因此属于健康食物。■

约公元前 7000 年

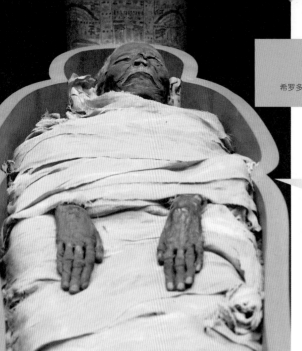

木乃伊化

希罗多德（Herodotus，公元前 484—前 425）

古埃及人掌握了尸体防腐的技术，它是埃及宗教仪式的重要组成部分，意在让死者在阴间过上优裕的生活，同时也是一种富有的地位象征。炫耀财富的标志还包括更精致的坟墓和防腐程序。

约公元前 2600 年

为了更好地理解古代文化，并学习专业的尸体防腐技术，科学家们一直以来都对木乃伊很感兴趣。这种沉迷还波及了那些热爱经典恐怖电影的普通人士——其中最著名的电影要属 1932 年鲍里斯·卡洛夫主演的《木乃伊》。木乃伊是以人为或天然方式长久保存下来的人类或动物尸体。在正常状态下，尸体会在几个月内腐烂成骨架，适宜细菌分解的高温或潮湿气候能加快这个过程。相反，用化学物质使尸体脱水，又或是将其置于极其寒冷、或湿度极低、又或是缺乏氧气的环境中，其腐烂过程就能延迟。

古埃及拥有许多这样的抑制手段，其人为制作木乃伊（为死者的阴间生活做准备）的技术如此发达，以至于现代科学家仍然在力图学习他们的艺术与科学。最早的人为木乃伊化的考古证据可追溯至大约公元前 2600 年，而保存最完好的标本来自公元前 1570—前 1075 年的新王国时期。最初的手术操作描述出现在希罗多德的《历史》（The History）一书中，他在书里描写了移除脑部及所有内脏的过程——除了心脏，人们认为心脏是生命与智慧的核心，在木乃伊化过程中，心脏会被填满香料。泡碱是一种天然沙漠盐，用它来给尸体去除水分，使之快速脱水，停止腐烂；尸体被允许风干数天，而后用亚麻布和帆布包裹保护起来。由于宗教原因，一些动物也会被制成木乃伊，包括圣牛、猫、鸟和鳄鱼。

在世界各地的冰川层、干旱荒漠和耗尽氧气的泥炭沼中都发现过天然形成的木乃伊。其中最著名并且保存最完好的可能就是冰人奥茨，1991 年，他在意大利与奥地利交界处的阿尔卑斯山脉中被发现。他死时大约是 45 岁，生活于公元前 3300 年左右。最有名的现代木乃伊是弗拉基米尔·列宁和贝隆夫人，两人分别死于 1924 年和 1952 年。■

动物导航

保罗·朱利叶斯·路透（Paul Julius Reuter，1816—1899）

成年鲑鱼在五年的生命中会有一年在开阔的海域中生活，而后它们会返回自己出生的淡水河流，在其中产卵。人们相信鲑鱼凭借它们敏锐的嗅觉和气味记忆为自己导航。

动物迁徙（约公元前 330 年）

座头鲸每年迁徙 16 000 英里（25 000 千米），夏日在极地的海水中享用美食，冬日在热带和亚热带交配繁育。暗中主导如此长距离迁徙的是它们天生的导航机制，一直以来得到最广泛研究的是家养信鸽的导航机制，这种鸟类源于原鸽（*Columba livia*）。

信鸽的超级导航技巧在 1 000 年来都广为人知，它又被称为通信鸽。大约在公元前 2350 年，阿卡德帝国（今伊拉克）的萨贡王命令所有的信使都携带信鸽，这样当他们遇到危险时可以让鸽子飞回国王身边。公元前 8 世纪，信鸽被用来向雅典人汇报奥林匹克赛况，从那以后，它们成为战争时期重要的邮政快递。1815 年，它们带回了威灵顿公爵在滑铁卢胜利的消息；一个多世纪后，信鸽还因在第二次世界大战中的杰出贡献而获得了奖章。19 世纪 50 年代，路透社的创始人保罗·朱利叶斯·路透用信鸽传送信息，以胜过竞争对手的速度在股市中占尽优势。

在离开鸽房放飞后，信鸽能够飞离 1 100 英里（1 800 千米）后找到回家的路。更吸引人的是，它们能从它们从未到达过的位置返回家中。研究人员假定它们的归巢本能是基于地图和罗盘模式。"罗盘"指的是一种以太阳方位为基准的定向机制。

"地图模式"是一种可能性很高的推测，它使鸟类能够确定自己相对于家所在地的方位。视觉线索只有在鸟类（及某些昆虫）离家很近时能派上用场，比如可辨认的地标或独特的地貌。鸟类依据太阳、月亮和星辰来导向，但是阴天里它们一样可以导航，只不过不像晴天时那么容易。信鸽可能是利用小于 20 赫兹的低频次声波来导航的，这种声波远低于人类听力可察觉的范围（大象用这样的次声波来进行长距离交流）。研究者最感兴趣的焦点是磁感知能力，信鸽能侦测到磁场，并通过存在于喙部或眼部区域的磁铁矿微粒——天然磁石（一种氧化铁），来感知地球磁场以导向。■

约公元前 2350 年

在古代，抑郁质被归因于"黑胆汁"体液过多，而人们相信行星能纠正体液平衡。这张彩色玻璃画来自荷兰南部（约 1530 年），题为《土星驱赶了一个猪头僧侣，或时光驱逐抑郁质》。

 科学方法（1620），细胞学说（1838），细菌致病论（1890）

约公元前 400 年

在两千多年中，东方和西方的医师都相信四种体液的平衡能影响我们的生理与精神健康。四种体液的观念源自古埃及和美索不达米亚，公元前 4 世纪，希波克拉底将其系统化，并纳入医学实践中。这种观点认为，当四种体液——血液、黏液、黑胆汁和黄胆汁——处于平衡状态时，人们就健康良好；当它们过度或缺乏时，就会导致疾病。

这一概念取代了流行的古代信仰，后者将疾病归因于超自然的邪恶灵魂。经过几个世纪，体液学说在社会中建立了思想基础，被希腊人和罗马人接纳，成为他们的医疗基础学说。盖伦推广了这种学说，并且认为某种体液过多会造成不同的气质特征——多血质（血液）、黏液质（黏液）、抑郁质（黑胆汁）、胆汁质（黄胆汁）。从远古世纪开始，这种学说一直延续了许多世纪，以各种改良版本传播至伊斯兰世界，至中国和印度，以及西欧医疗界。在《医典》（*The Canon of Medicine*，1025）一书中，著名的伊斯兰医生阿维森纳详细叙述了这种不平衡与气质变化和疾病间的关系，并提出了它与主要器官——大脑和心脏——的关联。在伊丽莎白时代，为了保持体液平衡（人们相信其由身体产生，并在体内循环），人们对自己的饮食、运动、衣着，甚至沐浴习惯都采取了各种调整。有观点认为沐浴对男人比对女人更有害。

西欧专业医师使用的"英雄疗法"，是通过各种激烈的手段以力求恢复体液平衡，其中包括催吐和放血之类的净化疗法。人们普遍认为 1799 年乔治·华盛顿的死亡是被无意间加速了，他的医生给他放了 125 盎司的血，相当于他血液总量的一半。还有一些不那么夸张的治疗方法，包括加热、降温、加湿或干燥。体液学说一直在健康观念和医疗实践中占据着主要地位，直至 19 世纪。基于细胞病理学、生物学及细菌致病论的进步，现代医学理论在 19 世纪起已获得了普遍认可。■

亚里士多德的《动物史》

亚里士多德（Aristotle，公元前 384—前 322）
泰奥弗拉斯托斯（Theophrastus，公元前 372—前 287）
卡尔·林奈（Carl Linnaeus，1707—1778）
理查德·欧文（Richard Owen，1804—1892）

人类的研究范围中几乎没有哪个领域是亚里士多德没有研究过的。这枚绘有亚里士多德肖像的 5 德拉克马硬币于 1990 年发行。德拉克马是希腊在 2002 年之前使用的标准货币，之后它被欧元替代。

植物学（约公元前 320 年），科学方法（1620），林奈生物分类法（1735），关于发育的理论（1759），同源与同功（1843），胚胎诱导（1924），系统发育系统学（1950），生物域（1990）

　　亚里士多德是有史以来最具影响力的个人之一，他的贡献涵盖了人类的整个经验范围。另外，他开发了科学研究的所有新领域，在大约两千年中，他都被尊奉为如宗教领袖般的权威，他关于生物体的论述被人们当作无可争议的真理。公元前 384 年，亚里士多德生于古希腊北部的斯塔吉拉，他的父亲是马斯顿皇室的宫廷医生。在学医生涯之后，他师从于柏拉图，又担任了亚历山大大帝的导师。公元前 335 年，他在雅典建立了一所学校，名为吕克昂学园，并一直担任其主管直至公元前 323 年。继任的是他的学生——植物学之父泰奥弗拉斯托斯。

　　生物学是亚里士多德创立的研究领域之一，他幸存至今的稿件中有三分之一致力于阐述这一主题。他的许多学说都得到了验证，不过也有一些是错误的，尤其是那些与人类身体相关的理论。他提出了科学方法，在进行研究时以观察和实验为基础，而不是公式化的说明。他坚持记录 500 多种他所研究的动物，其中包括对海洋无脊椎动物极其精确的描述。他观察受精卵在不同阶段的发育，提出了渐成论——即器官是以一种特定的顺序发育的。亚里士多德提出了身体的同源部位与同功部位的差别，比理查德·欧文的理论早了 20 多个世纪。

　　在他的巨著《动物史》（*The History of Animals*）中，亚里士多德率先根据动物生理的异同点将它们分类成不同的群体。动物被分为有血动物（脊椎动物）和无血动物（非脊椎动物）。他对比不同物种的器官，记录其栖息地不同会有怎样的变化。他的"存在巨链"学说依据生物体出生时的发育完整程度及灵魂本质，将它们分类为 11 个等级，人类在巨链的顶端，植物在底部。直至 18 世纪，自然分级学说才由林奈加以改进。■

约公元前 330 年

动物迁徙

亚里士多德（Aristotle，公元前 384—前 322）

蝗虫是蝗科中的迁徙一员，它们的迁徙原因是数量剧增导致的资源缺乏。众所周知，这些昆虫在安定下来进食之前，能持续飞越数千英里，它们每天的进食量等同于自己的体重。

动物导航（约公元前 2350 年），达尔文的自然选择理论（1859），动物的行进能力（1899）

约公元前 330 年

鸟类的周期运动是最早引起古希腊人兴趣的自然现象之一，包括这种现象在圣经中也有提及。亚里士多德是最早为这些现象寻求解释的人士之一，他记录了鹈鹕、大雁、天鹅和鸽子在冬季向温暖地带迁徙的现象。不过，为了解释某些鸟类的季节性消失与再现，他假定物种能够变形——也就是说，某种鸟类会按季节变化成另一种鸟类。比如，他推定夏天能看到的红尾鸲和园林莺会在冬天分别变形成知更鸟和黑头莺。

现在我们知道，所有的大型动物群体都会迁徙到更优越的环境中，以获得季节性的食物、水源和庇护所，又或是为了满足繁殖需求。黑脉金斑蝶会从加拿大南部迁往墨西哥中部，旅程达 2 000 英里（3 219 千米）。鲑鱼在淡水河流中产卵，幼体长大后在海洋中度过成年生活，接着再度返回孵化它们的河流中产卵，然后死去。蝗虫的迁徙赫赫有名，就像圣经与赛珍珠在《大地》（The Good Earth）中描述的一样，它们将田地啃噬一空，引起饥荒。当蝗虫数量过多、食欲更加贪婪时（它们每天都要进食与自重相等的植物），有些蝗虫就会迁往食物更加丰足的地区。最常见的迁徙行为可见于北美，鸟儿们在非繁殖季节离开它们的育种地，在冬季来临时飞往南方。

在迁徙过程中，动物们使用不同的导航方法来抵达目的地。它们也许能辨识环境地标，运用太阳方位，凭嗅觉分辨大气中的气味线索，利用低频次声波和磁感知（侦测磁场）。人们认为迁徙行为与遗传组分有关，不过这一点尚无清晰的研究成果。自然选择帮助这些候鸟获得了更轻的中空骨骼（减轻体重）、更完善的翅膀，并改造它们的心率和能耗，让它们能以更高的能效飞翔。■

植物学

亚里士多德（Aristotle，公元前 384—前 322）
泰奥弗拉斯托斯（Theophrastus，公元前 372—前 287）

大约在 2 500 年前，泰奥弗拉斯托斯建立了世界上第一座植物园，其中生长着大约 2 000 株植物。

 小麦：生活必需品（约公元前 1.1 万年），农业（约公元前 1 万年），水稻栽培（约公元前 7000 年），亚里士多德的《动物史》（约公元前 330 年）

亚里士多德的著作主题是动物学，而泰奥弗拉斯托斯的是植物学。在泰奥弗拉斯托斯之前，人们对植物的兴趣集中于食用和药用方面。他在公元前 320 年写了两本关于植物学的书，它们是最早的对植物性质系统化科学研究的论述，从远古文明时代直至中世纪，它们都是植物学知识的第一手来源。大约 1450 年，在教宗尼古拉五世的指令下，梵蒂冈图书馆中的希腊文经典著作被翻译成了拉丁文，其中泰奥弗拉斯托斯的著作于 1483 年出版。

泰奥弗拉斯托斯出生于希腊的莱斯博斯岛，在雅典的吕克昂学院师从亚里士多德，而后成为后者的朋友。亚里士多德于公元前 322 年被迫离开雅典时，将自己的手稿传给了泰奥弗拉斯托斯。泰奥弗拉斯托斯在吕克昂非常成功地执导了 35 年，曾一次就吸引了两千多名学生，而后他也指定了自己的继任者。

泰奥弗拉斯托斯在吕克昂有一座花园，其中大约有 2 000 株植物，它被认为是世界上第一座植物园。他专注于研究栽培植物——大约有 500 ～ 550 株，它们是从大西洋至地中海沿岸收集回来的（目前已知存在的植物超过 30 万种）。在他的个人观察及收集成果中，还包括他跟随亚历山大大帝于亚洲的军旅生涯中收集的植物标本与描述，其中有一些希腊世界闻所未闻的植物，包括棉花、辣椒、肉桂和菩提树。

植物学之父。 泰奥弗拉斯托斯的《植物探索》（*Enquiry into Plants*）重点对植物进行分类与描述，并将植物分为开花植物（被子植物）和非开花植物（裸子植物）。《植物的因由》（*The Cause of Plants*）则审视植物的生理机能、发育及栽培技术，后者成为园艺学的基础。这些著作的所有内容涵盖了植物学的大部分领域：植物描述及分类（乔木，灌木，下层灌木，草本植物）；植物的分布、繁殖、发芽及栽培。另外，他还反复观察了不同植物在不同地点因环境影响而引起的生长区别，这是生态学的基本主题。■

约公元前 320 年

图为老普林尼［盖·普林尼·塞昆杜斯（Gaius Plinius Secundus）］的雕像，它位于科摩大教堂的正面，老普林尼就是在这座意大利城市中出生的。

普林尼的《自然史》

亚里士多德（Aristotle，公元前 384—前 322）
泰奥弗拉斯托斯（Theophrastus，公元前 372—前 287）
老普林尼（Pliny the Elder，23—79）
乔治-路易斯·勒克莱尔·德·布冯伯爵（Georges-Louis Leclerc, Comte de Buffon, 1707—1788）

 亚里士多德的《动物史》（约公元前 330 年），植物学（约公元前 320 年）

公元77年

在当代大学的目录里，基本上没有被称为"自然史"的课程，不过世界上许多大城市都拥有自然历史博物馆，其馆藏往往可追溯至 19 世纪。在这段时间里，科学研究开始越来越专业化及实验化；研究者们接受专业训练，不再是才华横溢的业余绅士；而比起老普林尼在公元 77 年出版同名巨著之时，自然史的边界划分也已变得越来越严格。

老普林尼是罗马的律师、陆军及海军司令官，以及自然学家，人们认为他的影响仅次于亚里士多德。普林尼的《自然史》（*Natural History*）包括 37 本书，它们力图涵盖自然界的所有已知信息，其基础资料出自最杰出的权威人士。普林尼汇集了亚里士多德记录的动物学数据，以及泰奥弗拉斯托斯的植物资料，该著作的主要内容还包括天文学、地理学、地质学、矿物学和农学。

普林尼将包罗万象的主题资料以一种系统方式汇集在自己的著作中，并具体列明了数百份原始资料及作者的参考条目，书中还有一份内容索引，这使它成为后世百科全书的典范模板。尽管这部作品将虚构、民俗、魔法、迷信与事实掺杂在一起，但直至 15 世纪末，它依然是毫无争议的自然史资料。1749—1788 年，法国自然学家乔治·路易斯·勒克莱尔·德·布冯伯爵创作了 36 卷本的《自然历史》（*Histoire naturalle*），相比而言，这部著作在动物与矿物领域的知识要准确得多，当然，它的内容也更有局限性。

在 19 世纪，对大自然的研究主题被细分开来，要么归为自然哲学类，其中包括物理学和天文学；要么归为自然史类，其中包括生物学（动物学和植物学），以及地质科学。如今，自然史并没有一个公认的定义，不过它通常指的是对自然环境中动植物的研究，比起实验，它更着重观察和描述。■

骨骼系统

盖伦（Galen，约130—200）
安德雷亚斯·维萨里（Andreas Vesalius，1514—1564）

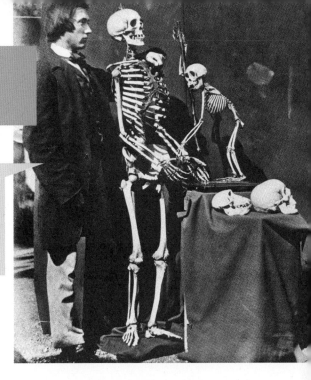

这是一张 1857 年的照片，是人类骨骼、猴子骨骼以及英国医生雷金纳德·骚塞（Reginald Southey，1835—1899）的合照。骚塞医生是摄影师查尔斯·路特维奇·道奇森（Charles Lutwidge Dodson）的终生挚友，后者又名路易斯·卡罗尔（Lewis Carroll，1832—1898）。

昆虫（约公元前 4 亿年），列奥纳多的人体解剖学（1489），维萨里的《人体构造》（1543），血细胞（1658）

在盖伦于公元 180 年左右撰写的作品中，出现了对骨骼系统最早的系统性描述，直至 16 世纪，它都是解剖教学中毫无疑义的基础资料。盖伦评论了这一系统的保护与支持功能，注意到骨骼有容纳骨髓的中空部分，另外，由于骨骼的颜色，盖伦还相信它们是由精子构成的。安德雷亚斯·维萨里根据自己对人体的解剖发现，在经典著作《人体结构》（*De humani corporis fabrica*，1543）中纠正了盖伦的许多错误描述（盖伦解剖的是猿类）。至 18 世纪，人类的骨骼系统得到了正确描述。

动物要么有外骨骼，要么有内骨骼。外骨骼通常被称为外壳，它保护其主人的柔软组织，抵御捕食者，提供支撑，为运动使用的肌肉提供附着点。另外，外骨骼也可能是感觉器官，在进食和排泄中起到一定的作用，并为陆生动物提供屏障，防止水分流失。大多数有壳的生物体都出现在寒武纪（4.88 亿～5.42 亿年前），当时的海洋化学环境历经了一次突如其来的改变。不同物种的外骨骼有不同的化学构成：昆虫、蜘蛛和甲壳类的外骨骼包含几丁质，这种葡萄糖聚合物和纤维素相似；软体动物的外壳则由碳酸钙提供硬度和强度；而在微小的硅藻上，硅土（二氧化硅）影响着其外壳的浮 / 沉平衡能力。当坚硬的外骨骼不再能容纳长大的身体时，新一层外骨骼就从旧层下面长出来，这个过程被称为蜕壳。

内骨骼比外骨骼坚硬，并且能让更大型的动物继续生长。它们提供支持、保护，并辅助肌肉运动，其支持功能在海绵和海星中最为闻名，这两类生物没有骨骼就完全不成形。脊椎动物的骨骼系统包括骨和软骨。哺乳动物内骨骼的硬骨中储存着钙，而骨髓是产生红细胞与白细胞的场所。从化学成分上说，骨由羟基磷灰石（提供硬度）和胶原（一种弹性蛋白）组成。成人体内有 206 ～ 208 块骨骼，新生儿的骨数量大概是 270 ～ 350 块。■

约公元 180 年

肺循环

盖伦（Galen，约 130—200）
伊本·纳菲斯（Ibn al-Nafis，1213—1288）
米格尔·塞尔维特（Michael Servetus，约 1511—1553）
里尔杜·哥伦布（Realdo Colombo，1516—1559）
威廉·哈维（William Harvey，1578—1657）
马尔切洛·马尔皮吉（Marcello Malpighi，1628—1694）

1553 年，西班牙医生兼神学家米格尔·塞尔维特被活活烧死在自己的书籍堆成的火堆上。其中包括他"异端"的神学作品《基督教复兴》，书中有对肺循环正确的早期描述。

 维萨里的《人体构造》（1543），哈维的《心血运动论》（1628），血细胞（1658）

希腊医生盖伦知道血液是在血管中流动的，鲜红的血是由动脉运输的，暗红的血是由静脉运输的，不同的部分有不同的功能。但是，他错误地教导说，血液透过右心室（下方的腔室）的室壁进入左侧，在那里获得空气，而后在全身流动。这个错误的观念被传播了近 1 000 年。

1242 年，阿拉伯医生伊本·纳菲斯在他的著作《评论阿维森纳医典中的解剖学》（Commentary on the Anatomy of Canon of Avicenna）中率先正确描述了血液的肺循环。他指出心脏的下方腔室之间并没有小孔相通，也没有任何直接的联通路径。相反，他认为血液是从肺动脉流向了肺部，在那里与空气"融合"，而后通过肺静脉流向心脏左侧，再从那里被输送往全身。他还预先提出肺动脉与肺静脉之间有毛细孔存在，这个理论在 4 个世纪后得到了证实，意大利显微镜学家马尔切洛·马尔皮吉是发现毛细血管的第一人。

西班牙神学家兼医生米格尔·塞尔维特是首位正确描述肺循环的欧洲人，他在自己的神学作品《基督教复兴》（Restoration of Christianity，1553）中描述了它。由于这并不是一本科学书籍或医学书籍，因此它没有得到多少关注，如今只有三份抄本存世。人们基本认为这是最后的副本，在约翰·加尔文的命令下，它的作者塞尔维特因其"异端"作品以及对三圣一体和婴儿洗礼的否定，于 1553 年被烧死在了日内瓦的火刑柱上。

里尔杜·哥伦布是一名与米开朗基罗一起工作的意大利解剖学家，他有许多重大的解剖学发现，其中意义最为深远的是于 16 世纪 50 年代发现了肺循环。他提出，静脉血（缺乏氧气）从心脏流向肺部，在那里与空气混合，然后返回心脏。这个发现对于威廉·哈维而言价值非凡，他在 1628 年的《心血运动论》（De motu cordis）中描述了血液循环。■

1242 年

列奥纳多的人体解剖学

盖伦（Galen，约 130—200）
列奥纳多·达·芬奇（Leonardo da Vinci，1452—1519）

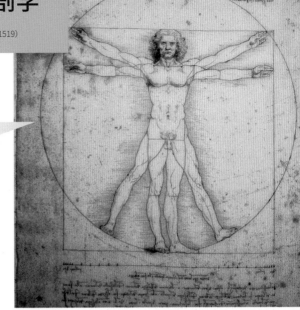

《维特鲁威人》（约 1490 年）是列奥纳多的钢笔画作，其原型是公元前 1 世纪的罗马建筑师维特鲁威，这位建筑师相信理想的人类躯体可以被呈现在一个完美的几何图形中，这个图形由一个圆形与一个方形组成。

 维萨里的《人体构造》（1543），胎盘（1651）

列奥纳多·达·芬奇无疑是一位真正的天才，这位博学之士也是人体解剖学的先驱，他的研究成果已被最先进的成像技术证实，并因其准确性而被不断研习。自盖伦以后的 1 000 年中，关于人体解剖学的研究并没有多少进展，盖伦不像列奥纳多，他无法接触人类尸体。而在列奥纳多之前，人们描述人体时集中于其外部特征，对其内部运作细节则毫无阐述，只有一些没有图解的口头形容。

在出生地佛罗伦萨，列奥纳多拥有接触尸体的途径。从 1489 年开始，他在 20 年里解剖了大约 20 ～ 30 具尸体，有健康的、患病的以及畸形的。他准备了一本人体解剖笔记本，在本子上记录了身体每个部分的正确尺寸比例，并将它们以不同的视角描绘成图。比如关于手和腿的图，在他笔下它们有 8 ～ 10 个层次，并且呈现了不同层次间的联系，展示了动脉、肌肉、韧带、神经和骨骼。

他一丝不苟地研究，并绘出各种不同的面部表情，全方位地表达人类情感，这些表情出现在他最著名的画作中。最受赞扬的是他画的子宫中的胎儿，它正确地与脐带连接，但他所绘的女性生殖系统草图中有一系列错误，据说它们更能正确呈现动物的结构而非人类的。列奥纳多不满足于绘画和素描，他力求能更好地理解人体运作的奥秘。为此，他准备了生理及机械模型，以模仿人体功能——比如心脏瓣膜如何开合，并在自己的画作中运用这样的模型。

列奥纳多预想到他的作品将有益于医疗工作者，便计划以一部人体解剖专著的形式出版自己的解剖画作。但是当他于 1519 年去世时，这些画作与他的其他私人财产一起消失在了人们的视野外。在经过数十年的无数次转手后，它们于 17 世纪末出现在了英国皇室收藏品中，至今仍保存在那里。■

1489 年

听觉

贝伦加里奥·达·卡尔皮（Berengario Da Carpi, 1460—1530）
朱利奥·卡塞里欧（Giulio Casserio, 1552—1616）
海因里希·林内（Heinrich Rinne, 1819—1868）
赫尔曼·冯·亥姆霍兹（Hermann von Helmholtz, 1821—1894）

耳蜗是内耳中螺旋状的空腔，含有对听力而言至关重要的神经末梢。它的名字来自希腊语 "kokhlias"（蜗牛）。同样地，它也会令人想到菜园蜗牛的螺旋状外壳 [即图中所示的螺旋蜗牛（Helix aspersa）]。

 味觉（1974），嗅觉（1991）

1521 年

　　16 世纪，一群杰出的意大利解剖学家研究并辨识了内耳的结构。贝伦加里奥·达·卡尔皮在他的著作《评析》（Commentaria，1521）中描述了听小骨；朱利奥·卡塞里欧对比了不同动物的听小骨；海因里希·林内描述了鼓膜和听小骨之间的传导过程，并使用音叉来分辨耳聋的原因（1855）；赫尔曼·冯·亥姆霍兹则假定听小骨能感知声音和音调（1863）。

　　与嗅觉、味觉和视觉不同，听觉只运用了机械原理。通常，物体在震动时通过空气或水发出声响。声音像波浪一样传播，拥有不同的频率（周期 / 秒或赫兹）——其表现为音高，还有不同的振幅（声波的大小）——其表现为音量。

　　听觉过程包括传导音波，感觉空气压力的波动，并将这些波动转译成大脑可以解读的信号。外耳负责收集音波，再将声音传导至鼓膜——外耳和中耳之间的分界线。声音进入耳道，使鼓膜振动。这种空气压力被听小骨放大，它们是中耳内三块细小的骨骼，能将内耳的液体推过耳蜗中的一条通道。

　　耳蜗将声波转变为电子神经脉冲，传送至大脑。耳蜗包括三条形状如蜗牛壳般的相邻管道（这个结构的名称也由此而来），它们由薄膜间隔，其中排列着听毛细胞。听毛细胞因声波而弯曲时就会变得兴奋，而后产生神经脉冲传回大脑。耳蜗根据整条管道薄膜的振动来区分音高和音强，其入口处最易对高频音波产生感应振动，其末端则对低频音更为敏感。高振幅的声音（更响）比低频音（更柔和）更能刺激薄膜振动。■

维萨里的《人体构造》

盖伦（Galen，约 130—200）
简·斯蒂芬·范·卡尔卡（Jan Stephen van Calcar，1499—1546）
安德雷亚斯·维萨里（Andreas Vesalius，1514—1564）

维萨里《人体构造》的卷头插画，这部作品是人类解剖学史上第一部完整、详细、精确的文本。

骨骼系统（约 180 年），列奥纳多的人体解剖学（1489）

1543 年

解剖学知识是医学教育的基础课程，它被看作是诊断及治疗疾病的要素，另外它对雕刻家和画家而言也很重要。帕多瓦大学是 16 世纪的医学教育中心，当佛兰德解剖学家安德雷亚斯·维萨里在这所大学担任教授时，解剖学课程的基础教本还是近 1 500 年前盖伦的著作。除这些经典读物外，便是讲师指导一位理发师兼外科医生执行的解剖演示。而维萨里打破传统，亲自演示尸体解剖，并且让学生们围着解剖台观看。但是维萨里的观察结果却常常不符合盖伦那些久负盛名的描述。

盖伦是古代医学家中最多才多艺的，而且他还是帕加马古国的角斗士医师，可以就近检查许多人体。不过古罗马禁止人体解剖，因此盖伦使用无尾猴来完成他的解剖图，他坚称它们和人类足够相似。

1543 年，28 岁的维萨里出版了《人体构造》（De humani corporis fabrica）的第一版，这部著作描述了人类身体的完整结构，其中还有史上第一批内脏器官的详细图解。这本书中有两百张木版画，这些教材式的画作很精确，一一纠正了盖伦的错误。作为一个完美主义者，维萨里坚持认为美术作品也要给人以美的享受。完稿是真正结合了解剖知识与艺术美感的作品，这些历史意义深刻的木版画要归功于简·斯蒂芬·范·卡尔卡，他是意大利文艺复兴画家提香的学生。

维萨里希望这部作品的读者不仅是医生和解剖学家，还要包括艺术家。这部挑战盖伦的作品最初受到了一些人的排斥，但之后便使维萨里名利双收，直至今日，它都被认为是医学与科学史上最著名的书籍之一。在最早印刷的大约 500 本书中，只有 130 本幸存至今。1564 年，维萨里在耶路撒冷朝圣后返回，却在靠近希腊扎金索斯岛的爱奥尼亚海域遭遇船难，不幸溺亡。■

烟草

约翰·罗尔夫（John Rolfe, 1585—1622）
詹姆斯·本萨克（James Bonsack, 1859—1924）

在收割之后，烟草叶片被干燥（烤制）及熟化，以形成各具特色的香气和味道。烟草的烤制有几种方法，需要花费数天乃至数周。烟草的"熏烤"法需要一周时间，能产生中高含量的尼古丁。

植物源药物（约公元前 6 万年），小麦：生活必需品（约公元前 1.1 万年），农业（约公元前 1 万年），水稻栽培（约公元前 7000 年），人工选择（选择育种，1760），转基因作物（1982）

1611 年

早在第一批欧洲人登上新大陆海岸之前，美洲原住民就已经开始种植烟草，他们在宗教仪式上吸食烟草，并用它治疗各种各样的疾病。墨西哥的烟草种植历史可追溯至公元前 1600—前 1400 年。1518 年，西班牙人将烟草引进欧洲。1611 年，早期英国殖民者约翰·罗尔夫在弗吉尼亚殖民地率先成功种植了这种利润丰厚的经济作物，并将其出口。在 20 世纪之前，烟草主要被用来嚼食、嗅吸、用管子或制成雪茄抽吸。到了 1883 年，世界上每分钟就会出产四根手卷烟。也是在这一年，詹姆斯·本萨克发明了一分钟生产两百根卷烟的自动卷烟机，令烟草价格直线下降。接下来的数十年，世界见证了庞大的美国香烟工业的兴起。

烟草是用烟草属植物的叶片制作的，这些植物属于茄科，其亲属包括土豆、番茄、茄子、辣椒和矮牵牛。烟草叶片被收割下来后，经过干燥、烤制、熟化，再混入其他种类的红花烟草以形成各具特色的香气和味道，最后包装。1900 年，美国烟草人均年消费量是 54 根，到了 1963 年便跃升至 4 345 根。1964 年，美国卫生总署发表声明，称吸烟有害健康。

吸烟对健康的危害几乎可以同等地影响每个身体器官。事实无可争议地证明，吸烟会增加器官病变的风险——包括心血管系统（心脏病、中风）以及肺部（肺气肿、慢性支气管炎），并且也会增加各种癌症发生的几率。世界卫生组织认为吸烟是全世界可预防性死亡的最大原因。

大多数吸烟者都知道这些危险，但仍然继续吸烟。为什么呢？因为他们对尼古丁成瘾。这种自然产生的活性化合物主要集中在烟草叶片中。20 世纪 70 年代，大型烟草工厂布朗·威廉姆森公司研发了 Y-1，它混合了红花烟草和黄花烟草，将香烟中的尼古丁含量从 3.2% ～ 3.5% 翻倍提高到了 6.5%。从 1991—1999 年，他们的香烟系列一直包括 Y-1。∎

新陈代谢

桑托里奥·桑克特留斯（Santorio Sanctorius, 1561—1636）
汉斯·克雷布斯（Hans Krebs, 1900—1981）

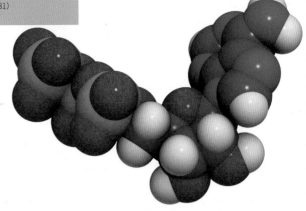

三磷酸腺苷（ATP）是细胞内能量转移的"分子货币单位"，是大多数有机体代谢反应的主要能量来源。图中是 ATP 的立体模型。

 植物对食草动物的防御（约公元前 4 亿年），酶（1878），
先天性代谢缺陷（1923）

意大利生理学家、医生、医疗温度计的发明者桑托里奥·桑克特留斯花了 30 年时间，一丝不苟地在所有形式的生活活动前后称量自己的体重，这些活动包括进食、饮水、禁食、排泄、睡觉以及性事。1614 年，他将自己的观察结果整理出版，在《医学统计方法》（*Ars de statica medicina*）一书中，他描述了首个对医疗实践进行量化的可控实验。桑克特留斯注意到，他的粪便与尿的重量少于他摄取的食物重量，他将这一差值归因于"不显汗蒸发"。人们自此开始研究新陈代谢。

建立与分解。 所有生物都有一个基本特征，即运用能量来完成各种活动。新陈代谢一词源自希腊语的"变化"或"颠覆"，指的是生物体内所有生成或运用能量的化学反应，它们被分为合成代谢与分解代谢。合成代谢将能量用于大型有机分子的生物合成（制造）以及细胞的生长和分化。相反地，分解代谢则涉及分解那些生成能量的分子。各种化学反应组成代谢途径，这些反应由酶来催化，在这个过程中，一种化学物质按序转换成另一种物质。代谢途径涉及碳水化合物、脂肪、蛋白质与核酸，而在从细菌到人类的各生物种族中，这些代谢途径中形成的化学物质本质都非常相似。

汉斯·克雷布斯在 20 世纪 30 年代的研究为我们对代谢途径的初步了解提供了基础。克雷布斯是一位德裔医生及生物化学家，他发现了尿素循环，通过这个循环，有机体将身体中产生的氨转移到较为无毒的尿素中。纳粹党人禁止他作为一名犹太人在德国境内行医，于是他移民至英国。他在英国获得了自己最重要的发现，即 1937 年发现的三羧酸循环（克雷布斯循环），它是一切好氧性生物用以从碳水化合物、蛋白质和脂肪中生成能量的一系列化学反应。克雷布斯的贡献得到了认可，于 1953 年被授予诺贝尔生理学或医学奖。■

1614 年

科学方法

亚里士多德（Aristotle，公元前 384—前 322）
弗朗西斯·培根（Francis Bacon，1561—1626）
伽利略·伽利莱（Galileo Galilei，1564—1642）
克洛德·贝尔纳（Claude Bernard，1813—1878）
路易·巴斯德（Louis Pasteur，1822—1895）

在 1620 年出版的《新工具论》中，弗朗西斯·培根提出了一种科学调查方法，它的基础是归纳推理，以渐增的数据资料为基础进行理论概括。这种方法改进了亚里士多德的演绎推理，后者是由理论推断出特定事实。

 驳斥自然发生说（1668），达尔文的自然选择理论（1859）

1620 年

科学方法的制订随着时代不断发展并调整，这多亏了许多杰出的早期学者的贡献。其中包括亚里士多德，他创立了逻辑推理，这种"自上而下"的方法先是提出理论或假想，而后验证理论；还有弗朗西斯·培根，他是现代科学方法之父，于 1620 年撰述了《新工具》（*Novum Organum Scientiarum*），提议将归纳推理法作为科学推理的基础，这种"由下至上"的方法是用具体观察的结果促成一般理论或假设的公式化；伽利略则提倡实验法，而不是形而上学的阐释。在 19 世纪中期，路易·巴斯德在设计实验反驳自然发生论时，十分优雅地运用了科学方法。

1865 年，最伟大的科学家之一克洛德·贝尔纳著述了《实验医学研究入门》（*An Introduction to the Study of Experimental Medicine*），在书中别具特色地运用了他自己的观点和实验。在这部经典著作中，他调查了科学家向社会发表新知识的重要性，进而批判地分析了优秀科学理论的组成部分、依靠观察而非依赖历史权威及资源的重要性、归纳推理和演绎推理，以及因果关系。

当一些非科学家人士想到理论时——例如进化论，他们往往会以贬低的口吻说到"理论"这个词，假定或暗示它根本就是一个未经证明的概念，或仅仅是猜测或推测。相反，当科学家使用"理论"一词来指定一个解释、模式或一般原理时，表示它们已经过检验确认，可以解释或预测一个自然现象。科学方法遵循一系列连续的步骤，是被用来研究现象或获得新知的方法。它的基础步骤是创建及检验假说以解释某一给定的观察结果，客观评价试验结果，而后接受、反对或修改这一假说。理论比假说更综合更概括，并由实验证据支持，其实验证据的基础则是可以被独立证明的一系列假说。■

哈维的《心血运动论》

盖伦（Galen，约 130—200）
威廉·哈维（William Harvey，1578—1657）
马尔切罗·马尔比基（Marcello Malpighi，1628—1694）

这张版画所绘的，是威廉·哈维在行医过程中为 4 位被指控使用巫术的女性做检查。尽管社会舆论要求他发现可疑的身体标志，以证明她们有罪，但他提供的证词却使她们被无罪释放。

肺循环（1242），列奥纳多的人体解剖学（1489），科学方法（1620），胎盘（1651）

1628 年，威廉·哈维发表了一篇异端论文——《心血运动论》（*De motu cordis*），他在文中提出，血液由心脏往一个方向泵送，穿过一个封闭的系统，从动脉至静脉，而后又回到心脏。哈维的理论基础不是建立在推测上，而是建立在解剖和生理实验上，其对象是各种各样活着与死去的动物以及人类。解决这个谜题的关键在于他的观察结果，他发现静脉血管中的瓣膜使血液只能往单一方向流动，即流向心脏。

哈维在他 1615 年的卢莱因公开讲座中首次提出了这个概念，他有充足且令人信服的实验数据，然而他一直犹疑不定，等到多年后才开始向大众传播这个理念，这又是为什么呢？因为他的解释挑战了盖伦的权威，后者关于血液流动的论述在 1 400 年前面世，直至哈唯的时代，所有的科学界及医学界权威都将其当作学术信条。盖伦认为，血液源自肝脏，自食物中成形，而后它由隐形的小孔流经心脏的两个下方腔室，作为营养物由机体器官消耗。血液被运用的速度等同于它被生成的速度。而根据哈维的数据及分析，他认为上述论点在数学角度上是不可能成立的。

哈维是英国国王詹姆斯一世及其儿子查理一世时期备受尊敬的宫廷医生，这两位国王都鼓励并支持他的研究。但是，在哈维挑衅了盖伦的权威后，这本 70 页的《心血运动论》引发了论战和敌意，这种情况在欧洲大陆上最为严重，并且一直持续了大约 20 年。哈维的理论中有一个重要的缺失环节，那就是解释血液如何从动脉流至静脉。他假定了毛细血管的存在，而这个事实在 1661 年由马尔切罗·马尔比基证实。

如今，《心血运动论》被看作是我们对心脏及心血管系统认知的基础，它也是生物学及医学史上最重要的出版物之一。哈维被誉为现代生理学之父，他是为简单观察结果辅以实验方法论及量化的第一人。■

1628 年

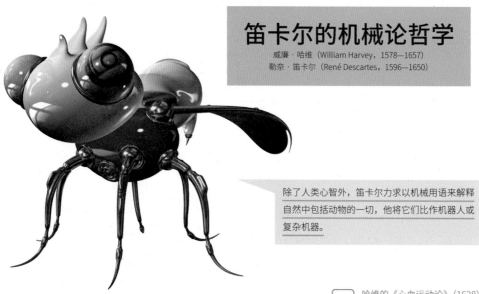

笛卡尔的机械论哲学

威廉·哈维（William Harvey, 1578—1657）
勒奈·笛卡尔（René Descartes, 1596—1650）

除了人类心智外，笛卡尔力求以机械用语来解释自然中包括动物的一切，他将它们比作机器人或复杂机器。

哈维的《心血运动论》（1628），昼夜节律（1729），下丘脑-垂体轴（1968）

1637 年

勒奈·笛卡尔最为人所知的是他的哲学著作和他对数学发展的贡献，不过他对生物学理念也有重要的影响。笛卡尔被称为现代哲学先锋，他坚称真理的保证人是普罗大众而非教堂，他还有一句众所周知的名言"我思故我在"。他遵循家族传统，接受了培养律师的教育，但他从未当过律师，哪怕还是个年轻学生时，他真正的热情所在也是数学。他构思了笛卡尔坐标系统，使用这个系统，宇宙空间中的任一点都能用一组数字表达；他促进了解析几何的发展，将代数与几何联系在一起，这为 17 世纪 60 年代艾萨克·牛顿（Isaac Newton）和戈特弗里德·莱布尼茨（Gottfried Leibniz）创建微积分学奠定了基础。

1628 年，威廉·哈维以力学比拟来描述血液循环，据说这激发了笛卡尔的灵感，从而创建了他的机械论哲学。这是一种数学和机械论方法，它影响了笛卡尔对生物学的看法，并在随后 19 世纪及 20 世纪的大多数哲学研究领域占支配地位。在 1637 年的《方法论》（*Discourse on the Method*）中，笛卡尔力求从机械学、数学、物质与运动方面解释自然界中除人类心智外的一切。唯一的真实是那些可以被测量的东西，比如大小、形状、位置、时长和长短；其他包括感觉在内的一切都是主观的，只存在于个体心智之外，不具物理现实性。正如宇宙是一部机器一样，生物体也是如此，它拥有执行行走、进食、呼吸，以及其他所有功能的部件、结构和动作。

尽管笛卡尔能够辨识生命体与非生命体间的区别，但是在他眼里，动物和机器没有什么分别，因为它们缺少人类所拥有的灵魂，从而也缺少因其产生的智力、意志与意识经验。他认为动物不能使用语言，也没有逻辑。他认为大脑中部的松果体是"灵魂的处所"，它通过神经系统控制人体。■

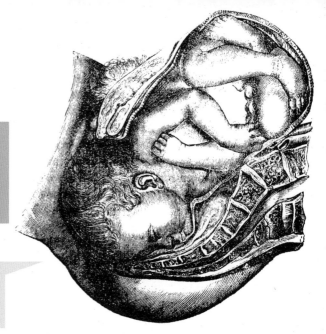

胎盘

亚里士多德（Aristotle，公元前 384—前 322）
盖伦（Galen，约 130—200）
列奥纳多·达·芬奇（Leonardo da Vinci，1452—1519）
威廉·哈维（William Harvey，1578—1657）

这张版画来自保罗·拉巴尔特医生的《通用医学词典》（1885），它描绘了一个即将出生的胎儿。

 列奥纳多的人体解剖学（1489），哈维的《心血运动论》（1628），卵巢与雌性生殖（1900），孕酮（1929）

人们对胎盘的神秘性、重要性及功能的兴趣可以追溯至远古的资料与学者，并向后一直延续至今天。埃及的一座雕塑刻画了高贵的胎盘，上面还连着一条脐带，它被看作是法老的"灵魂"或"神秘助手"。人们认为王国的兴盛取决于君主的健康及其灵魂的保存。希伯来圣经将胎盘看作"生命之束"和"外部魂灵"。胎盘的原意源自希腊语中的"烧饼"，它引起了古代最著名的学者亚里士多德和盖伦的兴趣。大约公元前 340 年，亚里士多德初步观察了包裹胎儿的胎膜，并为之取名。但由于他研究的对象都是动物，而物种间又存在差异，因此他得出了一些错误的结论，而它们被传播了 1 000 多年。

在 1510 年左右，列奥纳多·达·芬奇将他的天赋都倾注到了人类解剖绘图上，其中包括对胎儿的描绘。这些画作也展现了带有血管的子宫、胎膜和脐带。他还证明胎儿的血管并非与母亲的血管相连，从古代直至 18 世纪，人们一直对此质疑并提出了各种猜测。在 1628 年出版的医学著作《心血运动论》（*De motu cordis*）中，威廉·哈维提供的知识奠定了现代人对心脏和循环系统的生理认知。

1651 年，哈维扩展自己的这些工作，从细节上研究了胎儿循环系统及其与母体的联系。他还提出了一个非常基本的问题：胎儿在母亲的子宫中可以生存并呼吸几个月，但在分娩后如果不能呼吸，为何很快就会死亡？由于母亲和胎儿有两个独立的循环系统，他假定胎儿的营养和空气来自包裹胎儿的羊膜囊中的液体。现在我们知道，胎儿从发育第四周至出生，胎盘循环就在胚胎或胎儿（9 周后）和母亲之间输送营养物、呼吸气体以及废物。■

1651 年

这幅 1661 年的油画描绘的是瑞典克里斯蒂娜女王（1626—1689），作者是荷兰籍画家亚伯拉罕·伍奇特斯（Abraham Wuchters, 1610—1682）。克里斯蒂娜于 1633 年成为女王，这位极其神秘又传奇的女性是哲学家勒奈·笛卡尔的好友，她拒绝结婚，于 1654 年放弃王位，转信天主教，余生大部分时间都在罗马度过。

先天免疫（1882），适应性免疫（1897）

一个杰出的发现。 淋巴系统的发现者究竟是谁，这一点存有争议，不过很明显，两个申请人都是斯堪的纳维亚人，同时他们也都是著名学术家庭的成员。托马斯·巴托林的父亲和儿子与他一样，都是哥本哈根大学的解剖学家。在他兄弟告诉他在狗的身体里发现了胸导管之后，巴托林开始在两个罪犯的尸体中搜寻胸导管，这两具尸体是国王为这一研究课题慷慨提供的。1652 年，他公开宣布他在人类身体中发现了淋巴系统，并将其描述为一个独立且特别的整体。

与巴托林争夺这一发现权的还有老奥劳斯·鲁德贝克（有不同的英文拼写："Olauf""Olof"和"Olaus"），作为一名科学家及医生，他拥有非凡的职业生涯。1652 年，鲁德贝克在瑞典克里斯蒂娜女王（Queen Christina）的宫廷中呈上了他对淋巴系统的发现成果，但直到第二年才发表书面报告，毫无疑问，他落后了一步（电影迷们也许能记起由葛丽泰·嘉宝扮演的克里斯蒂娜女王，那是 1933 年的一部同名电影）。

鲁德贝克同时也是一名历史语言学家，有些人可能会将这一学科等同于杰出的想象力。从 1679 年至其去世的 1702 年，鲁德贝克起草了一部 3 000 页的四卷本作品，题为《亚特兰蒂斯》（Atlantis）。在书中，他力图确证瑞典人是亚特兰蒂斯人——那是柏拉图在公元前 300 年所描述的传奇大陆——并证明瑞典语是亚当的语言，而拉丁文和希伯来语都源自瑞典语。他的理论遭到了批评，甚至斯堪的纳维亚的同胞都嘲笑他，要知道在那个时代，瑞典还是欧洲强国之一。

淋巴系统是由器官和淋巴结、导管，以及血管组成的网状系统，它负责在组织中生成并转移淋巴液，将其输入血液中。胸导管是身体中主要的淋巴管，它收集并引导身体下部的淋巴液。淋巴液是包含淋巴细胞和乳糜的乳状液体，前者是免疫系统的主要组成部分，后者由淋巴液和脂肪组成。淋巴系统为身体抵御感染和肿瘤扩散，同时也收集并运输细胞周围的间质液。■

血细胞

安东尼·范·列文虎克（Antonie van Leeuwenhoek，1632—1723）
简·施旺麦丹（Jan Swammerdam，1637—1680）
加布里埃尔·安德洛（Gabriel Andral，1797—1876）
阿尔弗雷德·多恩（Alfred Donné，1801—1878）
保罗·埃尔利希（Paul Ehrlich，1854—1915）

布莱姆·斯托克的《德拉库拉》（1897）将
背景设定在了罗马尼亚的特兰西瓦尼亚地区，
图中的纪念品是在2007年于这一地区发现的。
这部小说的部分灵感来自吸以血液为食的吸
血蝙蝠。

 列文虎克的微观世界（1674），血红素和血蓝素（1866），
血型（1901），血液凝结（1905）

血液在古人的生活中扮演着一个核心角色，它出现在宗教信仰、神话以及健康领域，同时是勇气和牺牲的象征。直到今天，血液在许多文化中都是家族血缘的象征，也是种族和天性的纽带。古希腊人认为，血液是生命的关键营养物，是生命的核心，是灵魂所在；相反，若缺乏血液，死亡的终局将会无可避免地降临。只有不朽的神灵和恶魔例外，因为它们没有血液，也就没有死亡。希腊人并不经常使用血祭，其他文明则不然，比如盎格鲁-撒克逊人和古斯堪的纳维亚人，他们认为血液能传递其本源的力量。

其他文化和其他时代也重视血液的意义。犹太教与伊斯兰教的圣经禁止食用血液，而一些基督教教会将葡萄酒看作耶稣血液的象征。在东亚的某些文化中，男人流鼻血意味着他有性需求，日本人认为不同血型的人有不同的个性。哥特小说家布莱姆·斯托克（Bram Stoker）可能是从新大陆的吸血蝙蝠身上得到了灵感，这种只食用血液的动物使他在1897年的小说《德拉库拉》（Dracula）中创造了经典的同名角色。

科学家一直在研究血液如何将营养和氧气输送给细胞，并带走细胞产生的废物，以将其最终排出体外。1658年，荷兰生物学家简·施旺麦丹率先通过显微镜观察到了红细胞。1695年，安东尼·范·列文虎克描述了这些细胞的大小和形状，并将它们描绘出来。1840年左右，法国医学教授加布里埃尔·安德洛描述了白细胞，他也是血液化学和科学血液学领域的开拓者，这两种学科综合了临床医学及分析医学。数年后，法国医生阿尔弗雷德·多恩首先观察到了血小板。到了1879年，在众多科学领域都成绩斐然的保罗·埃尔利希终于发明了为白细胞分类计数的染色法。■

1658年

驳斥自然发生说

亚里士多德（Aristotle，公元前 384—前 322）
弗朗切斯科·雷迪（Francesco Redi，1626—1697）
拉扎罗·斯帕拉捷（Lazzaro Spallanzani，1729—1799）
路易·巴斯德（Louis Pasteur，1822—1895）

路易·巴斯德是法国微生物学家及化学家，他有许多意义重大的发现，涉及细菌致病、疫苗接种、发酵和巴氏灭菌法各个领域。

 生命的起源（约公元前 40 亿年），亚里士多德的《动物史》（约公元前 330 年），细胞学说（1838），动物色彩（1890），米勒–尤列实验（1953）

1668 年

在两千年前的《动物史》（*The History of Animals*）一书中，亚里士多德声称某些有机体源自相似的有机体，而另一些则从腐烂的泥土或植物中自然产生。古人在每个春天都看到尼罗河河水涨上河岸，而退潮后留下淤泥和青蛙，后者在干燥的季节里并不出现。莎士比亚的《安东尼与克里奥佩特拉》（*Antony of Cleopatra*）告诉我们，鳄鱼和蛇是从尼罗河的河泥中诞生的。某些生物诞生于无生命的无机物中——这一概念被亚里士多德称为自然发生说，直至 17 世纪它都几乎未曾受到质疑。毕竟人们常常看到好似从腐肉中诞生的蛆虫。

1668 年，意大利医生及诗人弗朗切斯科·雷迪设计了一个试验，质疑自然发生说以及烂肉生蛆的正确性。雷迪将肉放在三个广口罐里，放置数天。一个罐子是敞开的，苍蝇可以停在肉上产卵。另一个罐子是密封的，里面没有苍蝇也没有蛆虫。第三个罐子的口用纱布蒙着，可以阻止苍蝇进入罐子，但它们可以在纱布上产卵进而孵化出蛆虫。

一个世纪后，意大利牧师及生物学家拉扎罗·斯帕拉捷在一个密封容器中煮沸肉汤，让空气从中溢出。他没有在容器中看到任何活着的有机体，然而问题依然存在：空气对于自然发生而言是否是一个关键要素。

1859 年，法国科学院发起了一场辩论，辩题是什么样的实验能决定性地证明或证伪自然发生说。路易·巴斯德的参赛作品获得了优胜，他将煮沸的肉汤放在鹅颈烧瓶中，瓶颈弯曲向下。这使得空气可以自由进入烧瓶，但空气中的微生物被阻挡在外。这个装肉汤的烧瓶中没有任何生长的有机体，从此，自然发生说的概念被贬谪出了历史舞台。■

磷循环

汉宁·布兰德（Henning Brand，约 1630—1692）
卡尔·威廉·舍勒（Carl Wilhelm Scheele，1742—1786）
约翰·戈特利布·甘恩（Johan Gottlieb Gahn，1745—1818）

"摇晃摇篮的手也可以撼动轴心国。"在这张 1942 年的照片中，一位妇女正在为炸弹制造模具，以支持战时所需。第一次世界大战和第二次世界大战都使用了含有白磷的燃烧武器。

原核生物（约公元前 39 亿年），藻类（约公元前 25 亿年），陆生植物（约公元前 4.5 亿年），珊瑚礁（约公元前 8000 年），脱氧核糖核酸（DNA，1869），生物圈（1875），能量平衡（1960），寂静的春天（1962）

在古文明世界的未知物质中，第一种被发现的元素是磷。1669 年，德国炼金术士汉宁·布兰德正在搜寻贤者之石，据说这种石头能将铅一类的贱金属转换成金或银。他蒸煮尿液，结果得到了固体的磷，它散发着一种灰绿色的光芒。100 年后，瑞典化学家及冶金学者约翰·戈特利布·甘恩从骨骼的磷酸钙中提取出了磷，直至 19 世纪 40 年代，这都是获取磷的主要方法。大约同一时间，另一位瑞典药剂师卡尔·威廉·舍勒发现了一种大量获取磷的方法，这使瑞典成为世界上首屈一指的火柴生产国。

磷对于有机体而言至关重要。它是脱氧核糖核酸（DNA）、核糖核酸（RNA）以及三磷酸腺苷（ATP）的组成成分，参与能量转移过程。磷与脂肪结合形成磷脂，后者是细胞膜的核心成分。磷酸钙则使骨骼和牙齿更坚硬有力。

在生物圈的所有再生元素中，磷是最稀少的一种。地球上大多数磷都存在于岩石和沉积矿床中，在前者中的以磷酸盐（磷 + 氧）的形式存在，在后者中的则因风化和采矿进入海洋。缺磷会使藻类的生长变得缓慢或停滞，而过多的磷会导致失控的过度生长。

20 世纪中叶，人类在家用清洁剂和肥料中增添磷酸盐，这一行为造成了巨大的负面影响，使自然界中的磷循环平衡陷入混乱。流入湖泊和溪流的磷酸盐会导致藻华——大量藻类急剧增殖。藻类死亡后被细菌分解，这个过程会消耗水中的大量氧气，致使鱼类和其他水生生物因缺氧而死。城市污水处理厂所排出的废水中也含有磷酸盐。从 20 世纪 70 年代起，美国各州开始禁止在家用产品中添加磷酸盐。■

1669 年

麦角中毒与巫术

路易·奈勒·图拉斯内（Louis-René Tulasne，1815—1885）

这幅《巫师夜会》（1798）是由西班牙画家弗朗西斯科·戈雅（Francisco Coya，1746—1828）所作，画中的恶魔以山羊的形态出现。

真菌（约公元前 14 亿年），植物源药物（约公元前 6 万年），农业（约公元前 1 万年）

1670 年

1692 年 1 月 20 日，三个未到青春期的女孩被带到马萨诸塞州的塞勒姆殖民地受审，她们被指控为女巫。之所以有这样的指控，是因为她们亵渎神明地尖声大叫、惊厥和精神恍惚，当地医生断定这是巫术的迹象。三个孩子被判有罪，两个被处以绞刑，另一个死在监狱中，从而免去了套索加颈的命运。至那一年年底为止，共有 20 个人被指控为巫师并处以死刑。巫师审判并不仅仅出现在塞勒姆，据报道，从 1450—1750 年，欧洲大约有 4 万～6 万人被当作巫师受审后处死。欧洲最后一例记录在案的巫师火刑于 1793 年在波兰执行。在这个时期的欧洲和北美，超自然力的影响遍及生活的各个方面，并且被归咎是造成疾病和灾祸的元凶。

许多学者都认为那三个女孩及众多被告所表现出的是麦角中毒的症状，这是黑麦等谷物因真菌麦角菌（Claviceps purpurea）所致的一种疾病。当谷类作物被麦角菌的孢子感染时，会生成菌核。这种真菌感染类似于花粉粒在植物受精过程中生长穿入子房的过程。在早春凉爽潮湿的天气里，黑麦和颗粒状的麦角被一起收割并碾磨，而黑麦是穷人的主要食粮。人类和其他哺乳动物身上都发生过麦角中毒，尤其是放牧的牲畜。

麦角中毒在法国很常见，那里的气候条件很适合麦角菌生长。944 年，它在法国南部造成 4 万人死亡。其主要包括痉挛性麦角中毒和坏疽性麦角中毒，毒素导致血管剧烈收缩，产生灼烧般的剧痛、坏疽，甚至使患者失去肢体。1670 年，一位名叫蒂利耶的法国医生断定麦角中毒不是源于感染，而是因食用了感染麦角菌的黑麦。1853 年，法国真菌学家路易·图拉斯内确定了麦角菌的生命周期。从这种真菌中提取的生物碱可被用于医药，治疗偏头痛、诱导子宫收缩，并在产后抑制出血。■

列文虎克的微观世界

安东尼·范·列文虎克（Antonie van Leeuwenhoek，1632—1723）
罗伯特·胡克（Robert Hooke，1635—1703）

图为 1982 年南非特兰斯凯的邮票，展现了安东尼·范·列文虎克的头像，他是第一位观察并描述单细胞生物的科学家。

精子（1677），细胞核（1831），细胞学说（1838），电子显微镜（1931）

1674 年，荷兰科学家安东尼·范·列文虎克发现了一个充满未知物种的新世界，其中的居民数量超过了一亿兆。也是在这一年，他观察到了单细胞生物，将它们称为微生物和小动物。他是最著名的生物科学家之一，也是微生物学的创始人，但他只接受过有限的正规教育，只会用一种语言书写——即他的母语荷兰语，并且从未撰写过任何著作或科学论文。

列文虎克在荷兰的代尔夫特市出生，并且几乎在那里度过了一生。他与著名荷兰画家约翰内斯·维米尔（Johannes Vermeer）生活在同一时代。列文虎克经营布料生意，但是他真正热爱的是自己的业余爱好：研磨透镜。据说，他是在阅读了英国博学家罗伯特·胡克于 1665 年所著的《显微观察》之后，才得到启发开始钻研显微镜。胡克在这本书中普及了显微镜及其使用方法，他是第一个观察软木塞显微切片的人，并据此创造了"cell"（细胞）一词。

自 1673 年起，40 岁的列文虎克开始与伦敦的皇家学会通信，他用非正式的荷兰文写了数百封信件，描述他的显微观察结果。这样的通信维持了 50 年，直至他去世的那一天。他观察的对象包括原生生物（1674）、细菌（1676）以及毛细血管、肌纤维、植物组织，还有各种生物的精子。这些观察结果的细致详尽要归功于他高超的透镜研磨技巧，它们的放大倍率高达样本实际大小的 275 倍，而且影像清晰明亮。相反，早期的显微镜只能达到 20～30 倍放大效果。终其一生，列文虎克手工制作了 400～500 面透镜，以及大约 25 台显微镜，他的专业技术始终处于保密状态。

放大透镜的使用可追溯至古亚述及古罗马时期。大约在 1590 年，第一台使用多个透镜的复合显微镜就已发明面世，这些显微镜是胡克使用的基本工具，并且直至 20 世纪，生物学家们也是使用这样的显微镜。如今的光学显微镜拥有 1 000～2 000 倍的放大倍数，而生物学领域使用的电子显微镜甚至可以放大两百万倍！■

精子

安东尼·范·列文虎克 (Antonie van Leeuwenhoek, 1632—1723)
拉扎罗·斯帕拉捷 (Lazzaro Spallanzani, 1729—1799)
奥斯卡·赫特维希 (Oscar Hertwig, 1849—1922)

056

18 世纪中期,斯帕拉捷提出,所有的人类都被压缩在第一位女性(夏娃)体内,并在精子影响下展开。图中这尊雕像《夏娃与蛇》建于 1913 年,它坐落于布鲁塞尔的约沙法公园,作者是比利时雕刻家阿尔伯特·迪森芬斯 (Albert Desenfans, 1845—1938)。

 列文虎克的微观世界(1674),关于发育的理论(1759),发育的胚层学说(1828),减数分裂(1876)

1677 年

在 17—18 世纪,哲学及宗教领域的主要科学命题之一是繁殖,尤其是人类的繁殖。有些人认为卵子是动物生长发育的种子,有些人则认为精液才是。当时的人们认为,在与卵子结合时,精液的性质是缥缈的,有各种版本将其描述为灵气、烟雾或气味,总之不是物理性的。1677 年,荷兰显微镜学家安东尼·范·列文虎克观察了各种动物的精液,包括他自己的——他坚称其获得方法不是不道德的"自渎",而是婚内性交。他在其中发现了许多精子,但是当时他并没有将它们与受孕联系起来。不过,他在 1683 年做出结论:"人类并非来自卵子,而是来自男性种子中的一种微生物。"而卵子的一部分被转移到了精子中。

意大利牧师及生物学家拉扎罗·斯帕拉捷接受了这一尚未成型的理论,他声称所有的生物最初都是由上帝创造的,然后被缩小放进了所属物种的第一个雌性体内。卵子内的新个体已经预先成型,而后在精液的影响下渐渐展开。1768 年,斯帕拉捷率先陈述了精液与卵子的固体部分对繁殖而言至关重要,然而他并不清楚精子在繁殖过程中的作用。

19 世纪 70 年代,关于受精过程有两种观点:一是精子与卵子接触,通过传输机械振动以刺激后者发育;还有一个观念则是,精子从生理层面钻入卵子,将它的化学成分与卵黄混合起来。1876 年,德国胚胎学家奥斯卡·赫特维希以海胆为标本,力图钻研这个课题。之所以选用海胆,是因为它身体透明,有非常明显的卵黄,并且没有薄膜覆盖。赫特维希可以用显微镜观察到精子进入卵子并融合其细胞核的过程。而且,他发现只需一枚精子为卵子授精,而一旦这枚精子进入卵子,就会形成一道膜质屏障阻止其他精子进入卵子。∎

瘴气理论

乔凡尼·马利亚·朗西西（Giovanni Maria Lancisi, 1654—1720）
威廉·法尔（William Farr, 1807—1883）
约翰·斯诺（John Snow, 1813—1858）
弗洛伦斯·南丁格尔（Florence Nightingale, 1820—1910）
罗伯特·科赫（Robert Koch, 1843—1910）

Habit des Medecins, et autres personnes
qui visitent les Pestiferes. Il est de
marroquin de levant, le masque a les yeux
de cristal et un long nez rempli de parfums

这张疫病医生的画像出现在 1721 年的一部作品中，作者是来自日内瓦的医生及作家让-雅克·曼赫特（Jean-Jacques Manget, 1652—1754）。

 细菌致病论（1890），内毒素（1892），导致疟疾的原生寄生虫（1898）

传染病的瘴气理论在古希腊就已经有参考资文献出现，不过它兴起于中世纪，直至 19 世纪末，都一直在欧洲、印度和中国广受青睐。根据这一理论，由有机物腐烂分解产生的水汽、雾气或有毒气体（瘴气）进入体内，会引起各种病症，如霍乱、黑死病（腺鼠疫）、伤寒、肺结核，以及疟疾（"打摆子"）。在欧洲黑死病蔓延期间，疫病医生去探访他们的病人时，会戴上护目镜，穿上防护服，并且包上一个头罩，头罩有一个长长的嘴部，里面充满香料，以抵御肉体腐烂产生的气味。在这个时期，污物被运至远离城市的地方·或是扔在被抽干以排除秽气的沼泽中。

在 1717 年的著作《关于沼泽的恶臭毒气》（On the Noxious Effluvia of Marshes）中，意大利流行病学家及教皇御医乔凡尼·朗西西描述了蚊子和疟疾传播的关联，并对瘴气理论做出了可谓最清晰的叙述。19 世纪 50 年代早期，伦敦霍乱肆虐，疫病集中发生在肮脏恶臭的无排水设施地区，邻近泰晤士河河岸，居住其中的都是贫民。受过医生培训的威廉·法尔作为助理专员参与了 1851 年的伦敦人口普查，他认为霍乱是通过瘴气传播的。弗洛伦斯·南丁格尔支持他的观点，她是社会改革家及现代护理专业的创立者，并推动医院改善了卫生及空气清洁状况。相比之下，医生及流行病学家约翰·斯诺反对瘴气理论，只不过他也不清楚霍乱的原因（彼时，细菌理论尚未确立）。1854 年，伦敦中心的苏豪区爆发了霍乱疫情，斯诺找到病例集群，令人信服地追查到了疫病的源头，那是一处受污染的水源。

德国医生罗伯特·科赫于 1882 年重新发现霍乱杆菌（1882），细菌致病论也于 1890 年成立，在此之后，支持瘴气理论的呼声便渐渐消散。虽然这种理论已被废弃，但它使人们更加注重公共卫生状况以及卫生设施的建设，并且学会将沼泽湿地排干以控制疟疾。■

1717 年

昼夜节律

让-雅克·奥托斯·德·梅朗（Jean-Jacques d'Ortous de Mairan, 1678—1771）
尤根·阿绍夫（Jürgen Aschoff, 1913—1998）
科林·皮登卓伊（Colin Pittendrigh, 1918—1996）

058

昼夜节律时钟的第一份观察记录出现于 1729 年，一位法国科学家注意到含羞草以 24 小时为周期展开及折拢它们的叶片。

 再生（1744），趋光性（1880），促胰液素：第一种激素（1902），甲状腺和变态（1912），胰岛素（1921），快速眼动睡眠（1953），下丘脑–垂体轴（1968）

1729 年

　　1729 年，法国科学家让–雅克·奥托斯·德·梅朗发现，含羞草折拢及展开叶片的节奏遵循着某种以 24 小时为周期的规律，哪怕它们一直处在完全的黑暗中也是如此。这是对昼夜节律（CR）的首次科学描述。这些明暗循环每日以大约 24 小时的间隔出现，被称为近日节律（大约一天）。CR 掌控着有节奏的生物学变化，哪怕没有环境提示，它也能自行维持。生物体与内外环境的同步性对于其本身的健康，甚至对于存活来说都至关重要。

　　CR 并不仅仅存在于植物体上。20 世纪 50 年代，科林·皮登卓伊对果蝇的研究以及尤根·阿绍夫对人类的研究中都发现了这种节律，它还出现在真菌、动物，以及蓝藻细菌（蓝绿藻类）中。CR 对于所有动物的睡眠–觉醒周期和采食模式都很重要，并且伴有一些更微妙的模式，涉及基因活性、脑波活动、激素生成及释放，以及细胞再生的各项变动。CR 的崩溃会对健康产生负面影响，这种状况可见于那些身体疲劳、有定向障碍和失眠症的"时差党"身上。

　　研究发现，哺乳动物的昼夜节律主时钟位于下丘脑的视交叉上核（SCN）。光线的信息由 SCN 处理，从眼部视网膜传输至松果体。松果体控制褪黑激素的产生与分泌，这种激素的含量在夜晚达到高峰，在白天渐渐回落。与生物节奏相呼应并为 CR 充当分子基础的是一种体内生物钟，它的构成元素包括影响这些活动的基因，由此生成的蛋白质，以及体内的各个系统生理机能。

　　哪怕缺少光线、温度或湿度变化等环境信号，植物也以与动物相似的方式展现出节律性波动。这些变化可见于它们的光合作用、叶片运动、开花、发芽、生长与酶活性中。同样地，植物的 CR 潜在基础似乎也是以基因活动为中心。■

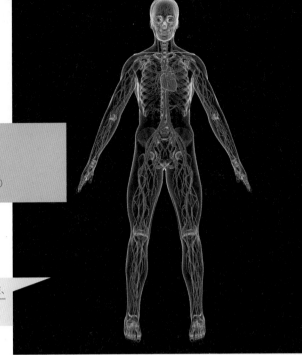

血压

威廉·哈维（William Harvey，1578—1657）
斯蒂芬·黑尔斯（Stephen Hales，1677—1761）

人体心血管系统，图中绘出了心脏、动脉和静脉。

哈维的《心血运动论》（1628）

身为一名牧师，斯蒂芬·黑尔斯在 50 岁时获得了自己的第一个科学发现，并继续前行，成为那个时代领先的英国科学家。他认为自己最重要的成就是为船舶和监狱设计了通风系统，并在植物生理学领域得到了一些重要发现。

在研究一株攀缘植物的液流时，黑尔斯必须阻断液流以防植物受到损害。他将一片囊袋蒙在切口上，但出乎意料的是，他发现液流的压力使囊袋膨胀了起来。黑尔斯使用相同的方法测量血压，并以威廉·哈维的观察结果为理论基础。哈维在 17 世纪早期对心脏进行了开创性研究，他在报告中称，血液从断裂的动脉中流出时有规律地搏动，仿佛被某种有节奏的压力所影响。

从植物到马。黑尔斯的第一批实验对象是马。他将一匹活的马背靠门板直立着绑在谷仓门上，将一根黄铜管置入它的股动脉中，用鹅的柔韧的气管将黄铜管和一根 9 英尺长的玻璃管连接。当他解开绑住动脉的绳索时，血液冲到了超过 8 英尺（约 2.44 米）的高度。接着他研究维持并影响血压的变量，比如从心脏泵出的血量（心输出量）和流经最细血管的血容量（外周阻力）。黑尔斯用一个蜡模来判定心率乘积和心容积，以估算心输出量。对外周阻力变化的估算方法是：向一颗剥离的心脏注射不同物质——比如白兰地和盐溶液，并测量输出频率。这些变化被归因于毛细血管的直径。黑尔斯在 1733 年的作品《血液静力学》（*Haemasticks*）中描述了他的研究成果。

黑尔斯的主要关注点在于植物，他把在动物身上观察到的成果运用在植物研究中。意义更为重大的是，他观察到了植物与动物界的相似之处，比如植物的汁液与动物的血液。■

1733 年

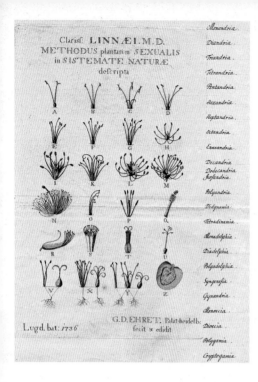

林奈生物分类法

亚里士多德（Aristotle，公元前 384—前 322）
泰奥弗拉斯托斯（Theophrastus，公元前 372—前 287）
卡尔·林奈（Carl Linnaeus，1707—1778）
查尔斯·达尔文（Charles Darwin，1809—1882）

图为《植物繁殖方法》（1736）的一块广告牌，其作者是乔治·狄俄尼索斯·埃雷特（Georg Dionysius Ehret，1708—1770），这位德国植物学家以植物插画著称。这张图描绘了林奈归纳的 24 类植物生殖系统。

亚里士多德的《动物史》（约公元前 330 年），植物学（约公元前 320 年），达尔文的自然选择理论（1859），胚胎重演律（1866），系统发育系统学（1950），生物域（1990），原生生物分类（2005）

1735 年

　　山狮、美洲狮、黑豹和美洲金猫有什么共同点？它们只是美国同一种动物的十几二十个别名中的区区四个，它们都是美洲狮（*Felis concolor*）。在自然界中走动时，我们通常会用俗名来指称植物和鸟，但是这一类名称很容易产生误导。小龙虾、海星、鳐鱼和海蜇的英文名中都包含"fish"（鱼），但它们都不是鱼，而且彼此毫无关系。

　　分类法可以追溯回远古时代。亚里士多德根据繁殖方式来为动物分类，而泰奥弗拉斯托斯根据用途和培养方式来为植物分类。在第一版《自然分类》（*Systema Naturae*，1735）中，瑞典植物学家及医生卡尔·林奈提出了一个新分类法（为动植物科学命名及分类的方法）。首先，他为植物和动物指定了拉丁名，它是一种双名法，由属名与种加词组成，这使得每一种生物体都有独特的名称，人们至今仍然在沿用这个系统。比如说，犬属包括亲缘关系密切的狗、狼、郊狼和豺，每一种成员都有一个种名。另外，林奈完善了一种多层级的分类，在这种分类法中"高级"包含了逐层逐级的"低级"群体。根据林奈分类法，近缘属归在各个科中，比如说，犬属和狐属（狐狸）都归于犬科。林奈分类法的最高级别是界，他只归纳了动物界和植物界。

　　林奈分类法根据生物体的身体特征和推定的自然关系，将它们分为不同的类别。之后流行的圣经释义据此断定，动植物在最初被创造出来时就是现在的形态。一个世纪后，达尔文提供了可靠的证据，证明两种现存动物或现存植物可能有共同的祖先，或者已灭绝的生物可能就是那些现存生物的祖先。当代分类法的基础是系统发生学，这种学说整合归纳生物之间的关系，其中包括现存生物与已灭绝生物。■

脑脊液

希波克拉底（Hippocrates，约公元前 460—前 370）
盖伦（Galen，约 130—200）
伊曼纽·史威登堡（Emanuel Swendenborg，1688—1772）
多梅尼科·阔图格诺（Domenico Cotugno，1736—1822）

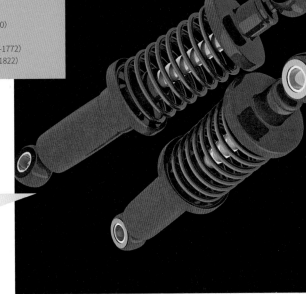

脑脊液的一个主要功能是为大脑提供缓冲，避免其在突如其来的运动颠簸或头部撞击中受伤。

最先发现大脑周围存在"水"的是希波克拉底，盖伦则称其为脑室（中央脑腔）中的"排泄液"。在他们之后的 1 600 年中，科学界对脑脊液（CSF）毫无见解，又或是漠不关心。

直至 18 世纪中叶，瑞典科学家、冶金学者、神学家及神秘主义者伊曼纽·史威登堡重新点燃了人们对 CSF 的兴趣。在完成学业并环欧洲旅行之后，史威登堡于 1715 年返回瑞典，将接下来的 20 年投入于科学及工程项目上，包括描述飞行器。他自己坦言，说他不是一个实验科学家，更像是一个思索"早已被发现之事实的人，并忙于导出它们的起因"。这些思想中包括了关于神经系统——尤其是关于大脑的观点。在一份他从 1741—1744 年就开始准备的手稿中，史威登堡将 CSF 称为"精神淋巴液"和"精华汁液"，它们分布在从第四脑室顶部至延髓和脊髓的广大区域中。这份手稿最终于 1887 年以译本出版。他在 53 岁时经历了一次顿悟，便将余下的人生都投入在了神学课题中。他最出名的作品是一本关于来世的书，书名是《天堂和地狱》（*Heaven and Hell*，1758）。

多梅尼科·阔图格诺是一名意大利医生，并在那不勒斯大学担任解剖学教授。他将尸体的头斩断，直立摆放以观察脑液的流动，并据此率先描述了 CSF 的循环。CSF 也被称为"阔图尼液"，以纪念他的成就。CSF 是由脑部中央称为脉络丛的部位形成的，并由此开始流动，为大脑和脊髓提供养分并带走代谢废物。它还有一个主要功能是为大脑提供防护，在突如其来的颠簸或撞击中起到缓冲作用，从而避免大脑触及头骨。不过，在车祸或运动创伤中，这种缓冲并不足以避免大脑受损。CSF 还为大脑提供浮力，支持其在头骨中的重量。■

约 1741 年

再生

亚里士多德（Aristotle，公元前 384—前 322）
安东尼·范·列文虎克（Antonie van Leeuwenhoek，1632—1723）
亚伯拉罕·特朗布雷（Abraham Trembley，1710—1784）
查尔斯·博奈特（Charles Bonnet，1720—1793）

海德拉是一种神话动物，有奇迹般的再生能力。《赫拉克勒斯和九头蛇海德拉》是 1475 年前后的一部作品，由意大利画家及雕刻家安东尼奥·德尔·波拉约洛（约 1429—1498 年）所绘。

 列文虎克的微观世界（1674），细胞学说（1838），胚胎诱导（1924）

最古老的再生传说可追溯至希腊神话。普罗米修斯因盗取火种受到了宙斯的惩罚，他被绑在一块岩石上，每天都会有一只鹰来啄食他的肝脏，肝脏不停地重新生长，而鹰每天都会来进食。还有一个故事是关于赫拉克勒斯的，他被布置了十二个任务，其中第二个任务是杀死九头蛇海德拉，而后者每次被斩下一个头，就会多长出两个头。包括亚里士多德在内的古希腊科学家也曾在手稿中做出一些不那么夸张的描述，记录了蜥蜴尾巴的再生。

直至 18 世纪，生物学家大都满足于观察并分类自然界。瑞士博物学家亚伯拉罕·特朗布雷可能是第一个控制生物体并观察操控结果的实验生物学家。他曾在荷兰的一个世家中担任孩子们的家庭教师，在此期间，他在一个淡水池塘里发现了绿水螅（*Chlorohydra viridissima*）。这些小东西的个体触手数量各不相同，这一点迷住了他。当特朗布雷将水螅切成两半时，它就再生成两个完整的个体，如果把它切成很多片，它就形成很多个体。他创造了一只七头水螅，用希腊神话生物海德拉为之命名。在其他实验里，他将两只水螅嫁接在一起，使它们融合成一只单一的个体。他在 1744 年的一部书中详细叙述了这些实验和成果。特朗布雷最初认为水螅是植物，但它们的运动使他修正了自己的判断。刚发现这些奇怪的生物时，特朗布雷并不知道安东尼·范·列文虎克在 1702—1703 年已经描述过它们，将其列为"极微动物"之一。

科学界对特朗布雷的发现赞誉有加，但并非所有人都接受这一发现。水螅被切开后能再生成一个与母体完全相同的完整生物，这种能力与当时流行的先成论相悖，先成论认为胚胎是从早已存在的小个体发育而来。在最初对特朗布雷的发现抱怀疑态度的人中，有他的表弟查尔斯·博奈特，他也是一名瑞士博物学家。不过，博奈特在 1745 年观察到了相似的蠕虫再生过程，这一现象使他渐渐接受了新的理论。■

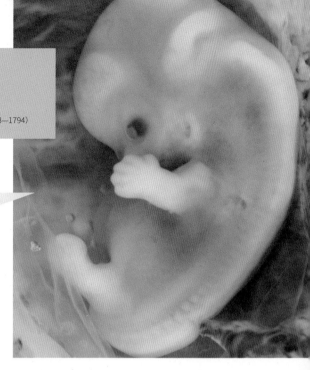

关于发育的理论

亚里士多德（Aristotle，公元前 384—前 322）
威廉·哈维（William Harvey，1578—1657）
卡斯珀·弗里德里希·沃尔夫（Casper Friedrich Wolff，1733—1794）

图为一个九周（排卵后七周）的人类宫外孕胚胎。在产科，怀孕是从最末一次月经期的第一天开始算起的，大约是在排卵的两周前。

 精子（1677），发育的胚层学说（1828），
胚胎诱导（1924）

1759 年

从亚里士多德的时代至 18 世纪，胚胎发育或发芽一直是这两千年中争论的主题之一。亚里士多德提出了两种可能：先成论和渐成说，这两种观点都有众多支持者。

先成论的理论基础来自圣经的创世观点。这种理论认为，胚胎有一整套器官，只不过它们细微到肉眼难以辨别的程度，而胚胎要么在母亲的卵子中，要么在父亲的精液中。该理论相信发育就是每个小体增大的过程。到了 17 世纪，人们进一步认为，所有动植物预先成型的胚胎都源于每个物种的原初亲本（如亚当和夏娃），因此，没有什么动物是在创世之后重新被创造出来的。从大约 1675 年开始直至 18 世纪末，先成论都是主流观点。

亚里士多德更倾向于渐成说：每个个体都是完全的新生，它们始于卵子中未分化的物质，渐渐分化成长，雄性的精液提供了指引发育过程的形态或灵魂。尽管有威廉·哈维的支持，但渐成说在 17 世纪仍然举步维艰。

德国生理学家及胚胎学家卡斯珀·弗里德里希·沃尔夫复兴了渐成说，并成为其主要倡导者。他用显微镜研究鸡的胚胎，并没有发现任何证据可支持"预成微型体扩大"的理论。相反，他观察到了胚胎连续的成长和逐步的发育。在 1759 年的论文《世代发育理论》（*Theoria Generations*）中，沃尔夫描述道：身体器官在发育开始时并不存在，它们是由未分化的物质经过一系列增长形成的。为了支持论点，他还展示了植物的根，尽管它有分化组织，却能在移除茎和根须后再生为一棵新的植物。沃尔夫为渐成说提供了强力支持，驳斥了先成论，但是他的理论在科学界中仅仅是引发了争论，并且摧毁了他的个人职业生涯。直到 1828 年，他的发现才被证实，并成为胚层学说的理论基础。■

人工选择（选择育种）

艾布·赖哈尼·比鲁尼（Abu Rayhan Biruni，973—1048）
罗伯特·贝克韦尔（Robert Bakewell，1725—1795）
查尔斯·达尔文（Charles Darwin，1809—1882）

在苏格兰的一场农业展中，这只冠军公牛正被牵入赛场，也许是想在它的收藏中再添一条蓝丝带。

小麦：生活必需品（约公元前 1.1 万年），农业（约公元前 1 万年），动物驯养（约公元前 1 万年），水稻栽培（约公元前 7000 年），达尔文的自然选择理论（1859），孟德尔遗传（1866），转基因作物（1982）

1760 年

选择育种是查尔斯·达尔文用来创建自然选择理论的一个基本概念，他还特别引用了罗伯特·贝克韦尔在这一领域的开创性工作。达尔文注意到，许多驯养的动植物是由一些被针对性饲养的个体演化而来的，这些个体都拥有特别的有益品质。

选择育种这个短语是由达尔文创造的，不过罗马人在 2 000 年前就使用过这种方法，波斯学者艾布·赖哈尼·比鲁尼在 11 世纪时也描述过它。然而，真正将它引入科学理念的是贝克韦尔，他是英国农业革命时期的领袖人物。贝克韦尔生于一个英国佃农家庭，他早年在欧洲大陆旅行，学习务农方法。1760 年他父亲去世，他便掌管了农场，改造草地，以便用他创新的饲养技术牧牛，并为牧场灌溉、浸润、施肥。他将注意力转移到了家畜上，并通过选择育种培育出了新莱斯特羊。这个品种体大骨细，它们富有光泽的长毛被大量出口至北美和澳大利亚。如今，贝克韦尔留给我们的宝藏不是他培育的品种，而是他的培育方法。

不同的家畜个体可能拥有不同的优良性状，通过个体杂交，这些性状被集中到子代身上。对植物的培育通常追求高产量、高生长率，以及对疾病和不良气候条件的抵御能力。家鸡的培育目标则包括蛋和肉的品质与大小，以及健康幼体的出生成活率。包括鱼和贝类在内的水产养殖业潜力尚未被充分发掘，其育种目标也包括生长率和存活率、肉质、抗病性。贝类的育种目标还包括贝壳大小及颜色。■

动物电

路易吉·伽伐尼（Luigi Galvani, 1737—1798）
亚历桑德罗·伏特（Alessandro Volta, 1745—1827）
乔凡尼·阿尔蒂尼（Giovanni Aldini, 1762—1834）

FRANKENSTEIN.

该图来自《科学怪人》1831 年的版本，描绘了弗兰肯斯坦博士创造的某种无名怪物。这个怪物是被一阵强大的电流激活的。

 神经系统通信（1791），动作电位（1939）

1786 年，路易吉·伽伐尼看到一只死青蛙的腿在猛烈收缩，你可以想象一下他当时的震惊。自从他用电流实验研究青蛙的生理反应时起，在过去的十多年中，他见过无数次这样的收缩。但是，在 1786 年的这一天，当他的助手使用一柄金属手术刀碰触蛙腿上暴露的神经时，这只放在桌上的腿已被解剖，是之前实验用完的材料。伽伐尼在接下来的一个实验中观察发现，当两种不同的金属被放在一条神经或一条肌肉上时，就会产生一股电流，使肌肉收缩。

伽伐尼是一位意大利医生、解剖学家及生理学家，他毕业于博洛尼亚大学医学院，之后成为该学院一名受人尊敬的教师。他以自己的实验结果为基础，推断神经和肌肉含有某种类似电流的存在，并称之为"动物电"。他假定大脑中形成了一个电场，它经由血液从神经传导到肌肉，控制肌肉收缩。意大利物理教授亚历桑德罗·伏特最初对伽伐尼的动物电理论极其热衷，但他的热情渐渐变成了怀疑，最后将之全盘否定。伏特在帕维亚大学授课，他接受了伽伐尼的实验结果，但否定了动物电的概念（在这一点上他是对的）。他对实验的解释是，两种不同金属接触时，会产生电流。他将这种金属电称为"伽伐尼电流"。

这两人都影响了科学的未来进程，也许还影响了文学领域。伽伐尼的实验是首批关于电生理现象（生物电），即活细胞电性质的实验之一，伏特的研究则促成了伏打电堆的产生，这是一种早期电池。"伽伐尼电流"和"伏特"就是以他们俩的名字命名的。伽伐尼的忠实支持者包括他的侄子乔凡尼·阿尔蒂尼，他也是一名物理教授。阿尔蒂尼继续进行他叔叔的实验，1803 年，他公开对一名已死亡犯人的肢体进行电刺激演示，这个实验之后被广为宣传。尽管作家玛丽·雪莱并没有留下她的作品创作来源此次实验相关的记录，但人们猜测，她于 1818 年创作的小说《科学怪人》（*Frankenstein*）的灵感来自阿尔蒂尼对复活人类的尝试。■

1786 年

图中，一条金鱼正在积极地用它的鱼鳃进行氧气与二氧化碳的气体交换。

1789年

鱼类（约公元前5.3亿年），两栖动物（约公元前3.6亿年），新陈代谢（1614），光合作用（1845），酶（1878），线粒体和细胞呼吸（1925），能量平衡（1960）

　　1789年，法国贵族及化学家安托万 · 拉瓦锡证明了氧气和二氧化碳在呼吸中的重要性，但这一成就并未能使这位现代化学先驱在1794年免除断头台的斩首之刑。在诸如碳水化合物和脂肪之类的高能化合物新陈代谢中，以及在细胞呼吸过程的化学反应中，这些气体究竟起到了什么样的作用，关于这方面的描述出现在20世纪。

　　从单细胞的细菌到哺乳动物，所有生物体的呼吸过程都包括气体的交换，这些气体从相反的方向通过呼吸界面，在外界环境与机体内部之间穿梭。呼吸需要输入氧气，并移除二氧化碳，最终完成新陈代谢。穿越呼吸界面的气体交换通过扩散作用进行，在这个过程中，气体从高浓度区域自动流向低浓度区域。这一过程在所有的物种间都很相似，只不过不同的物种有不同的呼吸界面。

　　对于如细菌一类的单细胞生物，气体可以轻易穿过它们的细胞膜。至于蚯蚓和两栖动物，气体则通过皮肤进行交换。昆虫的体表有呼吸孔，它们连接着被称为"气管"的呼吸管；鱼类只能呼吸溶解于水中的氧气，当它们游动时，水流进它们的嘴，穿过鱼鳃，鱼鳃中有巨大的表面积可供气体扩散，并且也有丰富密集的毛细血管，当氧气从一个方向穿过鱼鳃时，血液中的二氧化碳则从反方向离开身体。在哺乳动物的身体中，氧气和二氧化碳都经由血液在全身运输，它们在相邻的毛细血管中进出，交换过程则在肺泡中进行，肺泡的呼吸界面总面积有网球场大小。

　　相比之下，植物在光合作用（光照下）中摄入二氧化碳，释放氧气，并在呼吸作用（黑暗中）中摄入氧气，释放二氧化碳。气体通过叶片底面的气孔扩散，而后穿过叶肉中的呼吸界面。■

神经系统通信

路易吉·伽伐尼（Luigi Galvani，1737—1798）
尤利乌斯·伯恩斯坦（Julius Bernstein，1813—1917）

图中描绘了两个神经元间突触（间隙）的信息传递，其介质是称为神经递质的化学物质。

延髓：至关重要的大脑（约公元前 5.3 亿年），动物电（1786），神经元学说（1891），神经递质（1920），动作电位（1939）

1791 年

最早期的动物是在海底生活的，它们滤食海水中的微粒，这点和如今的海绵没有什么不同。这样的生活方式使它们对周围环境的变化既无感觉也无反应，因此，即便一个极其原始的神经系统对它们来说也是不必要的。随着时间的推移，水母状的动物的体内进化出了四散分布的神经网，这些动物有触觉，也能察觉化学变化，不过它们只能以整个身体做出回应，并没有明确的空间辨别能力。

接着，到了距今约 5.5 亿年前，据称出现了一种假定的原始两侧对称动物。它的身体两侧是对称的，拥有感觉系统和神经组织，后者集中于身体前端，连接着一条能够与身体远端通信的神经干。人们认为脊椎动物、蠕虫和昆虫都源自这个共同的祖先，但并未发现这种原始两侧对称动物的化石。在接下来的几亿年中，动物后代们的神经系统进化出了调整机体功能的能力，并且可以针对外部环境与身体内部的变化做出反应。

古希腊人知道大脑能影响肌肉，他们相信神经所带来的信息是由动物精神控制的。到了 18 世纪中叶，学界的关注点集中到了"动物电"方面。以对青蛙的实验研究为基础，医生及物理学家路易吉·伽伐尼于 1791 年提供了决定性的证据，证明神经中的电流能够控制肌肉收缩。1902 年，德国生理学家尤利乌斯·伯恩斯坦提出，神经细胞（神经元）中的这种电流是基于细胞内外的电压差产生的，而电压差则是由带电粒子不均匀分布形成的。

根据神经元学说，每个神经元都是一个离散单元，它们由神经突触与相邻神经元及肌肉分隔，神经突触是神经元间的生理间隙。神经元内部的长距离通信由电脉冲负责，突触间的短距离通信则由化学物质（神经递质）传递信息。突触在接收到电脉冲后就会释放神经递质，以向神经或肌肉传输信息。■

古生物学

色诺芬尼（Xenophanes，约公元前 570—前 478）
沈括（Shen Kuo，1031—1095）
乔治·居维叶（Georges Cuvier，1769—1832）
查尔斯·莱尔（Charles Lyell，1797—1875）
查尔斯·达尔文（Charles Darwin，1809—1882）

068

这枚灰鲭鲨的牙齿化石来自中新世的某处悬崖峭壁，人们在弗吉尼亚州威斯特摩兰国家公园的波托马克河沿岸发现了它。距今约 500 万～2300 万年前的这一段时间被称为中新世。

 爬行动物（约公元前 3.2 亿年），哺乳动物（约公元前 2 亿年），达尔文和贝格尔号之旅（1831），化石记录和进化（1836），达尔文的自然选择理论（1859）

1796 年

古生物学的研究对象是化石，也就是古代生命形态的遗迹，它们的印记被保存在了岩石中。化石曾被人们用来证明龙的存在，证明诺亚方舟及其他大灾难，证明达尔文的进化理论。基于对海贝化石的研究，古希腊哲学家色诺芬尼认为这些化石所在的干燥陆地曾经被海水淹没。沈括是 11 世纪的中国古代科学家，他根据发现的竹子化石提出了一个气候变化理论。

18 世纪是人们刚刚开始积极收集并鉴定化石的时代。在这个世纪末，法国博物学家及动物学家乔治·居维叶发现化石是过去生命形态的残留物，而化石在地层（沉积岩层）中是按一定顺序堆积起来的。居维叶注意到，在更古老的地层中，化石的形态与现存生物区别更大，有些物种消失，进而灭绝，被新的物种所取代。1796 年，居维叶发表了一份最早期的古生物学论文，称根据现存生物与发现的化石骨骼遗迹，非洲象和印度象是不同的物种，而乳齿象与它们更不相同。他还推断大型爬行动物的时代早于哺乳动物，其依据是它们的化石存在的地层。

居维叶相当反对达尔文之前的进化理论，并响应圣经的教诲和大洪水传说，称一次大灾难事件摧毁了生命，而后现存的生命形态代替了前者。查尔斯·莱尔是苏格兰前律师及地质学家，他于 1830—1833 年间出版了第一版三卷本《地质学原理》（*Principles of Geology*），获得了巨大的成功。在这本影响深远的书中，他挑战了居维叶的观点，以均变论赢得了公众的接纳，这一理论称，地球的变动是一个自然而然、细微且逐步的过程。这个概念对查尔斯·达尔文产生了极大的冲击力，后者在"贝格尔号"上的 5 年航程中收集了大量化石，并在阅读了莱尔的著作后，形成了生物均变论的进化观念。这种论点认为生物的进化是一代代形成的，但这个过程非常缓慢以至于难以察觉。■

人口增长与食物供给

威廉·戈德温（William Godwin，1756—1836）
托马斯·马尔萨斯（Thomas Malthus，1766—1834）
查尔斯·达尔文（Charles Darwin，1809—1882）
阿弗雷德·罗素·华莱士（Alfred Russel Wallace，1823—1913）

这张插图描绘的是 1876—1878 年的大饥荒，展现了"印度饥荒：班加罗尔的本地人正在等待救济"，这也是它在《伦敦新闻画报》（1877）里的原标题。

达尔文的自然选择理论（1859），影响种群增长的因素（1935），绿色革命（1945）

1798 年

在 18 世纪末，包括威廉·戈德温及其他的乌托邦主义的追随者在内的英国改革家们预见到了社会生活几乎全无界限的改进，人口增长将提供更多的工人，进而积累更大的国家财富，促进繁荣，并提高所有人的生活质量。然而其中存在不和谐的论调，某些人也预见到了无拘无束的人口膨胀将导致的可怕后果。1798 年的一篇论文预言了人口膨胀——尤其是社会经济地位低下阶层的人口膨胀，这将使 19 世纪中叶的食物供不应求。

《人口论》（An Eassay on the Principle of Population）的作者是 32 岁的英国政治经济学家及人口学家托马斯·马尔萨斯教士，他热衷于，或者不如说是着迷于所有关于人口的命题——包括出生率、死亡率，以及婚姻年龄与分娩年龄。马尔萨斯提出，当食物供给量以算术级增长（1，2，3，4，5……）时，人口数量在以几何级数增长（2，4，8，16，32……），因此，如果不对人口增长加以控制，这种现象将迅速导致贫困与饥饿。他提倡以"预防性限制"来降低出生率，包括晚婚、节育，以及放弃生育。如果没有这些措施，那么"现实性抑制"可以增加死亡率，比如疾病、战争、灾祸和饥荒。他的论文直至 1826 年还出了最后的第六版，这足以证明它的普及程度。幸运的是，他的预言从未实现，因为他没有预料到农业革命的到来。

无论如何，马尔萨斯的作品分别激发了查尔斯·达尔文和阿弗雷德·罗素·华莱士的灵感，促使他们在约 20 年后形成了各自关于自然选择的进化理论。达尔文在自传中坦陈，他将马尔萨斯对人类的概念转换到了自然界。他发现，所有的现存物种通常都进行过度繁殖，在严苛的生存环境中，只有一部分物种和个体拥有某些特性，这些性状使它们占据生存及繁殖的选择优势，从而将性状传递给后代。■

拉马克遗传学说

伊拉斯谟斯·达尔文（Erasmus Darwin，1731—1802）
让-巴普蒂斯特·拉马克（Jean-Baptiste Lamarck，1744—1829）

拉马克以长颈鹿为典型例子，解释后天获得性状如何一代代传递下去。他认为长颈鹿之所以有长脖子，是因为它们的祖先使劲儿伸长脖子想够到树顶的叶片。

古生物学（1796），化石记录和进化（1836），达尔文的自然选择理论（1859），种质学说（1883），表观遗传学（2012）

1809年

从古希腊时代至早期基督教时代，人们时常公开讨论进化观念。但这种辩论场面在中世纪时消失了，取而代之的是圣经正典的各种教规，后者认为生物体自创世以来就从未改变。随着 18 世纪人们对化石的发现及收集数量渐渐增多，许多杰出的博物学家开始质疑，生命形态究竟是从创世后便一成不变，还是一直在进化。

提到关于后天获得性遗传理论，就不可避免地要提到拉马克，不过最早探索这一领域的却是古希腊人，而伊拉斯谟斯·达尔文率先在他两卷本的《动物法则》（*Zoonomoial*，1794—1796）中拓展了这一理论，这位 18 世纪的知识领袖是查尔斯·达尔文的祖父。《动物法则》称地球的年龄应该是数百万年，而不是爱尔兰主教厄舍尔在 1654 年计算得出的结论，后者算出创世是在公元前 4004 年。

让-巴普蒂斯特·拉马克是一名法国军人，也是一位备受赞扬的植物学家，并且，他还是那个时代无脊椎动物领域的首席专家，这个英文词汇也是他创造的。在他最著名的作品《动物学哲学》（*Philosophie Zoologique*，1809）中，他坚称生命体的进化并不是源自一系列的灾难与再创造过程，而是一种逐步累积的变更。他的理论是，当环境改变时，有机体也必须随之改变以继续生存。如果某个身体部位被使用的频率高于从前，那么这个部位的大小或力量就会在这个有机体在生时逐渐增大，而这种性状会被传递给下一代。比如说，如果一只长颈鹿伸长脖子好够到更高处的树叶，那它的脖子就会越来越长。它的子孙会遗传到这种更长的脖子，而随着不断的拉伸，它们的脖子会一代比一代长。同样地，他坚称涉禽进化出了长腿，是因为它们一直在伸长腿部好让身体远离水面。相比之下，废弃不用的身体部位就会萎缩，进而消失，这就可以解释蛇为什么失去了腿。

远在他去世之前，拉马克的理论就已经受到挑战，并遭到了宗教界及科学界的拒斥。他死时双眼失明，一贫如洗，似乎已被大众遗忘。然而近来，学界又从表观遗传学的角度开始重新审视拉马克的学说，这一领域研究生物特质如何以非基因方式进行结构式遗传。■

发育的胚层学说

卡尔·安斯特·冯·贝尔（Karl Ernst von Baer, 1792—1876）
克里斯汀·海因里希·潘达尔（Christian Heinrich Pander, 1794—1865）
罗伯特·雷马克（Robert Remak, 1815—1865）
汉斯·斯佩曼（Hans Spemann, 1869—1941）

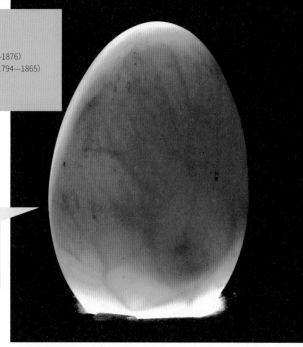

就如图中这枚一周大的鸡 / 鸭蛋一样，将蛋对着光，可以观察到小鸡或小鸭胚胎及血管的发育。验蛋的正确做法是在暗室中，将蛋置于光源之上。

关于发育的理论（1759），胚胎诱导（1924），诱导多能干细胞（2006）

卡斯珀·弗里德里希·沃尔夫（Casper Friedrich Wolff）提供了支持表观遗传学的证据——在母体怀孕后，每个新生生物个体最初都是卵子中一团未分化的物质，而后才渐渐分化成长。沃尔夫在 1759 年提出的这一理论基本被科学界忽视了，不过在接下来的 1 个世纪中，它又被人们重新提起，并成为胚层学说的理论基础。

1815 年，在爱沙尼亚出生的卡尔·安斯特·冯·贝尔进入了维尔茨堡大学，他在那里初次接触了胚胎学的新领域。他的解剖学教授鼓励他继续研究小鸡胚胎发育，但是由于没钱购买鸡蛋或聘请助手监测孵卵器，他就把这个项目转交给了自己更富裕的朋友克里斯汀·海因里希·潘达尔，而后者在小鸡胚胎中发现了三个不同的区域。

1828 年，冯·贝尔扩展了潘达尔的发现，指出在所有脊椎动物胚胎中都有三个同心胚层。1842 年，波兰籍德裔胚胎学家罗伯特·雷马克为这些胚层的存在提供了显微证据，并为它们指定了名称，这些名称到如今仍在沿用。外胚层或最外层会发育成皮肤和神经；内胚层即最内层会发育成消化系统和肺；在这两层之间的是中胚层，它将发育成血液、心脏、肾脏、生殖腺、骨骼，以及结缔组织。随后学界确定：所有的脊椎动物都是两侧对称，并有三个胚层；辐射对称的动物（水螅和海葵）有两个胚层；而海绵只有一个胚层。

冯·贝尔提出了另一些胚胎原理：比起少数动物专有的特征，多数动物的共同特征更早出现。所有脊椎动物在初始时都发育出了皮肤，而后，鱼和爬行动物的皮肤分化出了鳞片，鸟类分化出了羽毛，哺乳动物的则是毛皮。1924 年，汉斯·斯佩曼发现了胚胎诱导现象，它解释了细胞群如何形成特别的组织和器官。■

1828 年

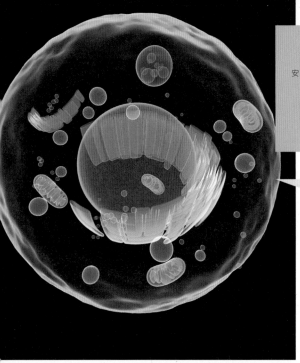

细胞核

安东尼·范·列文虎克（Antonie van Leeuwenhoek，1632—1723）
弗朗兹·鲍尔（Franz Bauer，1758—1840）
罗伯特·布朗（Robert Brown，1773—1858）
马蒂亚斯·施莱登（Matthias Schleiden，1804—1881）
奥斯卡·赫特维希（Oscar Hertwig，1849—1922）
阿尔伯特·爱因斯坦（Albert Einstein，1879—1955）

图为动物细胞的内部三维图像，中间圆形的大细
胞器就是细胞核。

新陈代谢（1614），血细胞（1658），列文虎克的微
观世界（1674），精子（1677），细胞学说（1838），
脱氧核糖核酸（DNA）（1869），染色体上的基因
（1910），作为遗传信息载体的DNA（1944），核糖
体（1955），细胞周期检验点（1970）

1831 年

17世纪70年代，荷兰显微镜学家安东尼·范·列文虎克率先观察到了人们过去未曾发现的一个世界，他的观察对象包括肌肉纤维、细菌、精子，以及鲑鱼的红血球细胞核。根据记录，于1802年第二个观察到细胞核的是弗朗兹·鲍尔，他是一位奥地利显微镜学家及植物画家。不过，人们通常将发现细胞核的功劳归于苏格兰植物学家罗伯特·布朗。后者在研究兰花表皮（外皮层）时，看到了一个不透明的小点，它同样也出现在了花粉的形成初期。布朗便将这个小点称为细胞核。在1831年伦敦林奈学会的一次会议上，布朗首次向同事们描述了它的外观，并在两年后发表了他的发现。布朗和鲍尔都认为细胞核是单子叶植物特有的细胞结构，兰花就属于这一类植物。1838年，细胞学说的共同发现者，德国植物学家马蒂亚斯·施莱登率先发现了细胞核与细胞分裂的关系；1877年，奥斯卡·赫特维希证明了它在卵子受精过程中的作用。

遗传物质的载体。细胞核是细胞中最大的细胞器，它包含了染色体和脱氧核糖核酸（DNA），并调控细胞新陈代谢、细胞分裂、基因表达，以及蛋白质合成。核膜是包裹细胞核，并将其与细胞其他部分分隔开来的双层膜，它与粗糙的内质网连接在一起，后者是蛋白质合成的场所。

1831年布朗发现细胞核时，他已是一位资深植物学家。在更早的1801—1805年，他在澳大利亚收集了3 400种植物，并就其中1 200种发表了报告。1827年，他的显微镜报告称，花粉粒（之后还有别的粒子）在液体或气体媒介中连续且随意地移动，与其他花粉粒相撞。1905年，阿尔伯特·爱因斯坦解释了这种被称为布朗运动的现象，他认为是不可见的水分子撞击了可见的花粉粒分子。■

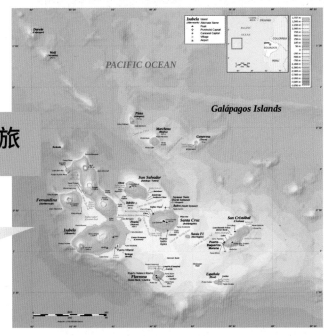

达尔文和贝格尔号之旅

查尔斯·达尔文（Charles Darwin，1809—1882）

图为厄瓜多尔西边加拉帕戈斯群岛的地形图及等深图，达尔文正是在这里发现了 14 种喙的大小与形状各不相同的雀鸟。事实证明，这个发现是他自然选择理论的主要基石。

 化石记录和进化（1836），达尔文的自然选择理论（1859），大陆漂移说（1912）

　　在 1859 年之前，很少人会猜到查尔斯·达尔文能跻身于最重要的生物学家之列，而他的《物种起源》（*Origin of Species*，1859）一书可能是科学史上影响最深远的著作。他的父亲是一位日进斗金且声名在外的医生，他的母亲是韦奇伍德陶瓷公司创始人约西亚·韦奇伍德（Josiah Wedg Wood）的女儿，他的祖父是 18 世纪的著名学者伊拉斯谟斯·达尔文（Erasmus Darwin）。不过，不管是在医学学习还是在剑桥的学士研习过程中，查尔斯都没有什么突出的表现，他的时间都用来探索自然界与打猎了。

　　皇家海军贝格尔号的船长罗伯特·菲茨罗伊（Robert FitzRoy）正在寻找可以记录和收集生物标本的"绅士乘客"，这艘船将环绕地球进行五年的航程，着重测绘南美海岸线。22 岁的达尔文对自然科学有浓厚的兴趣，另外也很重要的一点是，他与只年长他四岁的船长在社会阶层上是平等的，因此，他被选中担任了这个无薪职位。1831 年，贝格尔号扬帆启航，这个时候的达尔文还和大多数欧洲人一样，相信是神创造了世界，相信自然界中的生物从未改变。

　　在不晕船的时候，达尔文勤勉地观察并收集动物、海洋无脊椎动物、昆虫，以及已灭绝动物的化石。他在智利还经历了一场地震。加拉帕戈斯群岛是厄瓜多尔西边约 600 英里（1 000 千米）处的 10 个火山岛，在此度过的五周是他在航行途中最值得纪念的时段。在他的众多收集品中，有 4 只嘲鸫分别来自四个岛屿，他发现它们各不相同。他带回欧洲的还有 14 只雀鸟，它们的喙在大小和形状上都不一样。1835 年返回英国时，达尔文已是一名广受认可的博物学家，他的演讲、论文，以及一本题为《探索之旅》（*Journal of Researches*，又名《贝格尔号航海记》）的畅销书都使他的声名更加卓著。■

1831 年

1832 年的《解剖法》

劳勃·诺克斯（Robert Knox, 1791—1862）
威廉·伯克（William Burke, 1792—1829）

这张盗尸人的图画挂在苏格兰佩尼库克的老皇冠酒吧墙上，据说伯克和海尔是这家酒吧的常客。

 列奥纳多的人体解剖学（1489），
维萨里的《人体构造》（1543）

　　1828 年，威廉·伯克和威廉·海尔遭人唾弃辱骂，然而他们对几代人的解剖研习起到了重要的促进作用。直至 1832 年前，英格兰与苏格兰的医学与解剖学校都缺乏主要的教学工具：用于解剖的尸体与解剖教学演示。虽然教堂明言进入天堂必须有完整的身体，但议会还是颁布了 1751 年的《谋杀法》。医学院每年可以分配到一具尸体以供解剖，这些尸体全是被判处死刑的谋杀犯。尽管如此，尸体供应依然匮乏。

　　1810 年，一个解剖学会成立了，其中的成员都是解剖学家、外科医生和生理学家，几乎所有人都是上层阶级的富人。他们提议使用济贫院中无人领取的乞丐尸体。这个提议遭到贫苦民众的强烈抗议，最后被驳回了。为了满足需求缺口，解剖学家转而向"掘尸人"购买尸体，并对其来源不闻不问。盗尸事件频繁发生，以至于死者的家人常常要在葬礼后看守坟墓，防备挖墓人。

　　伯克和海尔用一个更简单更直接的方法来获取尸体。他们在爱丁堡谋杀了 16 个人，并向劳勃·诺克斯医生贩售这些尸体。诺克斯是一位备受尊敬的医生及解剖学学家，据称也是这座城市中最受欢迎的解剖学私人讲师。在被逮捕归案后，官方给了海尔一个机会告发同伙的谋杀罪，以豁免他自己的刑罚。伯克被判绞刑与解剖，他的头骨如今还展示在爱丁堡大学的解剖博物馆里。在供认过程中，伯克发誓诺克斯对尸体来源毫不知情，诺克斯也根本没有被起诉，但是后者在爱丁堡的大好前程依然戛然而止。声名狼藉的谋杀犯却由此促成了 1832 年《解剖法》的通过，它允许医生、解剖学教师及医学生获得并研究合法捐赠或官方授权的尸体。■

人体消化

威廉·博蒙特（William Beaumont, 1785—1853）
亚历克西斯·圣马丁（Alexis St. Martin, 1802—1880）

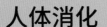

人类胃部解剖图，以齿轮和榫来表达其携同胃液一起消化食物的机械力。

 酶（1878），联想学习（1897），促胰液素：第一种激素（1902）

1822 年，19 岁的加拿大法语区人亚历克西斯·圣马丁受雇于美国皮毛公司，用独木舟运送皮毛，途中不慎受伤，被装填了鸟弹的步枪意外近距离击中了腹部。主治他的是就职于麦基诺堡的美国军医威廉·博蒙特，这个要塞位于麦基诺岛，在 1812 年的美国独立战争中，有几场争夺五大湖区控制权的战役就发生在这里。

博蒙特治疗这位伤者的伤口，但坦言对方很难再支撑超过 36 小时。但圣马丁活了下来，只是胃里留下了一条手指粗的瘘管（空洞），这个洞口永远无法自行愈合。博蒙特在持证行医前曾当过两年的医生学徒，这在当时并不见罕见，圣马丁的瘘管使他拥有了一个独一无二的机会，可以有史以来首次观察并研究人类胃部的消化情况。

在这次事故的几年后，博蒙特开始正式研究消化系统。典型的实验是将食物系在一根丝线上，将丝线坠入胃部的洞口，而后观察食物的消化。博蒙特采出了胃酸样本，从而判断负责将食物拆分成营养物质的是化学过程，而非机械因素。1833 年，博蒙特出版了一本 280 页的著作，书名为《关于胃液和消化机能的实验与观察》（*Experiments and Observations on the Gastric Juice and Physiology of Digestion*），描述了他在圣马丁身上做的大约 240 次实验的结果。

医生和病人在 1833 年最终结束了合作关系。博蒙特死于 1853 年，他在离开一个病人的家中后，在冰上滑了一跤，因头部重伤去世，享年 67 岁。圣马丁则出乎意料地在伤后又活了 58 年，尽管晚年酗酒，却还是比他的医生多活了 10 年。多年以来这件事始终存在一个无解的问题，那就是博蒙特没有用非常简单的手术闭合圣马丁的瘘管，这是否因为他想延续自己的消化实验。■

1833 年

化石记录和进化

乔治·居维叶（Georges Cuvier，1769—1832）
理查德·欧文（Richard Owen，1804—1892）
查尔斯·达尔文（Charles Darwin，1809—1882）

18世纪90年代首批出土的灭绝哺乳动物化石挑战了现存生物自创世始从未改变的观点。图中的角石是一种已灭绝的海洋无脊椎动物的化石，这种软体动物因其形似盘紧的羊角而得名。

 泥盆纪（约公元前4.17亿年），古生物学（1796），达尔文和贝格尔号之旅（1831），达尔文的自然选择理论（1859），放射性定年法（1907），大陆漂移说（1912），反灭绝行动（2013）

1836年

在19世纪之前，出土的各种骨骼化石遗迹似乎在外观上截然不同，并且没有明显的过渡种类。人们对这一现象的解释在很大程度上支持了神创论，以及任何动物种类都未曾灭绝的观点。1796年，居维叶在研究哺乳动物的骨骼化石时驳斥了进化论。然而，相似的骨骼化石却是达尔文建立自己的进化论时使用的关键要素。

乔治·居维叶是法国伟大的博物学家及动物学家，他结合自己的古生物学知识和比较解剖学的知识，对哺乳动物的化石遗迹和相对应的现存生物进行比较。1796年，居维叶发表了两篇论文，一篇对比了现存的大象和灭绝的猛犸；另一篇则对比了巨型树懒和在巴拉圭发现的已灭绝的大地懒。他认为要解释自己的发现与地球上众多的地质特征，最好的理由就是发生过几场大灾难，它们导致许多物种灭绝，而紧随其后的则是再次造物。他是灾变论的主要支持者，而且极其反对进化论。

查尔斯·达尔文在19世纪30年代早期搭乘贝格尔号航行，中途在巴塔哥尼亚发现了乳齿象、大地懒、马和类似大犰狳的雕齿兽的化石残骸。1836年返回英国时，达尔文将这些化石和自己的详细笔记带给了解剖学家理查德·欧文。欧文认为这些化石与南美现存哺乳动物的亲缘关系最近（他后来反对达尔文的自然选择理论）。在《物种起源》（*Origin of Species*，1859）一书中，达尔文注明了这些化石的重要性，并且坦陈人们也许永远无法找到化石与现存生物之间的"缺失环节"或过渡物种，剖析了自己结论中最大的缺陷，不过也恰恰是这一点强有力地支持了他的进化论。2012年，达尔文及其同伴们收集的314片化石重现于英国地质调查所的某个角落，在此之前，它们已经失踪了超过150年。■

氮循环和植物化学

让－巴普蒂斯特·布森戈（Jean-Baptiste Boussingault，1802—1887）
赫尔曼·黑尔里格尔（Hermann Hellriegel，1831—1895）
马丁努斯·拜耶林克（Martinus Beijerinck，1851—1931）

这是第二次世界大战时的一张海报，鼓励豆类增收。这种植物不仅是食物来源，同时还能利用大气氮使土壤更加肥沃。

原核生物（约公元前 39 亿年），陆生植物（约公元前 4.5 亿年），农业（约公元前 1 万年），植物营养（1840），生态相互作用（1859）

1837 年

氮元素在 1772 年被发现，它大约占据了地球大气的 78%——是氧气的四倍，并且是氨基酸、蛋白质和核酸的重要组成元素。降解的动植物物质中所含的氮通过一系列互利关系，形成一种可溶的植物营养素被吸收，而后再转变为气态，重归大气。

氮只能由植物或动物来分解（在利用它之前，它们会先将其固定），这个概念是由法国农业化学家让－巴普蒂斯特·布森戈提出的。从 1834—1876 年，他在法国阿尔萨斯自己的农场里建立了世界上第一个农业研究基地，在田地里实施化学实验法。布森戈还判断出了氮在植物、动物以及物理环境中的运动特性，并研究相关问题：诸如土壤肥力、轮作、植物和土壤的固氮作用、雨水中的氨以及硝化作用。

学界原本普遍认为植物是直接从大气中吸收氮的，但 1837 年，布森戈驳斥了这个观念，并展示了植物吸收氮的方式是从土壤中吸收硝酸盐。接下来的这一年，他发现氮对植物和动物都至关重要，而食草动物和食肉动物都从植物那里获得氮元素。他的化学发现为现代人对氮循环的理解奠定了基础。

1888 年，德国农业化学家赫尔曼·黑尔里格尔和荷兰植物学家及微生物学家马丁努斯·拜耶林克分别独立发现了豆科植物利用大气氮（N_2）以及土壤微生物将其转化成氨（NH_3）、硝酸盐（NO_3）和亚硝酸盐（NO_2）的途径。在大豆、苜蓿、野葛、豌豆、豆角和花生等的豆科植物中，如根瘤菌这样的（互惠）共生固氮菌能进入植物根系的根毛中，刺激根瘤形成，使其数量翻倍增加。在根瘤中，这些固氮菌将氮转化成硝酸盐，豆科植物可利用后者促进自身生长。当植物死后，固定的氮被释放，又可以重新被其他植物使用，由此使土壤更加肥沃。■

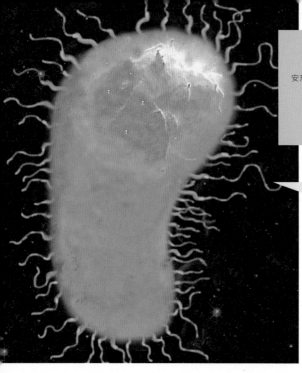

细胞学说

安东尼·范·列文虎克（Antonie van Leeuwenhoek，1632—1723）
罗伯特·胡克（Robert Hooke，1635—1703）
马蒂亚斯·施莱登（Matthias Schleiden，1804—1881）
泰奥多尔·施旺（Theodor Schwann，1810—1882）
鲁道尔·菲尔绍（Rudolf Virchow，1821—1902）

显微镜可用于观察单细胞生物体，这个功能使科学家们得以发现生命基本单位——细胞的结构。图中是革兰氏阳性菌芽孢杆菌。

新陈代谢（1614），列文虎克的微观世界（1674），驳斥自然发生说（1668），减数分裂（1876），酶（1878），线粒体和细胞呼吸（1925），作为遗传信息载体的 DNA（1944）

1838 年

细胞学说在生物学中的重要性就好比原子学说在化学和物理学中的重要性。正如原子是物质的基本单位，细胞也是生命的基本单位。这两者都是各自学科最基本的核心原理。形成细胞学说的基础工作可以追溯至 1665 年，这一年，罗伯特·胡克在一片软木塞上发现了细胞。10 年之后，安东尼·范·列文虎克在一台显微镜下观察到了活的单细胞生物体，这台显微镜安装了他亲手制作的透镜，它可以将影像放大约 275 倍。又过了 160 多年，两位德国朋友施莱登和施旺在享用餐后咖啡时，分享了他们各自的细胞研究笔记。

1838 年，植物学家马蒂亚斯·施莱登提出，植物的每个结构都是由细胞构成的；第二年，动物学家泰奥多尔·施旺在动物领域得出了一个相似的理论。他们最初的细胞学说包括三个基本原理：所有生物体都由细胞组成；细胞是所有生物体结构与功能的基本单位；所有的细胞都来自曾经存在的老细胞。第三点是由鲁道尔·菲尔绍于 1855 年添加的。

在这三条最初原理保留下来的同时，理论又得到了改善与扩充：细胞中含有遗传信息（DNA），它们于分裂过程中在细胞间传递；在某个物种中，所有细胞的化学组成基本都是一样的，而细胞中存在能量流（代谢与生化）。

与施莱登不同的是，施旺和菲尔绍一直在拓展科学与医学的前沿领域。施旺发现了神经元外包裹的神经鞘（施旺细胞）；分离出了胃蛋白酶，它是胃中分解蛋白质的一种酶；并为活组织中的化学变化创造了新陈代谢一词。菲尔绍是现代病理学的先锋领袖之一，他推动了显微镜的普及；使尸检程序得以标准化；他还创建了社会医学领域，这一学科旨在探索社会与环境因素对健康和疾病的影响。■

植物营养

约翰·伍德沃德（John Woodward，1665—1728）
尼古拉斯-希欧多尔·德·索苏尔（Nicolas-Théodore de Saussure，1767—1845）
尤斯图斯·冯·李比希（Justus von Liebig，1803—1873）
尤利乌斯·冯·萨克斯（Julius von Sachs，1832—1897）

这张 1849 年的画作《从田中归来》
家弗里德里希·爱德华·梅耶黑
1879）的作品。

 磷循环（1669），氮循环和植物化学
作用（1845），趋光性（1880）

1879 年

1699 年，英国博物学家约　　　　　　　　　　　　　的水中生长的绿
薄荷，其中，生活在含有花园　　　　　　　　　　　　总结说，植物并不
像亚里士多德认为的那样源　　　　　　　　　　　　瑞士化学家及植物
生理学家尼古拉斯-希欧　　　　　　　　　　　　的本质时观察到，植
物生物量的增加并不仅　　　　　　　　　　　　化碳的吸收量。这一发
现是数十年后光合作

德国化学家尤　　　　　　　　　　　　　壤中添加不同矿物质后植物
的生长状况。18　　　　　　　　　　　　"李比希定律"），这一定律认
为，植物的生　　　　　　　　　　　　　的资源——这才是其生长的限
制因素。他发　　　　　　　　　　　　供；除此外，还需要磷、钾和
氮，植物从

19 世　　　　　　　　　　　　植物学家尤利乌斯·冯·萨克斯，大
约 1860　　　　　　　　　　　对较多的大量营养素，它们被用来建造
植物　　　　　　　　　　　硫。1923 年，另外八种必需元素被确认
为

养物，它们来自岩石矿物的风化以及有机物、
动物和细菌　　　　　元素，也就是说，如果缺乏这些元素，植物将无
法完成其生命周期，而其　　　　还有其他一些矿物元素被认为是有益的，它们
可以辅助植物的非必要功能。■

图中所示为肾元，即肾脏的结构与功能基本单位。它过滤血液，将身体所需的物质归还血流，将剩余物质作为尿液排出。

新陈代谢（1614），血压（1733），体内平衡（1854），淡水鱼和海水鱼的渗透调节（1930）

1842 年

生物体的关键身体功能包括平衡水的摄入与损失。在很大程度上，这一平衡是由尿的容量与成分来决定的，其成分改变并反映了有机体对水的需求。淡水动物排泄的尿非常稀清，需要保存水分的海生动物排出的尿则非常浓。根据栖息地的不同，陆栖动物通常要保存水分，并排出浓缩的尿液。

负责过滤血液的器官是肾。在大多数哺乳动物体内，血浆由肾元过滤，其中大部分水和有益物质返回血流中，由身体存留；剩余水分和代谢废物则留在肾中，最后被排出，其中包括尿素（来自氨基酸代谢）。两栖动物和鱼类并不在身体中保存过多水分，因此会排出大量含有水溶尿素的稀尿。相比之下，在大多数鸟类、爬行动物和陆生昆虫体内，氨基酸代谢的最终产物是不溶于水的尿酸。鸟和爬行动物的尿是尿酸形成的白色悬浮液，混与其中的是粪便残渣而非排泄液体。

英国医生及组织学家威廉·鲍曼以显微检验为基础，研究了肾脏的结构。1842 年，他确定肾元的端部——肾小球囊（现称"鲍氏囊"）是肾脏的功能单位。肾小球囊是鲍曼关于尿生成的过滤理论的基石，同时它也是现代人理解肾脏功能的认识基础。1844 年，卡尔·路德维希提出，是血压迫使液体渗出肾脏的毛细血管，进入肾元。这种液体包含除蛋白质以外的所有血浆成分，水分则返回血流，使尿液更浓。路德维希是最伟大的生理学家之一，他教导人们，生物功能是由化学及物理定律主宰的，而非受控于特别的生物定律和神圣作用。他更明确地指出，尿液是在肾脏中通过过滤形成的，而不是像鲍曼猜测的那样由生命力形成。■

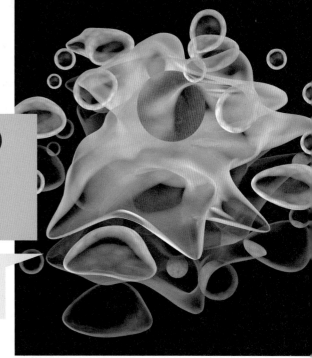

细胞凋亡（细胞程序性死亡）

卡尔·沃格特（Carl Vogt, 1817—1895）
华尔瑟·弗莱明（Walther Flemming, 1843—1905）
西德尼·布伦纳（Sydney Brenne, 1927— ）
约翰·福克斯顿·罗斯·克尔（John Foxton Ross Kerr, 1934— ）
约翰·E. 苏尔斯顿（John E. Sulsto, 1942— ）
H. 罗伯特·霍维茨（H. Robert Horvitz, 1947— ）

细胞凋亡是正常的身体程序，旨在移除冗余的细胞。这张三维绘图展示了一个因老化、患病或受损而将被排出体外的凋亡细胞。

血细胞（1658），细胞学说（1838），体内平衡（1854），有丝分裂（1882），细胞周期检验点（1970）

所谓"生死有时……"，每一天，身体细胞——尤其是皮肤细胞与血细胞——都会重新生成。由于它们的总数必须保持恒定，身体就需要一个机制能适当地维持平衡，移除多余的细胞。这一机制即细胞程序性死亡（PCD），它是一个有序的，受到高度调控的过程，旨在随时调节正常的细胞分裂（有丝分裂）。移除细胞在其他一些情况下也对机体有利，比如细胞衰老、患病或是因暴露于有毒物质或辐射下受损。在月经期，身体还会排出脱落的子宫内膜。相反，PCD 不足会导致癌细胞扩散，又或者会导致一些病例，比如新生儿手指粘连。

细胞响应其内外启动 PCD 的信号，开始缩小尺寸，并分解和凝缩细胞成分。这些细胞碎片（凋亡小体）被封在一层薄膜中，与邻近细胞分隔开来，以免损害后者。接着吞噬细胞会吞入这些碎片，销毁它们。

德国生物学家卡尔·沃格特在瑞士工作，他于 1842 年在研究蝌蚪发育时率先描述了 PCD 的概念。1885 年，另一位生物学家华尔瑟·弗莱明更加精确详细地描述了这一现象。弗莱明的成名来自他对有丝分裂和染色体的发现，这是细胞生物学史以及整个科学史上最重要的发现之一。到了 1965 年，澳大利亚病理学家约翰·福克斯顿·罗斯·克尔率先描述了 PCD 的超显微特性，及其作为正常程序如何区别于组织损伤引起的坏死，由此，学界再度兴起了对 PCD 的研究热潮，也是克尔第一个将 PCD 称为细胞凋亡（apoptosis），这个词源自希腊语中的"凋谢"，如花朵或树叶。20 世纪 70 年代，工作于剑桥大学的约翰·E. 苏尔斯顿、H. 罗伯特·霍维茨和西德尼·布伦纳研究线虫基因序列，在分子水平上深入了解细胞凋亡。这三位是 2002 年诺贝尔奖的共同获得者。■

1842 年

东部菱背响尾蛇（*Crotalus adamanteus*）是北美最危险的毒蛇，人类被咬中后的死亡率高达 10% ～ 30%。它的毒液有分解蛋白和溶血的特性，也就是说，它能毁坏组织并摧毁红血球，这将使受害者无法止血。

延髓：至关重要的大脑（约公元前 5.3 亿年），神经系统通信（1791），血液凝结（1905）

1843 年

动物们配备有各式各样的武器，用以捕杀猎物或自我防卫，又或是在孵卵期间受到攻击时保卫自己的后代。除了敏锐的视力、爪子、牙齿、角、坚硬的外壳、网，以及脚或鳍的快速移动外，一些脊椎动物和无脊椎动物还拥有化学武器，用来攻击或防御以对抗其捕食者。这些化学武器是毒液。这些有毒物质可以通过咬、蜇或以某种尖锐部位刺入，从而直接注入受害者的血流（使中毒）。在脊椎动物中，最知名且研究最充分的有毒动物就是蛇。毒液最初的基因可能是从蜥蜴身上进化出来的，它和蛇类的亲缘关系最近。

在 3 000 种蛇里，大约有 600 种是有毒的。蛇类用毒液来自卫，或是直接杀死或麻痹它们的猎物。盛有毒液的毒腺位于蛇类头部的后方，由一条导管连接至一枚中空的毒牙。除了有毒化学物质外，毒液中还含有唾液，蛇的这种消化液和大多数陆生脊椎动物没什么两样。毒液中也许含有 20 多种成分，最主要的种类是神经毒素和溶血毒素，有些蛇毒同时含有这两类毒素。1843 年，夏尔·吕西安·波拿巴率先发现了蛇毒的蛋白质性质，他是拿破仑的侄子。

眼镜蛇和珊瑚蛇的毒液中含有神经毒素，这种毒素作用于神经和肌肉，会引起神经–肌肉交界处的麻痹，因心脏衰竭或呼吸衰竭会导致受害者死亡。尽管传说中埃及艳后克利欧佩特拉是在埃及眼镜蛇的蛇吻下自杀身亡的，但近来的研究表明，她的死因是摄入了某种有毒混合物。溶血毒素是响尾蛇和其他蝮蛇的必杀技，它能阻止血凝块形成或促使血凝块分解，从而导致受害者大量失血进而休克，使之丧失行动能力，无法逃跑。还有一些溶血毒素会导致血液突然凝结，造成中风和心肌梗塞。

从蛇毒中提取出的化学物质被用于医药领域，可以治疗高血压、中风和心脏病，并且在缓解剧痛和治疗黑素瘤、糖尿病、阿尔茨海默病以及帕金森综合征方面颇受好评。■

同源与同功

理查德·欧文（Richard Owen，1804—1892）
查尔斯·达尔文（Charles Darwin，1809—1882）

昆虫、蝙蝠和鸟类的翅膀是同功结构，它们有相似的功能，但结构不同，这是因为它们分别进化自完全不同的祖先，但适应了相同的环境。

 鸟类（约公元前 1.5 亿年），亚里士多德的《动物史》（约公元前 330 年），化石记录和进化（1836），达尔文的自然选择理论（1859），系统发育分类学（1950）

人类的手臂、猫的前肢、蝙蝠的翅膀和海豹的鳍状肢有任何共同点吗？它们的功能没有任何相似之处——提举、行走、飞行和游泳，但是在仔细分析之后，你会发现它们的基本构造还是有一些共性的。这些哺乳动物的每一个前肢（或有趾肢）都有一根长骨，它与两根较小的骨骼相连，再连接于许多更小的骨骼，最后附上五根左右的指头。昆虫和鸟类的翅膀呢？它们全都有相同的功能，就是飞翔，但它们的结构全然不同。

理查德·欧文是著名的英国生物学家及比较解剖学家，但他的研究成果也颇具争议性。1843 年，他意图解释为何相似的结构能行使不同的功能，而相似的功能又为何源自不同的结构。他指出，哺乳动物的前肢是同源器官，即在不同的物种间有相同基本结构和不同功能的相同器官。相反，昆虫、蝙蝠和鸟类的翅膀有相似的功能，但是以不同的途径分别进化而来的。达尔文改进了欧文的阐释，将其融入进化论的解释中。同源器官的基本结构是由一个共同祖先那里进化而来的，它们拥有不同的功能，是为了适应不同的环境条件。与同源结构相比，同功结构有相似的特性，却是分别由不同的祖先进化而来，它们的特性也是为了适应环境而产生，这个过程称为趋同进化。

如果没有共同祖先，就很难解释退化结构的存在。穴居蝾螈的盲眼、人类的阑尾、鲸的骨盆带在现存的这些生物身上都没有功能，却和某个祖先种的某个功能性结构是同源器官。

同源性存在于结构水平和分子水平上。遗传密码是 DNA 和 RNA 中决定蛋白质合成中氨基酸顺序的核苷酸序列，从细菌到人类的所有生物体的遗传密码几乎是完全相同的。相似的是，现存的各种有机体都有相同的基因。遗传密码和基因的共性为共同祖先的进化理念提供了进一步的支持。■

1843 年

光合作用

加恩·伊根霍兹（Jan Ingenhousz，1730—1799）
约瑟夫·普利斯特里（Joseph Priestley，1733—1804）
尤利乌斯·罗伯特·迈尔（Julius Robert Mayer，1814—1878）

生物体的生存依赖于光合作用，在阳光和氧气足够的条件下，光合作用将无机分子转化为有机物。绿色色素叶绿素使植物叶片呈现绿色，并在光合作用中起着核心作用。

藻类（约公元前 25 亿年），陆生植物（约公元前 4.5 亿年），新陈代谢（1614），气体交换（1789），植物营养（1840），趋光性（1880），线粒体和细胞呼吸（1925）

1845 年

光合作用对于有机体的存活来说至关重要，因为它能捕捉阳光中的能量，将其转化为实现生物程序的化学能。若没有光合作用，地球上的食物或有机物将会极其稀少，而且大多数生物在缺乏氧气的空气中将不复存在。总结光合作用的化学方程式是：

$$6CO_2 + 12H_2O + Light \rightarrow C_6H_{12}O_6 + 6O_2$$

在这个过程中，二氧化碳（CO_2）从空气进入叶片下表面上的气孔（小孔），在那里与来自植物根部的水结合，通过维管束（叶脉）传输到叶片上方。吸收阳光的是叶绿素，这种绿色的色素位于叶绿体中，后者是发生光合作用的细胞结构。光合作用分为两个步骤：光反应与暗反应。在光反应中，光能被转变为化学能，储存在三磷酸腺苷（ATP）和高能带电粒子 NADPH 中。在暗反应阶段，二氧化碳、ATP 和 NADPH 转化生成葡萄糖（$C_6H_{12}O_6$），储存在植物叶片中，而生成的氧气则通过气孔释放到了空气中。

1771 年，英国牧师及科学家约瑟夫·普利斯特里在一个密闭容器中点燃了一根蜡烛，直至其中的空气（后来发现是氧气）不足以支持燃烧，他的研究开启了对光合作用的发现之旅。普利斯特里接着又在容器中放入了一小株薄荷，几天后，容器中的蜡烛又可以点燃了。1779 年，荷兰医生加恩·伊根霍兹重复了普利斯特里的实验，他的演示说明，要恢复容器中的氧气，需要光和绿色植物组织。1845 年，德国医生及物理学家尤利乌斯·罗伯特·迈尔完善了以上理念，称光能是被转换为化学能储存在了光合作用形成的有机产物中（迈尔也是最早提出有关能量守恒的热力学第一定律的科学家）。■

旋光异构体

永斯·雅各布·贝采利乌斯（Jöns Jakob Berzelius，1779—1848）
弗里德里希·维勒（Friedrich Wöhler，1800—1882）
路易·巴斯德（Louis Pasteur，1822—1895）

这张图中呈现的是偏振光下的酒石酸微晶体。两种异构体能使偏振光往不同方向旋转，这是因为其三维结构的不同。事实上，碳水化合物的糖类使偏振光向右旋转，而氨基酸则使偏振光向左旋转。

酶（1878），胰岛素的氨基酸序列（1952）

19 世纪的化学家普遍认同一个道理，那就是只有在元素不同的情况下，化合物的特性才可能改变。这条规则在 1828 年被彻底改变，德国化学家弗里德里希·维勒在这一年合成了氰化银，它和雷酸银的元素成分一样，却有不同的性质。两年后，瑞典化学家永斯·雅各布·贝采利乌斯发现尿素和氰化铵有着相同的化学组成和不同的性质，他将这一现象称为"异构"。

镜像。1848 年，法国化学家和微生物学家路易·巴斯德观察到，偏振光穿过含有酒石酸的溶液时，能使偏振光发生旋转的是葡萄酒中自然形成的那种酵母晶体，而非实验室里合成的酒石酸。巴斯德使用一对镊子和一台显微镜，实验制备得到了两组酒石酸晶体，并发现当偏振光以同一角度穿过这两组同分异构体溶液时，光线会往相反的方向旋转。一组使偏振光向左逆时针旋转（称为左旋-、L-或"-"），而另一组使光线向右顺时针旋转（右旋-、D-或"+"）。这两组旋光异构体（也称对映异构体）就好比我们的左手和右手，是彼此无法叠合的镜像。对映异构体有相同的元素，但这些元素围绕一个中心碳原子以不同的结构排布。如果一份溶液中有等量的右旋及左旋对映异构体（外消旋混合物），那么它们将彼此抵消，穿过的偏振光不会旋转。巴斯德凭借这个发现获得了科学界的初步认可。

对映异构体对生物系统以及某些药物的性质有着非常重要的影响。氨基酸是蛋白质和酶的基本构件，它们全是左旋对映体，自然界中的右旋氨基酸非常罕见。生物体只能吸收左旋氨基酸，将其合成蛋白质，也只有左旋氨基酸具有生物活性。相反，形成碳水化合物的糖类则是右旋对映体。药物的不同对映异构体可以呈现出截然不同的活性或毒性。左旋多巴可以有效治疗帕金森综合征，但其右旋对映体则毫无药效，反而表现出多巴的毒性。甲基苯丙胺有两种对映异构体，右旋对映体在刺激大脑方面的活性比左旋对映体强十倍。■

1848 年

睾酮

阿诺德·阿道夫·伯托尔德（Arnold Adolph Berthold, 1803—1861）
查尔斯-爱德瓦·布朗-塞夸（Charles-Édouard Brown-Séquard, 1817—1894）

在 1763—1779 年间，英国画家弗朗西斯·史密斯（Francis Smith, 1722—1822）描绘了黑人宦官首领及苏丹宫殿总管基斯勒·阿加（Kisler Aga）。宦官一词特指因阉割而体内睾酮量甚少的阉人。在古代，阉人通常作为奴隶，因为他们不好斗，而且更有奴性。

 卵巢与雌性生殖（1900），促胰液素：第一种激素（1902），孕酮（1929）

1849 年，德国生理学家阿诺德·阿道夫·伯托尔德阉割了公鸡，结果似乎并不令人惊讶。他无疑知道，早在公元前 2 000 年，人们就会阉割雄性家畜，好让它们更加驯服地完成各种杂务。而且，据说害怕被行刺的罗马皇帝们身边只有毫无攻击性的宦官，其中包括公元 4 世纪的康斯坦丁大帝。

当时在德国哥廷根大学工作的伯托尔德阉割了未成熟的小公鸡，它们在成熟后没有表现出公鸡应有的各种生理和行为特征。他还阉割了成熟的公鸡，并观察到它们不再互相争斗，失去了性欲，而且不再打鸣。接着他把睾丸又植入公鸡的体腔，发现这之后它恢复了正常的行为。这些实验使伯托尔德成为内分泌学领域的先锋，他展示了生殖腺在第二性征发育时的作用。

40 年之后，查尔斯-爱德瓦·布朗-塞夸接手了伯托尔德未完成的工作。布朗-塞夸生于毛里求斯，是一位声名卓著的生理学家及神经学家，他还在伦敦、巴黎、剑桥和哈佛担任教学工作。他一直在研究脊髓生理，假设分泌进入血液的物质能影响远端的器官（这些假想的物质即荷尔蒙，人们在数十年后发现了它们）。1889 年，布朗-塞夸在世界权威医学期刊《柳叶刀》（Lancet）上发表了一篇论文。他在论文中称，他将从狗和豚鼠的睾丸中提取的液体注入了自己的身体，结果 72 岁的他在精神和身体上都恢复了活力，并且感觉年轻了许多。令人遗憾的是，布朗-塞夸的这种感受是典型的安慰剂效应。尽管有舆论宣扬其好处，但近年来的详细对照研究表明，这些液体对老人并不能产生类似的复壮效果。作家罗伯特·路易斯·史蒂文森是布朗-塞夸在伦敦的邻居，据说后者为他的《化身博士》（Or. Jekyll and Mr. Hyde）提供了灵感。■

三色视觉

约翰内斯·开普勒（Johannes Kepler, 1571—1630）
托马斯·杨（Thomas Young, 1773—1829）
赫尔曼·冯·亥姆霍兹（Hermann von Helmholtz, 1821—1894）
马克思·舒尔策（Max Schultze, 1825—1874）

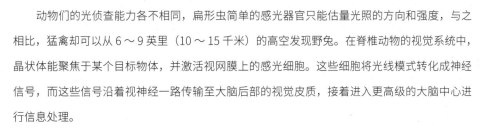

大雕鸮（*Bubo virginianus*）是美洲分布最广泛的猫头鹰。它们的眼睛大小几乎与人类相同，视网膜中的许多视杆细胞使它们拥有绝佳的夜视能力。猫头鹰的眼睛无法在眼窝中移动，但这些猛禽可以将头部旋转270°，因此拥有全方位的视角。

昼夜节律（1729），大脑功能定位（1861）

动物们的光侦查能力各不相同，扁形虫简单的感光器官只能估量光照的方向和强度，与之相比，猛禽却可以从 6 ～ 9 英里（10 ～ 15 千米）的高空发现野兔。在脊椎动物的视觉系统中，晶状体能聚焦于某个目标物体，并激活视网膜上的感光细胞。这些细胞将光线模式转化成神经信号，而这些信号沿着视神经一路传输至大脑后部的视觉皮质，接着进入更高级的大脑中心进行信息处理。

在 17 世纪之前，人们已经确定了眼睛的总体结构，在那之后，学界的关注点则是它的功能。1604 年，物理学家及天文学家约翰内斯·开普勒确定，负责侦测光线的是视网膜，而非之前人们认为的角膜。几近两个世纪后，英国博学者托马斯·杨将研究工作集中到了眼睛上。杨是一个多才多艺的人，虽然他的头衔只是医生及物理学家，但他在语言和音乐领域也有不朽的贡献，而且他还是破译罗塞塔石碑部分铭文的首批学者之一。1793 年，他描述了眼睛依靠肌肉聚焦于远近物体的能力，这些肌肉能改变晶状体的形状。杨于 1802 年首先假定了三色视觉理论，之后在 1850 年，著名德国物理学家赫尔曼·冯·亥姆霍兹拓展了这一理论，认为视网膜上有三组色彩感知元素：红、绿和蓝。杨-亥姆霍兹理论是灵长类色觉系统的理论基石。

在 19 世纪 30 年代，人们发现视网膜上有两种细胞，因其在显微镜下呈现的形状，它们分别被称为"视杆细胞"和"视锥细胞"。1806 年，显微解剖学家马克思·舒尔策在研究和对比夜行性及日行性鸟类的眼睛后，发现视锥细胞负责侦测颜色，视杆细胞则对光线明暗极其敏感。可以想象，不同动物的这两种细胞各有不同数量及不同的相对比例。1991 年，人们发现了第三类光感受器，它们负责调控身体的生物钟。■

当这些野鸭争斗时，它们的心血管系统和碳水化合物代谢会发生显著改变。冲突结束后，它们的内分泌及神经系统在恢复及维持体内平衡时起到了主要作用。

延髓：至关重要的大脑（约公元前 5.3 亿年），新陈代谢（1614），血压（1733），肝脏与葡萄糖代谢（1856），温度感受（约 1882），负反馈（1885）

1854 年

克洛德·贝尔纳被公认为是史上伟大的生物学家之一，同时也是现代实验生理学之父。他是法国第一位得到国葬的科学家，一生功勋卓著，其中包括研究肝脏在碳水化合物代谢中的作用、胰腺分泌物在消化中的作用、自律神经系统在调控血压方面的影响，以及一氧化碳和箭毒的毒性。在 1865 年的经典著作《实验医学研究入门》（*Introduction to the Study of Experimental Medicine*）中，他描述了科学研究和科学家的本质。然而他最伟大的贡献还是他于 1854 年对内环境（milieu interieur）的总结，现在我们称之为体内平衡（homeostasis，这个词来自希腊语"静止不动"），这一理念被认为是现代生物学的统一原理之一。

贝尔纳注意到动物身处两个环境中：外环境以及内环境。原始生命形态源于海洋，海洋可以提供相对稳定的外环境。但是在进化过程中，这些生命形态渐渐试探性地迁移到了陆地环境中。这里的温度、盐分、水分组成和 pH 值都不稳定，它们若想生存，就需要某种适应机制，好在面对这样的变动时维持自己的内环境稳定。体内平衡是应对外环境变动时维持恒定内环境的能力。成功获得体内平衡的生物及其后代存活了下来，而那些失败的生物消逝了。

到了 20 世纪初，贝尔纳的"内环境"概念几近没落，而沃尔特·B.坎农在他 1932 年的著作《身体的智慧》（*The Wisdom of the Body*）中，将其重命名为"体内平衡"，并以"战或逃之名"广为普及。在书中，坎农描述了不同器官共同合作以维持体内平衡的过程。现在我们已经知道，在维持体内平衡或稳定状态时，神经系统与激素系统起到了主要作用。为了维持包括体温、血糖水平、血液与体液 pH 值等因素的体内平衡，有机体采用负反馈系统扭转体内环境的改变。■

肝脏与葡萄糖代谢

克洛德·贝尔纳（Claude Bernard，1813—1878）

这张照片未标明日期，照片上的人便是伟大的法国生理学家克洛德·贝尔纳。

 新陈代谢（1614），人体消化（1833），
体内平衡（1854），胰岛素（1921）

1856年

1843年，克洛德·贝尔纳正在踏入最伟大的生理学家之列，他发现甘蔗或淀粉被消化后会形成葡萄糖，而后者能被轻易吸收。他将这一观察结果搁置到了1848年，在这一年他发现，哪怕让动物们多天食用无糖饮食甚或禁食，它们的血液样本中仍然含有葡萄糖。这一现象使他开始疑惑有机体是否能自行产生葡萄糖。他在肝静脉的血液中发现了高水平葡萄糖，相似的是，哺乳动物、鸟类、爬行动物和鱼类的肝脏在化验中也显示了葡萄糖的存在，但其他器官中没有。贝尔纳得出结论，认为肝脏是血糖的来源。

1849年的一个早晨，贝尔纳发现了一块在前一天实验后没有丢弃的动物肝脏。他随手分解化验了肝脏，发现其中的葡萄糖水平竟然高于之前的研究记录。对于贝尔纳来说，这是第一个表明肝脏能够产生葡萄糖而非单纯储存的迹象。但是这些发现与另两条流行的生物学理念相悖：器官有一种且只有一种生物功能；肝脏能合成胆汁。此外，当时学界普遍接受一个观点，即植物能制造营养，而动物不能。

贝尔纳假设葡萄糖以一种未知的分子状态储存了起来，他将其称为"糖原"，但他无法分离出这种物质，于是便开始与各种各样的科学难题角力。这些难题包括研究一氧化碳中毒的潜在机制、箭毒对随意肌的麻痹作用、乙醇发酵，以及自然发生说。1856年，他在肝脏中发现了一种形似淀粉的白色物质，这使他重新开始研究葡萄糖的难题。这种物质即糖原，它们是由葡萄糖转化而来。在身体需要时，糖原就分解成葡萄糖，维持血糖水平恒定，从而形成完整的葡萄糖代谢循环。因此，消化系统不仅能够将复杂的大分子分解成简单分子，还能将简单分子合成复杂分子。■

微生物发酵

路易·巴斯德（Louis Pasteur，1822—1895）
爱德华·比希纳（Eduard Buchner，1860—1917）

最早的发酵行业从业者是那些力图生产葡萄酒和
啤酒的狩猎收集者。路易·巴斯德在 19 世纪中
叶发现了微生物在发酵过程中的作用。这张图中
呈现的是现代葡萄酒厂的钢储罐。

列文虎克的微观世界（1674），酶（1878），细菌致病论（1890）

1857 年

生产酒精饮料的发酵工艺可以追溯至大约 12 000 年前。自从葡萄酒、啤酒和面包这些发酵食品成为欧洲人的基础食粮后，科学界的注意力便被引至这一领域。人们早已知道酵母是发酵过程的必需成分，但是对它的性质没有定论，有人认为它是引发酶作用底物（比如葡萄）化学不稳定性的因素，有人认为它起的是物理作用。

在 1837 年及 1838 年，三位科学家分别独立得出了相同的结论：酵母是一种生物体。从 1857 年至其后的 20 多年，路易·巴斯德进行了一系列研究，确定了发酵过程需要生物体，即细菌和酵母菌——他的研究旨在解答实际问题。第一系列实验涉及乳酸，它是最简单的发酵产品。巴斯德观察发现，当乳糖在有乳酸杆菌的环境下发酵时，就会形成乳酸；而乳酸是使牛奶发酸的罪魁祸首，酸奶的酸味也源自于它。

在 19 世纪 60 年代，拿破仑三世下令让巴斯德调查法国的一次重大危机——葡萄酒变质。巴斯德的解决方案是把发酵的酒加热到 140 华氏度（60 摄氏度），这个温度能杀死导致葡萄酒变质的微生物，而且没有高到会改变酒味的程度。这个方法被称为巴氏消毒法，它随后也被成功运用于啤酒和醋的处理过程中（牛奶的巴氏消毒法首次出现于 1893 年的美国）。由于对发酵及微生物的兴趣，巴斯德对细菌致病论的发展也贡献良多。

不过，巴斯德没能成功总结出发酵核心要素酵母菌的本质。1897 年，德国化学家爱德华·比希纳阐明，发酵过程并不需要活的酵母菌，只需要细胞提取物"滤汁"便足够了。这一发现为他赢得了 1907 年的诺贝尔奖。这种提取物是一种酶（enzyme），这个单词的意思是"在酵母中"。■

达尔文的自然选择理论

查尔斯·莱尔（Charles Lyell, 1797—1875）
托马斯·马尔萨斯（Thomas Malthus, 1766—1834）
查尔斯·达尔文（Charles Darwin, 1809—1882）
阿弗雷德·罗素·华莱士（Alfred Russel Wallace, 1823—1913）

这是查尔斯·达尔文摄于 1869 年的照片，摄影师是朱丽亚·玛格丽特·卡梅隆（Julia Margaret Cameron, 1815—1879），后者以其英国名人肖像照闻名。

人工选择（选择育种）（1760），人口增长与食物供给（1798），达尔文和贝格尔号之旅（1831），化石记录和进化（1836），孟德尔遗传（1866），进化遗传学（1937）

《论借助自然选择方法的物种起源》（*On the Origin of Species by Means of Natural Selection*）的完稿花费了 20 年以上的时间，查尔斯·达尔文凭借其天赋将一系列迥然不同的资料与观察结果融为一体，并以此为基础完成了这本著作。他于 1831—1835 年期间乘坐皇家海军贝格尔号航行，在此期间阅读了《地质学原理》（*Priniciples of Geology*），查尔斯·莱尔在此书中提出，嵌在岩石中的化石是数百万年前生命的印迹，它们已不再生存于地球上，也和现存生物完全不同。1838 年，达尔文读了托马斯·马尔萨斯的《人口论》（*An Essay on the Principle of Population*），马尔萨斯在其中推定人口增长率将远远超过食物供给量，如果不加以扼制就会造成灾难性的后果。达尔文还借鉴了农民们选择优良畜种的实践经验（人工选择）。他在加拉帕戈斯群岛发现的 14 种雀鸟在几乎所有方面都很相似，只除了喙部的大小与形状，这是因为它们要适应自己栖息岛屿的食物种类。

达尔文不是第一个提出进化概念的人，但其他人缺乏解释各种进化事件的统一理论。他的理论基础是自然选择。在自然界，物种之间存在着对有限资源的竞争。有些生物拥有最有利的特征可以最好地适应栖息环境，因此它们也最有可能幸存、繁殖，并将有利特征遗传给后代。所以，在许多世代之后，源自一个共同祖先的各个物种"在改良中一路进化"。

19 世纪 40 年代，达尔文在一篇论文中概略地叙述了他的自然选择理论。他预料到他的反创世理论将会遭遇如暴风雨般的抗议，因此他不愿意出现在公众面前，但是在接下去的十多年里，他仍然在不断地收集更多的证据以捍卫自己的理论。1858 年，达尔文获知有一位博物学家同行独立总结出了一套自然选择理论，它和达尔文自己的理论惊人的相似，他就是阿弗雷德·罗素·华莱士。于是达尔文迅速完成了《物种起源》（*Origin of Species*），这本书于 1859 年出版。事实证明，这本书不仅是抢手的畅销书，也是科学文献中的一部经典著作。■

1859 年

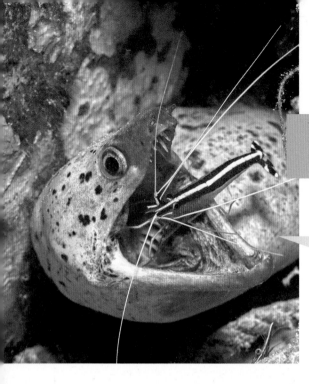

生态相互作用

查尔斯·达尔文（Charles Darwin, 1809—1882）

图中所示的是互利共生关系，一只清洁虾正在为一条海鳝清洁口中的寄生虫。这条鱼因寄生虫被清除而得益，而清洁虾则食用寄生虫获得营养。

 藻类（约公元前 25 亿年），真菌（约公元前 14 亿年），氮循环和植物化学（1837），达尔文的自然选择理论（1859），导致疟疾的原生寄生虫（1898）

1859 年

生态学研究的是生物体及其栖息环境间的关系，理所当然的是，同一生态系统中的两个甚或多个物种之间总是能彼此影响。在一种极端情况下，这种相互关系致使一方受益而另一方受损；另一种极端情况下，双方都从这种相互关系中受益。在 1859 年的《物种起源》（*Origin of Species*）中，达尔文阐明，最严重的生存斗争发生在同一物种的成员中，因为它们具有相似的表型和生态需求。

相互关系包含什么？ 在捕食和寄生这两种状况里，只有一个物种从相互关系中受益，另一种则要付出代价。捕食代表了生态相互作用的某个终极状态，这种关系是一个物种捕捉并食用另一个物种，比如猫头鹰捕食田鼠或肉食性的猪笼草捕食昆虫。寄生是不那么极端的情况，一个物种（寄生生物）受益于另一个物种（寄主）的损失，而寄主在这种相互作用中没有得到任何益处，比如绦虫寄生于脊椎动物寄主的肠内。细胞内寄生生物往往需要带菌者将它传输给它的寄主，比如原生动物或细菌。比如说，按蚊将疟原虫传递给人类寄主。

在偏利共栖关系中，一个物种从另一个物种处受益，后者在这一相互作用中并不受损。鲫鱼是一种栖息在开阔海域的热带鱼类，它与鲨鱼共栖，并食用鲨鱼漏下的残羹剩菜。潜鱼是一种细长的小鱼，生活在海参的泄殖腔内（消化道的下端）以躲避捕食者。

在所有的生态相互作用中，最公平的就是互利共生，在这种关系里，每一个物种都为对方提供资源或服务，达成互惠互利的效果。地衣是绿藻与真菌共生产生的植物联合体，其中，真菌从藻类那里获得氧气和碳水化合物，而藻类从真菌那里获得水、二氧化碳和无机盐。■

入侵物种

莫邪菊（*Carpobrotus edulis*）也被称为公路冰叶日中花、猪脸花或酸无花果，它原产自南非开普敦地区。不过，这种多肉植物已经成为地中海地区、澳洲以及美国加州的入侵物种。

 生态相互作用（1859）

1859 年，一位澳大利亚殖民者为了满足自己能在周末打猎的乐趣，从英国带来了 24 只兔子，将它们放生在自己的庄园中。兔子们近亲繁殖产生的杂交子代强壮又精力旺盛，并且澳大利亚的气候条件和栖息环境极其适合兔子的繁殖，这使得澳大利亚的野兔数量至 20 世纪 20 年代时达到了 100 亿——其有力地证明了关于它们强悍的繁殖能力的传言。这一数量激增给当地生态造成了毁灭性的影响，兔子们吃光了通常用来喂养家畜的本地植物，导致地表表层土被侵蚀。澳大利亚人借助捕猎、陷阱、投毒等方法来消除兔子，1907 年还在澳大利亚西部修建了一条全长 2 000 英里（3 200 千米）的防兔墙来牵制它们，但都没有成功。他们使用的生物学方法中包括引入细菌以及黏液瘤病毒，后者比其他方法有用得多，在抗药性出现之前清除了某些地区 95% 以上的兔子。澳大利亚现有野兔数量大约是 2 亿。

不受欢迎的客人。兔子只是入侵物种中的区区一种，入侵种包括各种植物、动物以及微生物，它们被引进一个非原生的新生态系统，在竞争中胜过了本地物种，致使后者减少或灭绝。无论是被无意间引入还是计划性引入，入侵物种都有非常强的竞争优势，它们高度适应新环境，并且在繁殖方面极其成功。如果新环境缺少天敌，那么它们的发展趋势将无法遏制。

玫瑰蜗牛（*Euglandina rosea*，玫瑰狼蜗）原产于美国东南部，在 1955 年被计划性引进夏威夷，以消除当地的另一个入侵物种——非洲大蜗牛。这个计划徒劳无功，反而使当地的夏威夷蜗牛遭受无妄之灾，几乎被猎食殆尽。现在，食肉的玫瑰蜗牛被认为是对夏威夷本地蜗牛最大的威胁。

斑马贻贝源自巴尔干半岛和波兰，但它们某次被意外倾放在加拿大水域后，便于 1988 年首次出现在了北美圣克莱尔湖。这些高效的滤食动物将本地物种食用的藻类和微小动物消耗一空，阻碍本地软体动物的进食，并顽固地附着在物体硬面上，其中包括进水管道。■

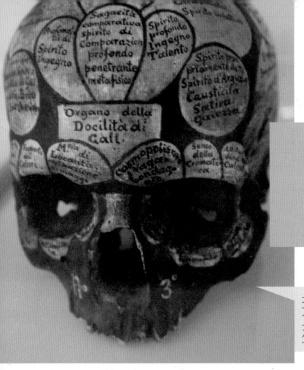

大脑功能定位

勒奈·笛卡尔（René Descartes, 1596—1650）
弗朗兹·约瑟夫·加尔（Franz Joseph Gall, 1758—1828）
保罗·布洛卡（Paul Broca, 1838—1907）
爱德华·希齐西（Eduard Hitzig, 1838—1907）
古斯塔夫·费理屈（Gustav Fritsch, 1838—1927）
大卫·费里尔（David Ferrier, 1843—1928）

大约 1812 年，弗朗兹·加尔在维也纳声称，一个人的头骨形状可以明确指示出此人的个性，以及大约 27 种精神和道德能力的发展情况。

笛卡尔的机械论哲学（1637），大脑偏侧性（1964）

1861 年

　　关于大脑影响思想和感情的概念可以追溯至古希腊时期。法国哲学家勒奈·笛卡尔认为灵魂位于大脑中央的松果体内，但在当时教会的传统观念更占上风：灵魂是由上帝创造的，不存在物理位置。到了 18 世纪 90 年代末，德国神经解剖学家弗朗兹·加尔摒弃传统，正式提出大脑并不是一个均质体；相反，不同的智力活动源自大脑的不同区域。加尔的观点遭到铺天盖地的谴责，教会说他亵渎神灵，科学家则认为他没有证据。如今，加尔的理念中最为人熟知的是：头骨的形状能明确指示出一个人的个性，以及精神和道德能力的发展情况——更明确地说，是 27 种能力。加尔的颅检查术渐渐沦为了颅相学，对于 19 世纪早期追求这种伪科学的冒牌医生而言，它只是个赚钱的机会。

　　法国医生及解剖学家保罗·布洛卡率先论证了，生理机能可以被归因于某个特定的大脑解剖部位。1861 年，他演示了对"坦"的尸体解剖，"坦"是一位患有进行性失语的病人，但并没有失去理解能力或心智（他被称为"坦"，是因为无论问他什么，他只会回答"坦"）。尸体解剖表明，在"坦"的大脑皮层额叶上有一处特定的损害，这个区域对于语言生成来说非常重要。之后又出现了其他更加有力的证据。

　　19 世纪 60 年代，神经学家爱德华·希齐西正在普鲁士军队中效力，他注意到在受伤士兵的头骨上施加电流时，会引发无意识的眼球运动。1870 年，他和解剖学家古斯塔夫·费理屈一起进一步研究这种现象。在一条狗的大脑半球（具体而言是运动皮质区）上施加电流，能引起狗身体上某些特定部位的无意识肌肉收缩。到了 1873 年，苏格兰神经学家大卫·费里尔利用电刺激和病灶，终于成功建立了区域展示，可以定位控制不同运动机能的皮质区域。■

生物拟态

弗里茨·缪勒 (Fritz Müller, 1821—1897)
亨利·沃尔特·贝茨 (Henry Walter Bates, 1825—1892)

这张插图上展示了四种羽衣袖蝶 (*Heliconius numata*,
上方)、两种有毒的诗神袖蝶 (*H. melpomene*, 右下)
和两种对应的被模仿者艺神袖蝶 (*H. erato*, 左下)。诗
神袖蝶和艺神袖蝶之间对应的警戒色是缪勒拟态的一个
典型范例。

亚马孙雨林 (约公元前 5500 万年), 动物色彩 (1890)

自然的诡计。1862 年, 英国探险家及博物学家亨利·贝茨结束了一次长达十年的探险历
程, 从巴西亚马孙雨林返回英国, 在观察了近乎 100 种蝴蝶后, 他发表了自己不同寻常的发
现。其中特别令人感兴趣的, 是两个外表非常相似的远缘科: 一个是袖蝶科, 它们色彩斑斓,
对于鸟类而言是难吃的食物; 另一个是粉蝶科, 它们同样有很鲜艳的颜色, 但是对于捕食者来
说很可口。贝茨推测难吃的袖蝶之所以颜色鲜艳, 是为了对潜在的捕食者发出警告, 使鸟类根
据自己早前的经验判断出它们味道糟糕。他还指出, 有些可口的蝴蝶和难吃的种类有着相似的
外形, 是为了躲避捕食者。这种现象一直被称为"贝茨氏拟态"。

在自然界中, 人们还观察到了其他包括拟态在内的有利进化适应。模仿者的身体与另一种
生物体 (模仿对象) 相似, 并从这种相似中获得益处, 第三种生物会将模仿者错认成其模仿对
象。比如无毒的黄颌蛇拟态印度眼镜蛇标志性的"兜帽", 那是后者威吓姿态。第三种生物可
能是一种潜在的捕食者, 也可能是模仿者的潜在猎物。根据贝茨的观察结果, 植物和动物之间
也存在拟态范例, 在某些情况下, 植物会模仿动物, 反之亦然。最常见的拟态是外形拟态, 不
过也存在声音、气味和行为上的模仿。

1878 年, 德国动物学家弗里茨·缪勒注意到, 两种无关且难吃的蝴蝶有相似的花纹, 并
且每一种都有充足的防御机制——这显然不符合贝茨氏拟态。但是一旦捕食者学会避开带有某
种花纹的蝴蝶, 它就会避开所有拥有相似花纹的其他蝴蝶种类 (缪勒拟态)。动物展示警戒态
以传递信息 (明显的色彩、声音、气味或味道), 警告捕食者它们有第二种更强有力的防御机
制——就如有鲜艳色彩的箭毒蛙或臭鼬。有些动物用攻击拟态来躲避猎物的侦查。相似的还有
性别拟态, 如雄性乌贼会把自己伪装成雌性, 以躲避其他雄性的探查, 好接近雌性。包括兰花
在内的一些植物也会拟态成雌性蜜蜂和黄蜂, 以吸引雄蜂, 便于传粉。■

1862 年

	pollen ♂	
	B	**b**
pistil ♀ **B**	**BB**	**Bb**
b	**Bb**	**bb**

1905 年，英国数学家及遗传学家雷金纳德·C. 庞尼特（Reginald C. Punnett, 1875—1967）发明了庞氏表，这种表格可以预测植物（图示为孟德尔实验研究所用的花）或动物交配后代的外观，生物学家用它们来判断子代拥有特殊性状的几率。

拉马克遗传学说（1809），达尔文的自然选择理论（1859），减数分裂（1876），重新发现遗传学（1900），哈迪–温伯格定律（1908），染色体上的基因（1910），进化遗传学（1937），双螺旋结构（1953）

1866 年

查尔斯·达尔文在其 1859 年革命性的作品《物种起源》（*Origin of Species*）中提出了一个进化理论，其理念基础是变异和自然选择。但无论是达尔文还是和他同时代的人都无法解释那些有利特征是如何遗传的。作为奥古斯汀修会的一名无名修道士，格里哥·孟德尔在布尔诺市（现在位于捷克共和国境内）的中学教授自然科学，正是他在修道院的土地上，研究出了进化遗传的答案和遗传科学的理论基础。

孟德尔力图在连续杂交世代中追踪遗传性状。他使用的标本是普通豌豆（*Pisum sativum*），因为它们很便宜，也容易大面积种植，并且它们的授粉是可控的。另外，豌豆有许多拥有明显相对性状的变种，包括颜色、种子和豆荚的形状，以及植株高度。孟德尔发现，栽培植株的后代会表现出两株亲本所拥有的相对性状之一（例如，高或矮）。当两株亲本的遗传性状不同时，其中一种性状将在子代中呈显性，呈现在外观上；另一种则呈隐性，未能表现在外（数十年后，人们判断性状是通过基因传递从亲本传至子代）。之后，孟德尔研究了拥有两种性状的豌豆，观察到每一种性状都被独立传递给了它们的子代，并且不同性状间并不互相影响。这些发现被发表在了他 1866 年的论文《植株杂交实验》（*Experiments on Plant*）中。

孟德尔熟读达尔文的《物种起源》，他自己的德文版《物种起源》上写满了密密麻麻的注释。达尔文也对豌豆的变异和培植很感兴趣，但我们不太清楚他是否读过或听说过孟德尔的论文。孟德尔的论文使用了大量的数学公式，这肯定无法引起达尔文的兴趣。而且，尽管达尔文能够阅读德文，但读得很费劲儿。如果达尔文读过孟德尔的论文，它必然能为他提供深入的视野，理解生物如何通过自然选择将优势传递给下一代。遗憾的是，达尔文和科学界的其他人忽视了孟德尔的研究成果，直至 1900 年，它才被重新发现。∎

胚胎重演律

安托万·艾蒂安·塞尔（Antoine Étienne Serres, 1786—1868）
查尔斯·达尔文（Charles Darwin, 1809—1882）
恩斯特·海克尔（Ernst Haeckel, 1834—1919）

在 1904 年出版的《自然界的艺术形态》（*Art Forms of Nature*）一书中，恩斯特·海克尔使用包括本图在内的画作探讨海星的发育，以支持他的胚胎重演律理论。

达尔文的自然选择理论（1859）

恩斯特·海克尔的名字与胚胎重演律（ORP）理论有着密不可分的联系。海克尔是德国的生物学家、博物学家及资深插画家，他在耶拿大学担任了 47 年的比较解剖学教授。在这数十年里，他发现、描述并命名了数千种动植物，同时是著名的无脊椎动物插画家，并且还是发育生物学领域的先锋，研究生物体从单细胞受精卵发育生长为成年动物的过程。

海克尔的 ORP 理论源自法国胚胎学家安托万·艾蒂安·塞尔在大约 40 年前提出的概念。塞尔的部分概念称，高等动物的胚胎发育阶段形似低等动物的成长阶段。在《物种起源》（*Origin of Species*）中，查尔斯·达尔文承认了胚胎发育对于进化理论而言的重要性，而海克尔是进化论的积极支持者。

在研究了一系列物种的胚胎，尤其是鸡和人类的胚胎后，海克尔于 1866 年提出了 ORP 理论——它也被称为重演学说和生物发生律。海克尔称，每个物种的胚胎发育（个体发生）都完整地重复了该物种的进化发展历程（系统发生）。他将人类和鸡胚胎发育时颈部的裂隙和弓形部分，与成鱼的腮裂和鳃弓进行了直接对比，便得出结论称这三种生物拥有共同的祖先。相似的是，人类胚胎在发育晚期有一条尾巴，它在出生之前消失。

为了支持自己的理论，海克尔描绘了不同物种的胚胎图，呈现了它们从早期至晚期的发育进展，以及它们之间相似与差异的演变。这些画作强调了不同物种早期发育阶段的相似性，但也因为过于简化、过度夸张以及失准而备受非难。OPR 理论的知识元素是正确的，但是它从出现始便受到怀疑，并且已被现代生物学家否定。无论如何，我们许多人可能都使用过引用了 ORP 理论的生物教科书，甚至常常将海克尔的胚胎画作当作证据来支持进化论。■

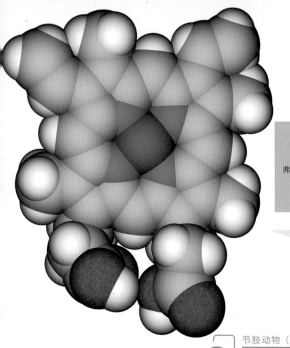

血红素和血蓝素

弗雷德里希·路德维希·胡尼菲尔德（Friedrich Ludwig Hunefeld, 1799—1882）
菲利克斯·霍佩-塞勒（Felix Hoppe-Seyler, 1825—1895）
特奥多尔·斯韦德贝里（Theodor Svedberg, 1884—1971）

亚铁血红素是一种化合物，它的中心是一个铁离子，周围环绕着称为卟啉的大分子有机环状物。图中是亚铁血红素 B 的三维空间模型，它是血红素和肌红蛋白的重要组成成分。

节肢动物（约公元前 5.7 亿年），肺循环（1242），新陈代谢（1614），哈维的《心血运动论》（1628），血细胞（1658），血型（1901），血液凝结（1905）

1866 年

血液将营养物质和氧气运送到身体细胞中，并将细胞代谢产生的废物——二氧化碳带走。氧气通过肺或鳃进入生物机体，而后被用来燃烧营养物质来释放能量。这种气体很难溶解在水和血液中，因此需要有额外的组件来提高血液的运氧能力。呼吸色素满足了这一需求：含金属的血红素和血蓝素，它们分别是红色和蓝色的。

血红素（也称血红蛋白）是红细胞（红血球）的主要成分，它事实上存在于所有脊椎动物以及大多数无脊椎动物体内。血红素是一种含铁蛋白质，它由弗雷德里希·路德维希·胡尼菲尔德于 1840 年发现。红细胞与氧气的可逆结合取决于血红素的存在，生物化学领域的开拓者菲利克斯·霍佩-塞勒于 1866 年首次报告了这种可逆结合。脊椎动物的血液在血红素满载氧气时是鲜红色的，当氧气和血红素结合时，氧气在哺乳动物体内的溶解度能增加七十倍。

相比之下，在大多数软体动物（如蛞蝓和蜗牛）和节肢动物（甲壳类、鲎、蝎子、蜈蚣，但只有极少昆虫）体内，运载氧气的是含铜的血蓝素。铜使携氧的血蓝素呈现出一种蓝色。血蓝素是在 1927 年由瑞典化学家特奥多尔·斯韦德贝里首先发现的，不过他更为人所知的研究课题是研究超速离心法。

血红素和血蓝素拥有同样的呼吸功能，不过它们在血液循环中运输的方式各不相同。血红素和红细胞紧密结合，存在于血管组成的封闭循环系统内；氧气通过最细小的血管——毛细血管的管壁扩散，进入细胞周围的组织液。而携氧的血蓝素并不和血细胞结合，而是悬浮在血淋巴中：这种液体存在于一个开放的循环系统中，机体细胞直接浸泡其中。有些昆虫有更简单的开放式循环系统，而其中的血淋巴不包含携氧分子。■

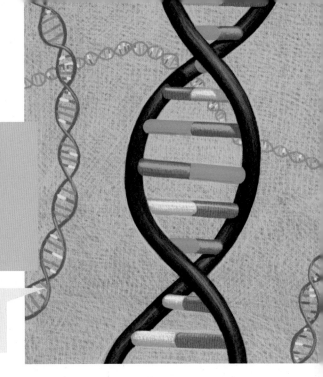

脱氧核糖核酸（DNA）

弗雷德里希·米歇尔（Friedrich Miescher, 1844—1895）
阿尔布雷希特·科塞尔（Albrecht Kossel, 1853—1927）
菲巴斯·利文（Phoebus Levene, 1869—1940）
奥斯瓦尔德·T. 埃弗里（Oswald T. Avery, 1877—1955）
艾文·沙格（Erwin Chargoff, 1905—2002）
弗朗西斯·克里克（Francis Crick, 1916—2004）
罗莎琳·富兰克林（Rosalind Franklin, 1920—1958）
詹姆斯·D. 沃森（James D. Watson, 1928—   ）

这是一张 DNA 简图，展示了两条生物聚合链。两条链互相扭转形成双螺旋结构，由含氮碱基彼此连接。

 细胞核（1831），作为遗传信息载体的 DNA（1944），双螺旋结构（1953）

1869 年

DNA 无疑是生物学领域中最令人耳熟能详的化学物质，它于 1869 年拉开了自己历史舞台的序幕。弗雷德里希·米歇尔是一位住在德国的瑞士医生及生物学家，他着迷于细胞核中的化学过程，研究使用的淋巴细胞来自当地医院中病患绷带上的脓液。米歇尔用化学分析法没能找到他期望中的蛋白质，便将不知名的新物质命名为"核素"。

在 19 世纪的最后 10 年，德国生物化学家阿尔布雷希特·科塞尔分离并描述了米歇尔的"核素"，将其重命名为核酸。进一步的分析揭示了五种有机碱的存在：腺嘌呤（A）、胞嘧啶（C）、鸟嘌呤（G）、胸腺嘧啶（T）、尿嘧啶（U）——科塞尔将它们统称为核酸碱基，并因这个发现而获得了 1910 年的诺贝尔奖。之后的研究又发现，实际上有两种核酸即脱氧核糖核酸（DNA）和核糖核酸（RNA）。

菲巴斯·利文的医疗学习是在他的故乡俄国完成的，但是宗教迫害令他于 1893 年迁居到了美国，在那里开始行医并学习生物化学。有一次他得了肺结核，在渐渐康复的病假期间，他和科塞尔一起工作。过了数十年，在 20 世纪 30 年代中期，在洛克菲勒研究所工作的利文正确地判断出，核酸与糖类（脱氧核糖和核糖）以及一种磷酸基相连，他将这一组合称为核苷酸，但是他错误地推定了它们连接的方式。至 20 世纪 40 年代末，学界普遍认同 DNA 参与了遗传过程，这个结论的主要根据是奥斯瓦尔德·埃弗里的工作成果。但是 DNA 的化学成分仍然被迷雾笼罩。

20 世纪 40 年代，奥地利的生物化学家艾文·沙格离开了纳粹德国，开始在哥伦比亚大学分析 DNA 的化学碱基成分。1950 年，他发现不同的有机体 DNA 含量不同，但是所含的 A 和 T 的量总是几乎彼此相同，G 和 C 也是如此。1953 年，富兰克林、沃森和克里克揭示了 DNA 正确结构的最终篇章——双螺旋结构。■

性选择

查尔斯·达尔文（Charles Darwin，1809—1882）

社论漫画《尊贵的猩猩》将达尔文画成了一只猿，它发表在 1871 年的《大黄蜂》上，这是英国的一本讽刺杂志。

 灵长类（约公元前 6500 万年），解剖学意义上的现代人（约公元前 20 万年），达尔文的自然选择理论（1859），亲本投资和性选择（1972），最古老的 DNA 与人类进化（2013）

1871 年

查尔斯·达尔文在 1859 年出版的《物种起源》（*Origin of Species*）中提出，生物进化的基础是自然选择。书中对人类进化一笔带过，暗示其应留待日后讨论——而这已足以引发激烈的论战。《物种起源》暗指人类是从低等生物形态进化而来，直接挑战了圣经的《创世纪》。12 年后，达尔文在《人类的由来及性的选择》（*The Descent of Man, and Selection in Relation to Sex*，1871）中，明确将他的进化理论延伸到了人类领域。

《人类的由来及性的选择》一书一共有 900 页，在头两卷中，达尔文力图提供证据以证明所有人类都是源自同一个类猿祖先的单一物种，并如其他物种一样因进化而发展。但在 1871 年，学界还没有发现任何人类化石证据。达尔文注意到了人类和其他灵长类之间的相似之处，坚称人类的智能和情感能力并非人类所独有，其他高等动物在这些方面只有程度的区别，而没有性质的差别。

接着达尔文又力陈人类在进化论角度上的共性和平等。他反对多元发生说（众多杰出的生物学家都支持它），这一学说认为人类源自不同的谱系，不同的人种是分别创造出来的，其中一些人种是卑下的。达尔文支持的是一元发生说，认为所有人类拥有一个共同的祖先，人种间的差别——如是肤色和发质——都是表观上的；从整体上看，所有人类都极其相似。

性选择的基础理论最先是由达尔文提出的，它先是简略地出现在《物种起源》中，之后以人类和动物相关的丰富细节呈现在《人类的由来及性的选择》一书中。自然选择的驱动力是生存，性选择则是基于繁殖的需求。达尔文预想了两种"性的斗争"：同一性别的生物争夺另一性别的某一成员；不同性别的生物想要吸引彼此。在后一种斗争中，受关注的对象——往往是雌性——选择更令人满意的配偶。■

协同进化

查尔斯·达尔文（Charles Darwin, 1809—1882）
赫尔曼·米勒（Hermann Müller, 1829—1883）

由飞蛾传粉的植物和飞蛾（如图中的蜂鸟鹰蛾）的协同进化如此密切，以至于植物的花朵筒长恰好等同于飞蛾传粉口器的长度。

 植物对食草动物的防御（约公元前 4 亿年），被子植物（约公元前 1.25 亿年），达尔文的自然选择理论（1859），生态相互作用（1859），性选择（1871）

生物体的生存有赖于它在环境中与其他生物体相辅相成的能力。在捕食与被捕食的关系中，猎手的优势在于自身辅助捕杀猎物的进化性状。而为了对抗这一优势，猎物必须进化出可以躲避侦查并成功逃脱的特征，有时它们运用的是物理或化学防御能力。这样此消彼长的相互争斗完全可以被称为"进化军备竞赛"。

根据自然选择理论，如果捕食者进化出了更强的攻击能力，那么猎物想存活下去就必须改进相应的防御能力。这样递进演化的例子也存在于植物和昆虫的关系中。植物可能采取化学防御来抵挡食草昆虫的进食，反过来，昆虫可能会更新其新陈代谢功能，以抵消植物产生的有毒化学物质。进而植物又再接再厉进化出更有效的化学屏障。

相比之下，一些经典的协同进化源自互惠的特化关系，如存在于植物和传粉昆虫（如蜜蜂）之间，以及各种开花植物与其特定传粉者（包括蝙蝠和昆虫）之间。由飞蛾传粉的植物和飞蛾的协同进化如此密切，以至于植物的花朵筒长恰好等同于飞蛾"舌头"的长度。达尔文测量了一朵马达加斯加兰花的大小和形状，预测出其传粉飞蛾应该有一条 11 英寸（28 厘米）长的口器。大约 40 年后，人们发现了这样的飞蛾，此时达尔文已经去世数十年。

协同进化指的是发生于成对物种之间彼此促进的进化过程，双方物种彼此影响，彼此依赖。查尔斯·达尔文在《物种起源》（*Origin of Species*，1859）中简短地评论了这一现象，又在《人类的由来及性的选择》（*The Descent of Man，and Selection in Relation to Sex*，1871）中相当大篇幅地讨论了它。在后一本著作中，达尔文引用了德国生物学家赫尔曼·米勒对蜜蜂和花朵进化的研究成果。米勒是协同进化研究领域的先锋，他在自己的作品《花的受精》（*The Fertilization of Flowers*）一书中描述了自己的研究，这本书于 1873 年以德文首次出版，10 年后又出版了一个英文版本。■

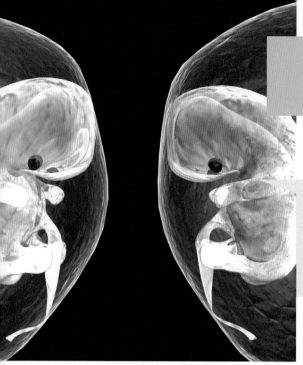

先天与后天

约翰·洛克（John Locke, 1632—1704）
弗朗西斯·高尔顿（Francis Galton, 1822—1911）

遗传因子与非遗传因子及环境因素对于人类性状发育有怎样的影响，这一课题依然在引发争论。人们对双胞胎的研究，尤其是对同卵双胞胎的研究——两人有完全相同的遗传物质，但是被分开抚养——阐明了遗传和各种成长状况的关系，不同的成长结果暗示了环境因素及双胞胎各自追求的生活方式所产生的影响。

孟德尔遗传（1866），优生学（1883），重新发现遗传学（1900），血型（1901），
先天性代谢缺陷（1923），人类基因组计划（2003），表观遗传学（2012）

1874年

　　某些身体特征是由基因决定的——比如眼睛的颜色和血型，正如绝对音准和重现音符的能力来源于记忆。但是远至古希腊时期，近至现代，先天与后天对人类性状发展的相对影响始终存在争议。17世纪的哲学家约翰·洛克坚称人类在出生时心智只是一块白板——毫无脑力内容的空白书写板，而诸如个性、社交及情绪行为，以及智力一类的特征是在环境影响中渐渐获得的。现代人对于"先天与后天"的理解是由弗朗西斯·高尔顿于1874年普及的，他力陈人类智力在很大程度上是遗传继承而来，并且提倡优生学以改善人类的基因库。

　　这两种极端意见之间是否存在中间立场，在试图判断这一点之前，我们可以琢磨一下当代人对先天与后天的概念。"先天"指的是基因组成的影响，它对我们的身体特征影响最大。"后天"的概念在从前局限于环境影响，但现在被重新定义，囊括了胎儿期、父母、家族及同龄人，以及社会经济地位等方面的影响。如果环境与个人特质和行为毫不相关，那么同卵双胞胎就算是被分开抚养，也应该在各个方面都完全一样，但事实上并不是这样。当前正在展开一场轰轰烈烈的论战，讨论的主题是：性取向是遗传得来还是后天习得。

　　许多常见疾病都和基因有关，比如糖尿病、心脏病、癌症、酗酒、精神分裂症和躁郁症。不过还有许多其他因素都可以对这些病症产生积极或消极的影响，比如饮食、运动和吸烟。表观遗传学研究的是先天影响与后天影响的交叉领域：环境因素如何影响基因的表达。人类基因组计划的首要目标是识别那些与疾病相关的基因，并判断环境因素对它们产生的作用。■

生物圈

爱德华·修斯（Eduard Suess，1831—1914）
弗拉基米尔·I. 维尔纳茨基（Vladimir I. Vernadsky，1863—1945）

在 1984 年航天飞机"挑战者号"的航行过程中，宇航员罗伯特·C. 斯图尔特（Robert C. Stewart）测试了一个手动操控行动装置，它可以让宇航员们在太空中自由行动而无须系上拴绳。此处离生物圈有数万英里高度。

生命的起源（约公元前 40 亿年），原核生物（约公元前 39 亿年），陆生植物（约公元前 4.5 亿年），植物营养（1840），光合作用（1845），生态相互作用（1859），全球变暖（1896）

1875 年，著名的奥地利地质学家爱德华·修斯首先提出了生物圈的概念，称之为"地球表面上生命居住之所"。俄国矿物学家及地球化学家弗拉基米尔·维尔纳茨基稳固了这个概念，并极其显著地扩展了它，他在自己 1926 年的作品《生物圈》（*La biosphere*）中结合地质学、化学与生物学的原理，为这个概念下了明确的定义。维尔纳茨基预想到生物圈包含两类物质：任何形态的生命物质和"惰性"（非生命）物质，比如长久封存的矿物。维尔纳茨基坚称，正如生命体能改变非生命物质一样，人类的认知也会改变生物圈，而生命和人类的认知能力对于地球的进化而言至关重要。

现代对于生物圈的定义是：在地球表面或贴近地球表面，容纳或支持有机体，以及有机体产生的无机物质的场所。生物圈是生态学和生物学的核心概念，它代表着最高级别的生物系统，包括了地球上所有的生物多样性——从简单的有机分子，到一个细胞内的结构（细胞器），到有机体、种群、群落，以及陆生和水生生态系统。

特定的环境条件必定要满足其中居住的有机体需求，包括适宜的温度和湿度，但此外，有机体还需要能量和营养。营养物质存在于死去的有机体或活细胞的代谢废物中，它们被循环利用，转化成其他有机体可以食用的化合物。地球大气中的氧、氮和二氧化碳来自生物学过程，维尔纳茨基是第一位确认这一点的科学家。生物圈从大约 39 亿年前开始进化，当时刚刚出现第一个单细胞有机体，并且大气中富含二氧化碳，正如我们的邻居金星与火星。而后，植物将氧从二氧化碳中分解释放出来，使大气中的氧气（O_2）含量升高到足以呼吸的程度，并且在平流层形成了臭氧层（O_3），后者为地球上的居民抵挡了紫外辐射。■

1875 年

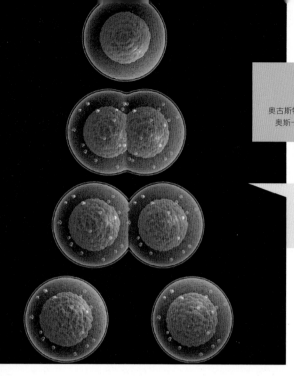

减数分裂

奥古斯特·魏斯曼（August Weismann, 1834—1914）
奥斯卡·赫特维希（Oscar Hertwig, 1849—1922）

在减数分裂过程中，来自双方亲本的基因
将重新组合。由此产生的后代拥有了独特
的基因组合，使进化得以发生。

原核生物（约公元前 39 亿年），真核生物（约公元前
20 亿年），细胞核（1831），达尔文的自然选择理论
（1859），有丝分裂（1882），染色体上的基因（1910），
作为遗传信息载体的 DNA（1944）

1876 年

减数分裂源起 14 亿年前的真核生物，它不仅减少了有性生殖所需的染色体数量，而且有助于遗传变异，促进了进化演变。1876 年，奥斯卡·赫特维希在研究海胆卵子的减数分裂时，率先确认了细胞核以及染色体减数在这一过程中的作用，并注意到卵子精子及其细胞核融合对后代继承遗传性状的关键作用。1890 年，奥古斯特·魏斯曼在这些基础上进一步发现，减数分裂若要使染色体数目保持稳定，就需要细胞完成两个分裂周期。减数分裂（meiosis）一词在希腊语中有减少的意思，它指的是有性生殖的子细胞染色体数量减半。

遗传信息以 DNA 的形式装载于基因之中，从亲本传递给后代。原核生物（细菌）及一部分真核生物采取的是无性繁殖方式，其有机体只是简单地分裂开来，形成的子代是单一亲本完全的基因复制品，将后者的优势和弱势一并继承。没有突变，就没有进化的可能性。相反，大多数真核生物采取的是有性生殖，每一方亲本都贡献出基因。二倍体生殖细胞的基因组由包裹于单条染色体中的 DNA 组成，基因组经过 DNA 复制，随后是两次分裂周期（染色体减少的过程，称为减数分裂），最后得到称为配子的单倍体。每个配子都包含一整套完整的染色体，在受精过程中与另一性别的配子融合，形成一个新的二倍体细胞，或称受精卵。

进化得以发生。减数分裂过程中双方融合的直接结果是基因重组，等位基因（每个基因的复本）被重新组合。由此产生的后代拥有了独特的基因组合，它们来自每一个亲本，但在遗传角度上又不同于亲本的任何一方。这种遗传多样性使生物后代在自然选择过程中拥有了改变的机会。自然选择是进化的基础，它使生物体得以成功适应一个时时改变且处处艰辛的环境。■

生物地理学

查尔斯·达尔文（Charles Darwin，1809—1882）
阿弗雷德·罗素·华莱士（Alfred Russel Wallace，1823—1913）

19 世纪中叶，华莱士正在马来群岛之间旅行。这张已有百年历史的地图上显示了马来群岛的位置。

 亚马孙雨林（约公元前 5500 万年），达尔文和贝格尔号之旅（1831），达尔文的自然选择理论（1859）

1876 年

在 19 世纪，阿弗雷德·罗素·华莱士被奉为最伟大的自然主义探险家及生物学家之一。他是位著作等身、备受称赞的作家，著有 22 本书及数百份科学论文，同时也是生物地理学领域的先锋人物——这个学科研究动植物的地理分布。遗憾的是，到了 19 世纪，查尔斯·达尔文展开进化理论的研究，其风头盖过了华莱士的声名。达尔文的家族遗产使他可以全身心致力于研究和写作，华莱士则不同，他不得不卖掉许多收藏的生物标本、做演讲、写书来养活全家。

华莱士很早就渴望探索自然界，他在 1848—1852 年在亚马孙雨林旅行，收集了各种各样的标本，但在他返回英国时，船上的一场火灾毁掉了所有标本。1854 年，华莱士再次扬帆起航，这一次去的是马来群岛。他在那里待了 8 年，研究当地成千上万的动物和植物。由此，他独立接受了以自然选择为基础的进化理论，它与 19 世纪 50 年代的主流观念背道而驰。1859 年，在他还驻留于马来群岛期间，他与达尔文共同在一次科学会议中发表了进化论论文。

当华莱士在马来群岛间徜徉时，他注意到在地形和气候相似的条件下，动物种类在西北和东南分布各不相同。苏门答腊岛和爪哇岛上的动物和亚洲大陆上的动物更加相似，新几内亚岛上的动物则更像澳大利亚的动物。在这些岛屿之间有一条清晰的界线，隔开了东方与澳洲的生物地理分区，它后来被称为华莱士线。1874 年，他根据地形与栖息动物把世界分为六个地理区域，并将这一理论发表在他 1876 年的经典著作《动物之地理分布》（*Geographical Distribution of Animals*）中。这部著作实际上可以被当作一本动物及其栖息分布的旅游手册。在 1880 年的《岛屿生命》（*Island Life*）一书中，华莱士还调查了三个不同的偏僻岛屿上的动植物种类。■

这张 1874 年 7 月的照片上是一名汤加水手，他是"挑战者号"此次航行中的船员。人们认为这是第一次携带了官方摄影师和官方画家的海洋探险。

 珊瑚礁（约公元前 8000 年），亚里士多德的《动物史》（约公元前 330 年），达尔文和贝格尔号之旅（1831），食物网（1927）

1877 年

直至 19 世纪晚期，海洋生物学的相关知识都局限于浅海以及海面几英寻的范围内。在如此有限的领域内，亚里士多德还是描述了许多海洋生命，而查尔斯·达尔文在 1831 年的贝格尔号航行中，标注了珊瑚礁、浮游生物和藤壶。

在 1872—1876 年的"挑战者号"探险之后，这一境况发生了巨大的转变，这是史上第一次以海洋科学研究为专门目的的航行（这次航行还有别的实际目的，即满足人们对横贯大陆的电报通信渐增的需求，这种通信方式需要使用海底电缆）。苏格兰海洋生物学家查尔斯·威维尔·汤普森是爱丁堡大学的教授，19 世纪 60 年代末，他因其对海生无脊椎动物的研究成果而声名大振，在这次探险中，他被选为科学总监。"挑战者号"是一艘为适应科学目的而改装的皇家海军军舰，它的这次环球航程几乎长达 7 万海里（3 万千米）。这次航行收集了诸多数据，其中包括鉴定大约 4 700 种新发现的海洋生物，并反证之前认为生命无法在水下 1 800 英尺（550 米）生存的观念。"挑战者号"系统测绘了洋流和温度，描制了底部沉积物地图，并发现了水下的大西洋洋中脊，它是世界上最长的山脉。

1873 年，威维尔·汤普森根据自己的初步发现，撰写了一部早期海洋生物学著作《海之深》（*The Depth of the Sea*）。1877 年，他载誉归来，赢得了爵士称号，并开始准备一份航行报告，它长达 50 卷，近 3 万页，之后报告的内容出现在他 1880 年的著作《挑战者号航行》（*The Voyage of the Challenger*）中。他在旅程中专注于收集、描述海洋生命体并为之编目，他还使用新技术捕捉并保存标本以作研究。

当代海洋生物学研究的课题包括特定的生物体如何适应海水的化学及物理特性以及海洋现象如何影响海洋生物的分布等。其中特别令人感兴趣的是对海洋生态系统的研究，即了解海洋食物链与食物网以及捕食者与猎物的关系。▉

酶

威廉·屈内（Wilhelm Kühne，1837—1900）
爱德华·比希纳（Eduard Buchner，1860—1917）
詹姆斯·B. 萨默（James B. Summer，1887—1955）

某些抗癌药和免疫抑制剂的作用靶标是嘌呤核苷磷酸化酶（PNP），这种酶的功能是清除 DNA 分解时形成的特定分子废物，以保持细胞内环境。图中显示的是 PNP 的计算机模型。

新陈代谢（1614），人体消化（1833），先天性代谢缺陷（1923），
蛋白质结构与折叠（1957）

生命失去酶便不能存活。活细胞中发生着数千种化学反应：老细胞正在被新细胞替换；简单的小分子正在互相链接形成复杂的大分子；食物正被消化并转化成能量；废物正在被处理；细胞正在再生。这些包括了建立与分解的反应被统称为新陈代谢。其中的每一种反应都需要一定程度的能量（活化能），若是缺少这样的能量，这些反应就不会自发生成。酶的存在减少了这些反应所需的活化能，并将这些反应加快了数百万倍，这些酶通常是蛋白质或 RNA 酶。在反应过程中，酶既不消耗也不发生化学变化。

身体里的每一种化学反应都是某个化学途径或循环的组成部分，而大多数酶都有极高的特异性，只作用于化学途径中的单一底物（反应物），以产生代谢途径中的某个产物。在活细胞中的 4 000 多种酶里，大多数都是蛋白质，它们有着独特的三维结构，其形状决定了其特异性。酶的英文常用名是在其作用底物的根名后面加上后缀"ase"，不过化学类文献中更多使用其专用名（描述性名称）。

在 17 世纪末和 18 世纪初，人们知道肉类由胃液消化，而淀粉可以被唾液和植物提取液分解成单糖。德国生理学家威廉·屈内于 1878 年率先创造了"enzyme"（酶）这个单词，以指称他发现的胰蛋白酶，这是一种消化蛋白质的酶。1897 年，柏林大学的爱德华·比希纳首次证明酶可以在细胞外运作。1926 年，康奈尔大学的詹姆斯·萨默在研究刀豆时分离并结晶出了第一种酶——脲酶，并确证它是一种蛋白质。萨默是 1946 年诺贝尔化学奖的得奖人之一。■

1878 年

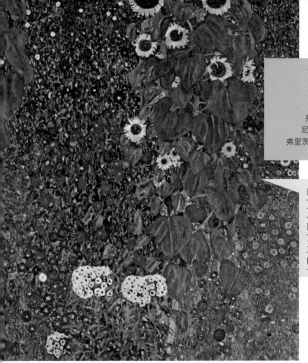

趋光性

108

趋光性

查尔斯·达尔文（Charles Darwin，1809—1882）
弗朗西斯·达尔文（Francis Darwin，1848—1925）
尼古拉·克洛德尼（Nikolai Cholodny，1882—1953）
弗里茨·沃尔莫特·温特（Frits Warmolt Went，1903—1990）

向日葵花蕾具有趋光现象。在早晨，它们面向东方，并在一整天中都追随太阳的方向，而后在第二天早晨重新面向东方。这幅画作名为《有向日葵的农场花园》（1905—1906），创作者是奥地利画家古斯塔夫·克里姆特（Gustav Klimt，1862—1918）。

 陆生植物（约公元前 4.5 亿年），光合作用（1845），酶（1878），促胰液素：第一种激素（1902）

植物向着光线移动的特征被称为趋光性，查尔斯·达尔文被这种现象吸引，在他儿子弗朗西斯的辅助下，对此展开了研究。他测试了金丝雀虉草的胚芽鞘，它是草茎外包裹的中空外壳。达尔文父子发现，当胚芽鞘的尖端被遮住时，趋光反应就停止了。进一步的研究揭示，胚芽鞘的顶端对光的反应最显著，产生弯曲的则是中段。1880 年，老年的达尔文在《植物的运动能力》（*The Power of Movement in Plants*）中描述了他们的研究成果，为将来发现植物生长素的研究奠定了基础，后者是第一种被发现的植物激素。

荷兰裔美国生物学家弗里茨·沃尔莫特·温特在研究生时期就扩展了达尔文的发现。温特推断胚芽鞘顶端含有一种向光性的化学物质，他把它称为植物生长素，之后以化学方法鉴定其为吲哚乙酸（IAA）。1927 年，温特和基辅大学的尼古拉·克洛德尼各自独立观察发现植物生长素可以促进植物生长，它集中在植物离光源最远的，茎干背光的一面。植物生长素能激活名为膨胀素的酶，后者可以削弱茎壁的细胞。背光侧的细胞比向光侧的细胞生长得更快，这使茎干向光线方向伸长。克洛德尼-温特理论解释了趋光性，但依然存在争议。植物在白天会展开叶片，这样它们才能进行光合作用。

如果植物被侧放在地面上时，它将重新调整自身，使芽端向上伸，而根部向下生长。除了趋光性外，植物生长素通过更有选择性地增强胚芽鞘底侧而非上侧，从而影响向地性（亦称为向重力性）。这使植物向下生长。

植物生长素还有其他促进生长的效果，它们影响植物生长的量和型。植物生长素由植物顶端生成，并一路向下输送至底部，这使芽端的细胞被拉长，并影响枝条的生发。枝条顶部的生长素流减少，就意味着这根枝条缺少生产能力，植物将会调整分配，将营养资源转送入更有产量的枝条。■

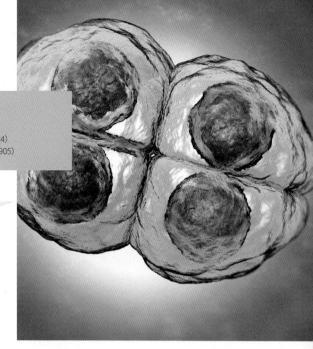

有丝分裂

格里哥·孟德尔（Gregor Mendel, 1822—1884）
华尔瑟·弗莱明（Walther Flemming, 1843—1905）

有丝分裂是生物学领域最重要的生物过程之一，它指一个"母细胞"分裂成两个完全一样的"子细胞"的过程。

 细胞学说（1838），孟德尔遗传（1866），减数分裂（1876），重新发现遗传学（1900），染色体上的基因（1910），诱导多能干细胞（2006）

所有的细胞都来自已有的细胞，这是细胞理论的一条基本原则，所有的生命有机体都有一个特点，即复制能力。细胞遗传学研究的是细胞的遗传物质——染色体，德国解剖学家华尔瑟·弗莱明是这一领域的创建者，在现代人对细胞复制现象的研究中，他扮演了关键的角色。

1879 年，他研发了一种苯胺染料，用它来显示火蜥蜴胚胎细胞核的结构。细胞核内有一种盘绕卷曲的线状物质，他将其称为核染色质——后来它们被称为染色体。他观察到这些成对的线状物纵向分离成两半，非配对的两组各自移动至细胞的两端。他将这个染色体分离的过程称为有丝分裂（mitosis，其在希腊语中是"丝线"的意思），并在他 1882 年的著作《细胞质、细胞核和细胞分裂》（Cleell-Substance, Nucleus, and Cell-Division）中描述了有丝分裂。有丝分裂包括细胞核中染色体的分离，这一过程分为六个明显的阶段，后来科学家们发现，紧随有丝分裂之后，母细胞分裂成两个子细胞，每个子细胞的细胞内容物都和母细胞相同，这一过程被称为胞质分裂。

弗莱明对格里哥·孟德尔的工作及其遗传原理一无所知，也不知道生物性状是由染色体中的基因来传递的。因此，孟德尔和弗莱明的发现一直没有得到重视，直至 20 世纪初，人们才认识到基因是遗传的功能单位。

有丝分裂是所有有机体的所有生物过程中最基本的原理之一。有丝分裂使细胞数目增多，使有机体生长，而所有单细胞生物则靠有丝分裂进行繁殖。有丝分裂修复细胞和组织的损伤或消耗。另外，对有丝分裂的应用研究催生了干细胞技术，这种技术使未分化的干细胞分化成特化细胞。有丝分裂发生差错会导致癌症。由此，我们不难理解，为何有丝分裂和减数分裂的发现被看作是细胞生物学十大最重要的发现之一，也是所有科学发现中最具有意义的前百名发现之一。

温度感受

约翰·威廉·里特（Johann Wilhelm Ritter，1776—1810）

爬行动物的体温随外部热源而变化，如图中的杰克森变色龙（*Trioceros jacksonii*），它原产自夏威夷和东非。

约 1882 年

两栖动物（约公元前 3.6 亿年），爬行动物（约公元前 3.2 亿年），哺乳动物（约公元前 2 亿年），鸟类（约公元前 1.5 亿年），新陈代谢（1614），体内平衡（1854），负反馈（1885）

　　动物的生存取决于它将体内温度保持在一定范围内的能力，它的生化过程及生理过程需要这样的体温。温度感受能力使动物能够探查外部环境的温度和体内环境的温度（体温或体核温度）。鸟类和哺乳动物都属于恒温动物，其通常指的是"温血动物"，它们需要有稳定的体内温度才能存活，并且大部分的身体热量来自代谢过程。与之相比，部分鱼类、两栖动物和爬行动物在内的变温动物（也称为"冷血动物"）则体温多变，它们依赖外部热源，并根据体温调整自己的行为。大多数昆虫都是变温动物，而飞虫会产生可观的身体热量，这些热量必须被散发掉以保持其正常的体温。

　　1801 年，德国化学家及物理学家约翰·威廉·里特提供了第一份证据，证明热觉和冷觉是感官性质，并且是四种触觉中的两种。在 19 世纪 80 年代，几组研究人员都注意到皮肤上的感觉点对温度具有选择性的敏感度，它们就是温度感受器。在热刺激和冷刺激下，人们从猫舌头（1936）和人类皮肤（1960）的单一神经纤维中检测到电信号。

　　在几乎所有的动物种类中，它们身体外部温度感受器的一般性质都很相似，不过不同的物种对特定的温度范围，以及温度改变的速度有不同的敏感度。鸟类和哺乳动物下丘脑中的温度感受器能激活生物反应，以促进热量产生及消散，使体内温度保持在正常范围内。

　　包括响尾蛇在内的蝮蛇在眼睛底部和前方都有热敏点，可以侦测猎物的体温，并锁定其方位与距离。大多数昆虫的触须里都有温度感受器。对于如蚊子和虱之类的吸血昆虫而言，其被吸者的身体热量是刺激其吸血并引领方向的主要影响源。■

图中这只红海星（*Fromia elegans*）已经有超过 6 亿年时间没有进化了，它展示了去除病原体的吞噬作用，这是一种原始的先天免疫反应。

淋巴系统（1652），适应性免疫（1897），埃尔利希的侧链学说（1897），获得性免疫耐受和器官移植（1953）

俄国动物学家艾利·梅奇尼可夫在西西里岛墨西拿城拥有一个私人实验室，1882 年，他在墨西拿的海滩上漫步时找到了一只活海星，并用玫瑰刺扎了它。第二天早晨，他惊讶地发现玫瑰刺被细胞覆盖了，它们仿佛是在试图吞没并消灭那根刺。梅奇尼可夫意识到这一吞噬现象并不仅局限于海星自身，它对生物学研究有着更广大的意义——吞噬作用是一种初始且即时的防御屏障，大多数脊椎动物、无脊椎动物、微生物和植物都用这一屏障来抗击致病生物或外源细胞。海星这种原始的无脊椎动物在 6 亿年来都毫无变化，它能为理解免疫系统的进化提供更深入的视角，这一系统保卫身体以抵抗疾病。梅奇尼可夫是第一位注意到先天免疫或天然免疫的人，这个发现使他获得了 1908 年的诺贝尔奖。

先天免疫是一种迅速的非特异性反应，它无须机体有接触外来生物或外源细胞的经验，拥有一系列防御模式：第一道防疫致病微生物的防线是结构屏障或物理屏障，比如皮肤或贝壳、黏液，以及胃肠道和呼吸系统的细胞；第二道防线是吞噬作用，由中性粒细胞执行，后者包括哺乳动物血液里的白血球，还有组织中的巨噬细胞；第三道防线是炎症反应，由伤口处释放的化学物质引起的，这些物质能隔绝并阻止感染扩散；此处还有摧毁并排除入侵者的补足系统——它将激活并调动 30 多种蛋白质，如自然杀伤细胞和干扰素。

适应性（获得性）免疫只出现在脊椎动物中，并且只有在生物体曾经接触该微生物或外源细胞的前提下才能被激活，它和先天免疫都建立在一个基础前提上，那就是被入侵的动物可以识别自身细胞（自体的）和外源细胞（非自体的）。在先天免疫过程中，外源细胞的标志来自模式识别分子，它存在于外来微生物中，但不存在于动物体内。机体一旦识别出这些分子，就会触发一系列免疫反应。梅奇尼可夫观察到的海星正是产生了这样的反应。■

1882 年

种质学说

让-巴普蒂斯特·拉马克（Jean-Baptiste Lamarck, 1744—1829）
奥古斯特·魏斯曼（August Weismann, 1834—1914）

这张插图来自 1913 年版安徒生童话的《拇指姑娘》，图中，一只老田鼠为一个微型姑娘提供了庇护所。在一个实验中，五个连续世代的老鼠都被切断了尾巴，这个实验的结果挑战了拉马克的遗传学说，因为第五代老鼠的尾巴和第一代的一样长。

 拉马克遗传学说（1809），孟德尔遗传（1866），重新发现遗传学（1900），染色体上的基因（1910），克隆（细胞核移植）（1952），表观遗传学（2012）

1883 年

　　个体遗传性状是通过其亲本的使用与废弃获得的——这一概念可追溯至古希腊时期，而正式提出此理论的是 19 世纪初的让-巴普蒂斯特·拉马克。在 19 世纪的大多数时间里，拉马克理论与父母特征混合协调的观念是盛行的遗传理论。德国人奥古斯特·魏斯曼是最伟大的生物学家之一，他以一个戏剧性的实验大幅度削弱了拉马克的理论支持。他切断了五个连续世代中 901 只老鼠的尾巴，但没有任何一只老鼠在出生时没有尾巴，而且第五代的尾巴长度和第一代的一样长。魏斯曼并没有从逻辑上驳斥拉马克的遗传学说，他凭借的是实验结果。

　　魏斯曼在 1883 年提出了种质学说，并在 1893 年的著作《种质：遗传理论》（The Germ-Plasm：A Theory of Heredity）中加以详述。他强调种质（遗传物质，如今被称为基因）的稳定性，认为这种物质可以毫无改变地代代传递。他的理论认为，哪怕环境改变了生物的体外特征，也依然对种质没有影响，或者影响极少。魏斯曼清晰地区分了身体物质（体质）和遗传物质（种质）。他假定在多细胞生物体中，种质独立于其他身体细胞；体细胞（非生殖细胞）参与机体活动，但不执行遗传功能；最关键的是，种质是生殖细胞或配子（精子和卵子）的核心元素。

　　魏斯曼的种质学说对生物学观念有深远的影响——即人们对孟德尔定律和染色体遗传作用的重新发现，但最近的许多发现严重撼动了它的正确性。魏斯曼认为只有一套定量的种质，它会随着世代更替不断分化出体细胞而减少，但克隆羊多莉的诞生挑战了这个观点，因为多莉是由体细胞核移植而生，人们发现她有一套完整的种质。此外，拉马克的学说最近又因表观遗传学的成果而渐渐复苏。■

类的先天缺陷，这样的检查通常在怀孕第 18
周至第 20 周间进行。

优生学

查尔斯·达尔文（Charles Darwin, 1809—1882）
弗朗西斯·高尔顿（Francis Galton, 1822—1911）

 达尔文的自然选择理论（1859），孟德尔遗传（1866），
重新发现遗传学（1900），社会生物学（1975）

身为一个才华横溢的人，弗朗西斯·高尔顿对众多不同领域都做出了重大贡献，这些领域包括气象学（气象图）、统计学（相关性与回归分析）和犯罪学（指纹识别）。在阅读了表兄查尔斯·达尔文的《物种起源》（*Origin of Species*）后，自然选择优胜劣汰的概念使高尔顿受到启发，他认为这个观念也必定适用于人类——人类的能力和智力一定是世代相传的。

1883 年，高尔顿发起了一场社会运动，他将之称为优生学（"健康生育"），试图改善全人类的基因组成。20 世纪的头几十年是优生学最风靡的时期，有些人称之为"社会达尔文主义"。它在全世界被广泛实践，受到政府和一些最有影响力的名人的积极宣扬。它的拥护者坚称实践结果将消除血友病和亨丁顿舞蹈症一类的遗传病，使人类更加智慧更加健康；它的反对者们则认为优生学是一种国家支持的对歧视和人权侵害的无罪辩护。

在不同国家间，源自优生运动的实践各不相同。英国力图降低城市贫民的出生率。美国的许多州颁布法律，禁止癫痫患者、"弱智"和混血人种结婚。从 1909 年至 20 世纪 60 年代，32 个州的优生学计划导致 6 万人没有后代。

迄今为止，最恶名昭彰的优生解读是纳粹德国的种族政策，其意图促成纯粹且优越的"北欧人种"，并消除不够优良的种族，它导致数百万犹太人、罗姆人（吉普赛人）和同性恋者被残杀。优生学实践对于何为更优良或更有益的判断极其主观，并且往往基于偏见，再加上其与纳粹德国的联系，因此，到了第二次世界大战末期，优生计划已不再受人追捧。现代医学遗传学为孕妇进行子宫内测试，排查导致疾病的突变，又或是进行胚胎基因处理，最近有人力辩称这是新版优生学。无论如何，是否进行这样的检查是由个人决定的——而非国家。■

生物学之书 **The Biology Book**

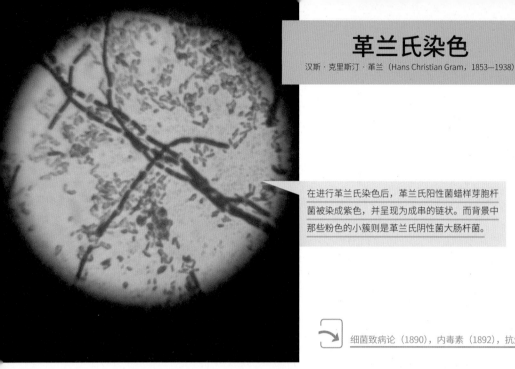

在进行革兰氏染色后，革兰氏阳性菌蜡样芽胞杆菌被染成紫色，并呈现为成串的链状。而背景中那些粉色的小簇则是革兰氏阴性菌大肠杆菌。

 细菌致病论（1890），内毒素（1892），抗生素（1928）

　　1884 年，丹麦科学家汉斯·克里斯汀·革兰刚从医学院毕业一年，正在柏林的一个太平间里工作，这一年他发明了一种染色法，它可以显现肺组织中的一些细菌，不过并非全部细菌。随后，这个简单却重要的发现使人们察觉，许多细胞都可以根据细胞壁特征被区分成两大类，这有助于诊断及治疗细菌感染。

　　细菌、植物和真菌的细胞都具有细胞壁，动物或原生动物则没有，细胞壁能为细胞提供保护和支持，最重要的功能也许是防止细胞因吸入过多水分而爆裂。正是细胞壁捕获了特定的染料，使细菌得以显现出颜色。

　　革兰氏染色是将龙胆紫（结晶紫）滴于载有细菌的玻片上，再加入卢戈氏液（浓碘溶液）以固定染色，接着用酒精清洗玻片。某些细菌保留染色，呈现紫色，这些是革兰氏阳性菌，比如导致肺炎的肺炎双球菌。另一些细菌则被酒精脱色，呈现为红色或粉色，它们是革兰氏阴性菌，比如引发斑疹伤寒和梅毒的细菌。革兰氏阳性菌的细胞壁较厚，可以将紫色留在细胞质中，而革兰氏阴性菌的细胞壁则薄得多，因为染料可以被轻易洗脱。医学界将革兰氏染色作为常规诊断手段，以区分引起感染的是革兰氏阳性菌还是阴性菌，为选择抗生素提供合理的依据。

　　大多数抗生素对革兰氏阳性菌或阴性菌的效果都具有倾向性。比如说，青霉素可以对抗许多革兰氏阳性菌，其作用途径是干涉细胞壁合成，而细胞壁是这些细菌存活的关键。动物细胞没有细胞壁，因此青霉素对它们没有毒害。革兰氏阴性菌的细胞厚外膜可以使它躲过机体的防御，并阻碍许多抗生素进入其细胞。氨基甙类抗生素是一类可以对抗这些细菌的抗生素。■

负反馈

克洛德·贝尔纳 (Claude Bernard, 1813—1878)
艾伯特·布兹 (Albert Butz, 1849—1905)
沃尔特·B. 坎农 (Walter B. Cannon, 1871—1945)

图中这台复杂的机器包含有蒸汽锅炉、齿轮、杠杆、管道、仪表、火炉、烟道，想必也有一个恒温器能提供负反馈回路，以使机器的温度保持在合理的范围内。

 新陈代谢 (1614)，体内平衡 (1854)，酶 (1878)，甲状腺和变态 (1912)，孕酮 (1929)，第二信使 (1956)，能量平衡 (1960)，下丘脑–垂体轴 (1968)，胆固醇代谢 (1974)

作为生物学的一条基本原则，体内平衡这个概念由克洛德·贝尔纳于 19 世纪 50 年代提出，再由沃尔特·B. 坎农在 20 世纪 20 年代至 30 年代之间详细叙述并普及。体内平衡是有机体在外部环境变化时维持恒定内部环境的过程。无论是在生物体还是非生命系统中，负反馈控制系统都包含三个必要构件：侦测系统变化的受体；以一套装置或一个参照点对变化进行比照的控制中心，在生物系统中，这个参照点指的是正常值；启动正当反应使系统回归参照点的效应器。以此类推，可以参考家用火炉和恒温器。1885 年，艾伯特·布兹发明了最早的功能性恒温器。相应设施由火炉持续加温，当恒温器检测到其已达到设定温度时，便会关闭火炉，接着，当设施温度降至设定温度以下时，恒温器又会打开火炉。

包括血糖水平调节在内的许多内分泌系统都与体内平衡负反馈机制的控制中心相连接，这一机制以一种循环持续的方式运作。在食用了一餐富含糖类的食物后，血糖水平将升高，刺激胰腺的 β 细胞释放胰岛素。由此，葡萄糖进入身体细胞，而肝脏将多余的糖分以糖原的形式储存起来。机体检测血糖水平，并将其与设定水平（70～110 mg 葡萄糖 /100 mL 血液）相比较。如果血糖水平过低，胰岛素将停止分泌，胰腺的 α 细胞将释放胰高血糖素，刺激肝脏将糖原分解成葡萄糖，将其释放进血液中。

负反馈抑制剂能控制许多由酶催化的生化反应所合成的最终产物总量。当机体形成最佳产量的最终产物时，最终产物将与路径中的某种酶发生反应，阻碍多余的成分合成。■

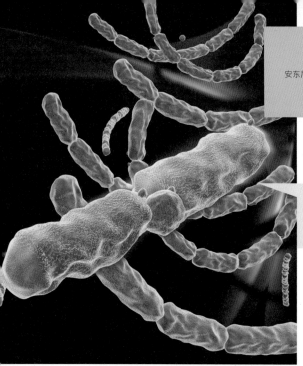

为了发展细菌致病论，科赫使用了炭疽杆菌（如这张数码插图），他所用的该菌类纯培养物是从感染炭疽的动物身上分离的。

科学方法（1620），驳斥自然发生说（1668），列文虎克的微观世界（1674），瘴气理论（1717），革兰氏染色（1884），内毒素（1892），抗生素（1928）

1890 年

在 19 世纪后半叶之前，远至古代的中国、印度及欧洲，人们普遍认为如霍乱和黑死病一类的传染病是由"浊气"或瘴气引起的。传染病扩散的原因被认为是接触了充满腐烂物质的有毒气体。

对于现代医学理论与实践而言，"细菌致病论"也许是微生物学最重要的献礼，它也是使用抗生素治疗传染病的理论基础。微生物致病的理念已经发展了数百年，许许多多的科学家都为这一理论的完善提供了证据，使它被医学界与科学界广为接受。

17 世纪 70 年代，荷兰透镜制造者安东尼·范·列文虎克使用一台简单的显微镜，首次发现并描述了微生物。大约又过了两个世纪，在 1862 年，路易·巴斯德以决定性的实验结果驳斥了另一个源远流长的理论——自然发生说，这一理论认为生物体可以从非生命物质中诞生。巴斯德以实验展示，微生物存在于空气中，而非由空气形成。

在二十多岁时，罗伯特·科赫从妻子那里得到了一台显微镜作为生日礼物，这使他从一位普通的德国执业医师成长为一名微生物学领域的开拓者。从 1876 年到 1883 年，他发现了导致炭疽、肺结核和霍乱的细菌，并发明了分离致病菌纯培养物的方法。1890 年，他制定了判断某种微生物是否会引发某种疾病的条例，它们如今仍被沿用，只不过做了一些修正。这些条件是：（a）该微生物必须出现在该疾病的每个病例中；（b）该微生物必须能以纯培养的方式被分离并生长；（c）当一个健康个体被施与该微生物时，就会产生该疾病；（d）该微生物必须能从该个体身上被重新分离。科赫因其对肺结核的研究成果而被授予 1905 年的诺贝尔奖，19 世纪中期的死者中有七分之一死于这种疾病。■

动物色彩

罗伯特·胡克（Robert Hooke，1635—1703）
查尔斯·达尔文（Charles Darwin，1809—1882）
弗里茨·缪勒（Fritz Muller，1821—1897）
亨利·沃尔特·贝茨（Henry Walter Bates，1825—1892）
爱德华·巴格诺尔·波尔顿（Edward Bagnall Poulton，1856—1943）

图中是雄性蓝孔雀的羽毛，孔雀是印度的国鸟。雄性鸟类通常比雌性更富有色彩或更有观赏性，可能是因为这样的色彩赋予了它们生殖优势，雌性则能够在抚育后代时更轻易地躲避捕食者。

 昆虫（约公元前 4 亿年），鸟类（约公元前 1 亿 5 千万年），达尔文的自然选择理论（1859），生物拟态（1862），性选择（1871）

动物色彩的斑斓多变令人印象深刻。爱德华·波尔顿是一位进化生物学家，也是牛津大学的动物学教授，在 1890 年著述的《动物的色彩》（Colour of Animals）一书中，他为人们提供了第一份有关动物色彩的综合性论述。这本书还有一个潜在目的，那就是积极支持查尔斯·达尔文的自然选择理论，这一理论随后遭到了众人的围攻。

波尔顿不是第一个评论动物色彩的人。显微镜学的开拓者罗伯特·胡克在他 1665 年的经典著作《显微观察法》（Micrographie）中，已率先描述了孔雀羽毛的结构和灿烂色彩。达尔文在 1871 年的《人类的由来及性的选择》（The Descent of Man, and Selection in Relation to Sex）中提出，动物演化出显眼的颜色是为了获得生殖优势，以吸引雌性，这一点在雄性鸟类中尤其明显。另外，黯淡的颜色为鸟类和昆虫提供了伪装，可以让它们瞒过捕食者贪婪的双眼，波尔顿详细说明了这一观念。

《动物的色彩》以及其他人的研究发现都表明，色彩为动物提供了各种各样的生存优势。伪装色使猎物得以躲避捕食者，也使捕食者得以隐藏自己或诱骗猎物，波尔顿是第一个详述这一点的人。他认可亨利·贝茨的工作成果，后者在 1862 年发现蝴蝶能运用色彩模仿另一个种类，从而欺骗捕食者；还有弗里茨·缪勒，他在 1878 年提出，动物色彩可以是一种警告信号（警戒色），以警告正在接近的捕食者，猎物已经全神戒备，并且有保护自己的能力。

色彩还能为动物提供其他生存优势：有些动物利用闪光、鲜艳的花纹或变化来使捕食者放弃攻击；有些动物用颜色来抵御日晒，某些蛙类可以将皮肤变明变暗以控制体温；雄猴用颜色判定同类的社会地位。波尔顿总结说，动物组织中的色素形成色彩，某些鸟类有鲜艳的色彩是因为它们食用了含有类胡萝卜素的植物。■

1890 年

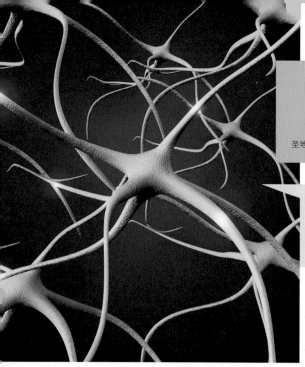

神经元学说

约瑟夫·冯·杰拉赫（Joseph von Gerlach, 1820—1896）
威廉·瓦尔代尔（Wilhelm Waldeyer, 1836—1921）
卡米洛·高尔基（Camillo Golgi, 1843—1926）
圣地亚哥·拉蒙·卡哈尔（Santiago Ramón y Cajal, 1852—1934）

神经元（神经细胞）是神经系统的结构和功能单位，在生理层面上以突触（间隙）与相邻神经元分隔。神经元之间的通信媒介是称为神经递质的化学物质。

列文虎克的微观世界（1674），神经系统通信（1791），细胞学说（1838），神经递质（1920），电子显微镜（1931）

1891年

19 世纪末最伟大的科学论战之一与神经系统结构的基本性质相关。这场论战的对决双方是两位出类拔萃的神经解剖学家——意大利人卡米洛·高尔基，和西班牙人圣地亚哥·拉蒙·卡哈尔。尽管这两人共同获得了 1906 年的诺贝尔奖，却仍然彼此水火不容。

1838 年的细胞学说认为细胞是生命的基本单位，但这个概念没有延伸至神经系统，因为它的构造要复杂得多。1873 年，高尔基宣称他新配置的银染法能让单神经元清晰完整地呈现在黄色的背景中，这种染色法是一种"黑色反应"。在他的描述中，形如分支网络或网状组织的神经细胞群是神经系统通信的解剖及功能单位。这一描述符合 1872 年德国组织学家约瑟夫·冯·杰拉赫提出的网状组织理论，并渐渐成为 19 世纪末的流行观点。神经细胞被看作细胞学说的例外。

19 世纪 90 时代末，在西班牙工作的卡哈尔实际上处于和科学界隔绝的状态，他使用了与高尔基同样的染色法，但得出了完全相反的结论。他的显微分析表明，每个神经元（神经细胞）都是一个明确的实体，并不和其他细胞接触。1891 年，卡哈尔用西班牙语发表了他的初步发现，科学论文很少使用这种语言，因此威廉·瓦尔代尔在一份畅销的德国出版物上正式支持卡哈尔的发现，并提出了神经元学说。这一学说认为神经元是神经系统的结构和功能单位，而后出现的电子显微镜为之提供了决定性的证据。如今，神经元学说被看作是神经科学的理论基础。

关于神经元学说的原始观察报告并不是瓦尔代尔提供的，但是提起这一学说，人们想到的都是他的名字。1892 年，卡哈尔建立了动态极化法则，称神经元中的电脉冲只会朝一个方向移动，即从树突至细胞体，而后至轴突，再进入另一个细胞的树突。■

内毒素

菲利波·帕西尼（Filippo Pacini，1812—1883）
罗伯特·科赫（Robert Koch，1843—1910）
理查德·弗里德里希·约翰内斯·法伊弗（Richard Friedrich Johannes Pfeiffer，1858—1945）
欧金尼奥·琴坦尼（Eugenio Centanni，1863—1942）

第一次巴尔干战争（1912—1913）是在土耳其和巴尔干同盟之间爆发的，在战争期间，土耳其军队中霍乱肆虐，死亡人数高达每天一百人。这张图来自 1912 年的一份法国杂志，图中，手持镰刀的死神正在夺走土耳其士兵的生命。

 瘴气理论（1717），革兰氏染色（1884），细菌致病论（1890）

霍乱致死。 霍乱很可能源自古代的印度次大陆，它是 19 世纪传播最广且最为致命的疾病之一，亚洲和欧洲有数以百万计的人因它而死。霍乱病人的症状包括发高烧、剧烈的腹泻与呕吐，他们会迅速脱水，并且往往会死亡。在 1854 年佛罗伦萨发生的一次霍乱中，意大利解剖学家菲利波·帕西尼率先找到了疫病的致病菌，但医学界忽视了他的发现，他们更乐意支持传统的瘴气理论（"浊气"）。1883 年，德国细菌学家罗伯特·科赫再次发现了霍乱弧菌，他于 1890 年创立了细菌致病论，此时他并不知道帕西尼更早前已发现了这种细菌。霍乱是由细菌引起的，现在人们已经普遍接受了这个观点。

科赫的门徒理查德·法伊弗在柏林卫生协会工作，1892 年，他在研究霍乱致病菌时率先提出并证明了内毒素的概念。法伊弗给实验动物注射接触过霍乱菌后破裂的细胞混合物，这些动物因此休克并死亡。法伊弗假定某些细菌的外膜破裂时会释放出某种物质，后来人们确定，机体出现的内毒素反应是宿主（病人）为抗击局部感染而产生炎症反应的结果。然而，如果宿主对抗的是如霍乱之类的严重的全身感染，那么机体的炎症反应就会过度，导致感染性休克，病人的血压会急剧下降，甚至可能死亡。（法伊弗将一种内毒素和一种外毒素区分了开来——后者是细菌朝外部环境释放的毒素。）

意大利病理学家欧金尼奥·琴坦尼表明，革兰氏阴性菌释放出的这种内毒素和革兰氏阳性菌毫无交集。1935 年，人们发现在如霍乱、沙门氏菌感染和细菌性脑膜炎这样的传染病例中，内毒素反应是由脂多糖（LPS）触发的。LPS 是革兰氏阴性菌细胞外膜的一部分，现在人们也用它来指称内毒素，显然内毒素这个称呼更具历史意义。■

1892 年

全球变暖

让·巴普蒂斯·约瑟夫·傅里叶（Jean Baptiste Joseph Fourier, 1768—1830）
约翰·丁达尔（John Tyndall, 1820—1893）
斯凡特·阿伦尼乌斯（Svante Arrhenius, 1859—1927）

有些科学家预测全球变暖将导致更极端的气候，
其中包括异常持久的干旱期和更大的降雨量。

 亚马孙雨林（约公元前 5500 万年），臭氧层损耗（1987）

1896 年

作为全球变暖的基础，温室效应的概念最早源自 19 世纪早期的一系列观察报告。1826 年，约瑟夫·傅里叶计算出如果只有太阳提供的热能，地球的温度应该要比当前低 60 华氏度（15.5 摄氏度），他进一步推测大气是一种防止热损耗的绝缘体。之后的 1859 年，约翰·丁达尔发现大气中的吸热物质是水蒸气和二氧化碳（CO_2）。1896 年，斯凡特·阿伦尼乌斯注意到大气中的二氧化碳（CO_2）浓度和地球的平均表面温度之间有一种定量关系。他称这种现象为"暖房"，10 年后这种现象被重新命名为"温室效应"。

科学界众口一词地将这种升温现象归因于温室气体（GHG）的增多。最重要的 GHG 是水蒸气和 CO_2，人类活动则是 CO_2 增多的主因。这种气体的来源是因汽车、工厂、电力生产和森林采伐所耗费的化石燃料。政府间气候变化专门委员会（IPCC）预测 21 世纪的全球气温将平均升高 2～5.2 华氏度（1.1～2.9 摄氏度），其最极端的影响是导致北极冰川融解。另一些关于全球变暖的结果预测包括更极端的气候（热浪、干旱和暴雨）、粮食作物减产、动物迁徙模式变动、生物多样性减少，以及动植物物种灭绝。

IPCC 是一个联合国组织，其代表来自所有工业化大国，它和几乎所有的国家科学学院都赞同，最近数十年，地球的表面温度和大气及海洋增温率的上涨速度越来越快。然而，一部分科学家和民众质疑：这些气候变化是否为正常的气候变迁，人类活动是否是变化的主因，又有什么样的方法可以适当矫正这些状况。其中一些问题无疑是源自对科学数据的不同解读，另一些问题的诱因则是政治、哲学或经济考量。■

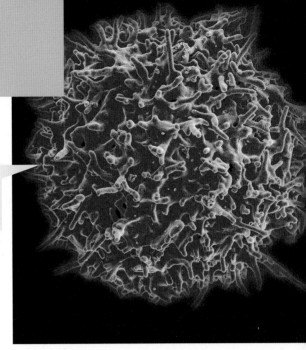

适应性免疫

修昔底德（Thucydides，公元前 460—前 395）
爱德华·詹纳（Edward Jenner，1749—1823）
汉斯·布赫纳（Hans Buchner，1850—1902）
保罗·埃尔利希（Paul Ehrlich，1854—1915）

图为一个人类 T 细胞的扫描电镜照片。在识别出病毒表面的分子后，宿主的 T 细胞被激活以阻止外来入侵者的攻击，以期摧毁它们。

 先天免疫（1882），获得性免疫耐受和器官移植（1953）

1897 年

那些早前得过某种疫病但是已经恢复健康的人，可以安全地照顾该疫病的其他病人，而不会再次得病。公元前 430 年，希腊历史学家修昔底德在雅典瘟疫爆发期间观察到了这样的情况。这一法则也适用于爱德华·詹纳 1796 年的观察结果：感染过牛痘的挤奶女工不会得天花。一个世纪后，人们揭示了这种现象的原理。1890 年，汉斯·布赫纳在血清中发现了一种能够摧毁细菌的"保护性物质"；1897 年，保罗·埃尔利希确定这些抗体是机体获得免疫力的缘由。

无脊椎动物和脊椎动物在遭遇致病微生物或异体组织时，会激发一种即时防御机制。这种原始的非特异性反应被称为先天性免疫。脊椎动物还有一层强大得多的免疫保护机制，称为适应性或获得性免疫，它的作用时间长达数月。适应性免疫有两个特点：一是直接对抗病原体的分子特异性；二是以曾感染过的特定病原体为目标的免疫记忆，哪怕与该病原体的再次接触相隔了漫长的时间，机体的免疫反应依然迅速，并且有所增强。

机体拥有由淋巴球（一类白血球）引起的两类适应性免疫：第一种是体液免疫或 B 细胞免疫，这种免疫使血液中形成攻击微生物或异物细胞的抗体；第二种是细胞免疫或 T 细胞免疫，这种免疫激活众多淋巴细胞，它们的攻击目标一样是异物细胞。任何刺激 B 细胞或 T 细胞发生反应的蛋白质都称为抗原，它们能与这两类细胞上的特异抗原受体结合。抗原和 B 细胞抗原受体结合，形成某种抗体或免疫球蛋白，后者将消除血液中的病原体；抗原激活 T 细胞则能促成生成抗体或是杀死被感染的细胞。

机体也能通过接种疫苗人为获得适应性免疫，比如预防小儿麻痹症、麻疹和肝炎。移植含有外源细胞的组织及器官可能会引起免疫反应，导致移植排斥。■

联想学习

伊万·巴甫洛夫（Ivan Pavlov，1849—1936）
爱德华·L.桑代克（Edward L. Thorndike，1874—1949）
B（伯尔赫斯）.F（弗雷德里克）.斯金纳（B[urrhus] F[rederic] Skinner，1904—1990）

122

图为巴甫洛夫的青铜半身像。尽管弗拉基米尔·列宁（Vladimir Lenin）向巴甫洛夫表达了最崇高的敬意，但在 20 世纪 20 年代至 30 年代期间，苏联对知识分子的迫害却使他备受鄙薄。

印刻效应（1935）

1897 年

当狗主人向他们"最好的朋友"——狗秀狗带时，狗狗们通常会热情地吠叫着跑来跑去。我们所见证的就是"联想学习"，它是与某种特定刺激相关的学习程序，包括经典条件反射和操作性条件反射。1905 年，哥伦比亚大学的心理学家爱德华·桑代克假定，某种行为反应（R）最可能在行为对象被施以相同刺激（S）的情况下重新出现。

俄国生理学家伊万·巴甫洛夫以实验现象戏剧性地展示了桑代克的效果律，并在 1897 年的专题论文《消化腺作用》（*The Work of the Digestive Glands*）中对其加以描述。巴甫洛夫专注于研究狗的胃消化功能，并测量狗在食物入嘴后唾腺分泌液体的情况。起初，狗在食物（S）入嘴后才会开始流涎，但在若干次实验后，它们在分发食物之前就开始流涎（R）。巴甫洛夫把这种现象称为"心理性分泌"，并开始重点研究这一课题。他在分发食物时配上铃声，狗照样在此时流涎，在这个过程重复多次后，它们将铃声和食物联系在了一起，哪怕没有食物，它们也会在听到铃声时流涎。这种刺激–反应学习被称作经典条件反射或巴甫洛夫条件反射，并为巴甫洛夫赢得了 1904 年的诺贝尔奖。1962 年，安东尼·伯吉斯（Anthony Burgess）创作了中篇小说《发条橙》（*Clockwork Orange*），它于 1971 年由斯坦利·库布里克（Stanley Kubrick）改编成了电影，其中非正统派主角亚历克斯经受了鲁多维科疗法（Ludovico Technique），以治疗他的反社会行为。他被灌下催吐的饮料，同时还要观看银屏上的暴力行为，哪怕没有经历极端的恶心感，这个程序也会使他完全摒弃暴力行为。

20 世纪 40 年代末至 70 年代，哈佛大学的心理学家 B.F. 斯金纳将操作性（工具性）条件反射的概念推上历史舞台，在 2002 年一次对心理学家的调查中，他被评为 20 世纪最具影响力的心理学家。在这个实验程序中，实验对象（鸽子或老鼠）在完成既定习得反应后，将被奖励以食物，或是可以避开有害的足底电击。教师在学生优异地完成作业后奖励他们，又或是赌场中老虎机吐出的彩金，都是运用了这种学习理论。■

埃尔利希的侧链学说

卡尔·维格特（Carl Weigert，1845—1904）
保罗·埃尔利希（Paul Ehrlich，1854—1915）

埃尔利希用"锁和钥匙"的类比构建侧链学说，同时也试图以这个类比为基础研发"魔弹"：它是一种能够针对性杀死致病菌而不伤害病人的药物。这促使他于 1910 年发明了撒尔佛散，它是第一种能够有效治疗梅毒的药物。

 血细胞（1658），适应性免疫（1897），蛋白质结构与折叠（1957），单克隆抗体（1975）

德国医学家保罗·埃尔利希生于 1854 年的普鲁士，他在血液学、免疫学和化学疗法领域都做出了开创性的工作，并发现了第一种能有效治疗梅毒的药物。他的表兄是著名神经病理学家卡尔·维格特，后者向他介绍了细胞染色法，由此，埃尔利希对这种方法保持了长久的兴趣——也许甚至是痴迷，而这一兴趣在很大程度上影响了他在科研生涯中的概念思维。还在医学院学习时，埃尔利希一直用化学染色法进行实验，他观察到一些细胞和组织有选择性地固定化学染料并与之结合，从而被染色，而其他的实验对象则不然。毕业后，他发明了一种可以区分大量血细胞的染色法，这种方法成为血液学的研究基础。

1893 年，埃尔利希在研究治疗白喉的抗血清时开始构建他的侧链学说，这种学说描述了免疫系统产生的蛋白质——即抗体是如何形成的，以及它们如何与异物（抗原）相互作用。他以锁与钥匙的原理类推，假设每个细胞表面都含有独特的受体或"侧链"，它们可以与感染源产生的特定致病毒素结合。毒素与侧链（钥匙与锁）的结合是一种不可逆作用，能阻止毒素分子与任何其他物质结合。

机体的反应方式是产生多余的侧链（抗体），但是细胞表面并不能容纳所有侧链。于是多余的侧链被释放到循环系统中，预备抵御致病毒素的后续攻击，以保护生物个体。1897 年，埃尔利希发表了第一篇关于侧链学说的论文。在 1900 年英国皇家学会的一场会议上，这一学说被公开发布，并受到了热烈推崇，埃尔利希也因此成为 1908 年诺贝尔奖的共同获得者之一。1915 年，即埃尔利希去世的这一年，他的理论遭到了明确的反对，其中许多细节都被证明是错误的。侧链学说已失去众望，但埃尔利希关于抗原和抗体的概念依然是免疫学的理论基础。■

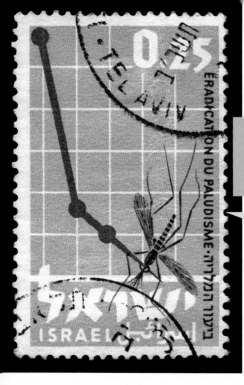

导致疟疾的原生寄生虫

查尔斯·路易斯·阿方斯·莱佛兰（Charles-Louis-Alphonse Laveran，1845—1922）
罗纳德·罗斯（Ronald Ross，1857—1932）

这张以色列邮票图示了按蚊和疟疾数量的急剧下降。世界上大约有 484 种按蚊，但只有 30 至 40 种传播疟原虫，它们是病区发生疟疾的罪魁祸首。

农业（约公元前 1 万年），血细胞（1658），先天性代谢缺陷（1923）

1898年

引起疟疾的寄生虫至少已经存在了 5 万至 10 万年，不过其数量在大约 1 万年前才显著增加，那同时也是农业开始发展以及人类开始定居的时代。疟疾在北美和欧洲大部分地区一度很常见，到了 1951 年，它也只是被宣称已绝迹于美国。世界卫生组织估计 2010 年约有 2.19 亿例疟疾病例，其中 60 万人死亡，且 90% 的病例都发生在非洲。

在 19 世纪最后 10 年，人们确定了疟原虫的生命周期，其宿主包括蚊虫与人类。1880 年，法国军医查尔斯·路易斯·阿方斯·莱佛兰在疟疾病人的红血球中观察到了原生动物（单细胞微生物），他推测它可能就是致病因素。1898 年，在加尔各答工作的英国医生罗纳德·罗斯确定了疟原虫在蚊子体内的完整生命周期，并确认蚊子就是将疟原虫传播给人类的带菌者。罗斯和莱佛兰分别获得了 1902 年和 1907 年的诺贝尔奖。

携带疟原虫的雌性按蚊以人类血液为食。在吸血过程中，它将寄生虫注入人类的血液，后者由此侵入肝细胞，在每个肝细胞里产生成千上万的裂殖子。裂殖子进入血液（在其中引起疟疾特有的间歇性发冷与发热），渗入红血球，而后进行复制。当蚊子叮咬一个感染疟疾的人时，它会吸入疟原虫的孢囊，后者从蚊子的肠道进入其唾腺，在蚊子叮咬下一个人时重新开始新的生命周期。

有一类针对疟疾的遗传抗性被归因于红细胞的变化，这种变化令红细胞变形成镰刀状，从而阻碍寄生虫进入这些细胞进行复制。镰状细胞病是非洲裔人种最常见的遗传病，它减少了疟疾发作的频率和程度，这种情况在最易感染疟疾的儿童身上尤其明显。因此，对于那些居住在疟疾盛行的非洲的人来说，镰状细胞病可能提供了一种进化优势。■

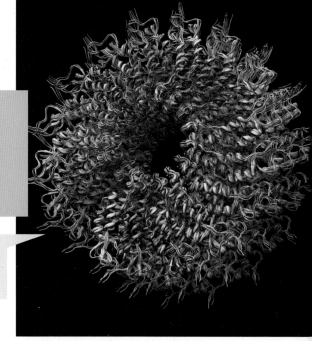

病毒

阿道夫·麦尔（Adolf Mayer, 1843—1942）
马丁努斯·拜耶林克（Martinus Beijerinck, 1851—1931）
德米特里·伊凡诺夫斯基（Dmitri Ivanovsky, 1864—1920）
迈克斯·克诺尔（Max Knoll, 1897—1969）
温德尔·M. 斯坦利（Wendell M. Stanley, 1904—1971）
恩斯特·鲁斯卡（Ernst Ruska, 1906—1988）

烟草花叶病毒（TMV）是历史上第一种被发现的病毒。图中展示了 TMV 的外壳，即包裹病毒核心遗传物质的蛋白质外壳。

 烟草（1611），脱氧核糖核酸（DNA）（1869），组织培养（1902），噬菌体（1917），电子显微镜（1931）

16 世纪早期，烟草植株从新世界传入欧洲，到了 19 世纪中叶，它已经是荷兰的主要作物。1879 年，阿道夫·麦尔受命调查荷兰烟草的一种疾病，这些植株矮小并且叶色驳杂。他用病株的汁液涂抹健康植株，使后者也感染了这种疾病，他将其称为烟草花叶病（TMD）。大约 10 年后，德米特里·伊凡诺夫斯基在乌克兰和克里米亚调查了同样的植物病害，并在 1892 年报告称，TMD 的致病因子可以穿过能阻截细菌的极细陶瓷过滤器。

荷兰微生物学家马丁努斯·拜耶林克重复了伊凡诺夫斯基的研究，同样发现 TMD 的未知致病因子可以穿过陶瓷过滤器，并于 1898 年断定它比细菌更小。然而，尽管它能在活的植物中繁殖，却无法在培养基中生长（与细菌不同）。拜耶林克将其称为 "virus"（病毒），virus 在拉丁文中的意思是 "毒"。在 20 世纪的头 30 年中，研究者们在动物组织的悬浮液中培养病毒，到了 1931 年，他们在受精鸡蛋中培养病毒，事实证明这一系列举措对研究及疫苗制作来说都意义非凡。

接下来，人们研究的是病毒的结构和化学性质。1931 年，恩斯特·鲁斯卡和迈克斯·克诺尔发明的电子显微镜使他们可以真正捕捉到病毒的影像。四年后，美国生物化学家温德尔·斯坦利将烟草花叶病毒（TMV）结晶，并描述了它的分子结构，这是第一种被发现的病毒。这项成就使他成为 1946 年诺贝尔化学奖的共同获奖者之一。

斯坦利发现病毒同时拥有生命体与非生命物质的特性：它们和活细胞没有联系时，就处于休眠状态——和大分子化学物质没什么两样。病毒的结构是由蛋白质外壳包裹着核酸（DNA 或 RNA）；但是，当它们接触到合适的植物或动物活细胞时，就变得具有活性并能够复制。简而言之，它们属于生命形态和化学物质之间的灰色地带。■

阿道夫·迪罗·德·拉玛勒（Adolphe Dureau de la Malle，1777—1857）
亨利·钱德勒·考尔斯（Henry Chandler Cowles，1869—1939）
弗雷德里克·克莱门茨（Frederic Clements，1874—1945）

伊拉韦瀑布位于夏威夷大岛东北海岸，从威毕欧山谷的一个陡峭悬崖边向下跌落 1 400 多英尺。瀑布周围，布满青苔的火山岩正是原生演替的场所。

 陆生植物（约公元前 4.5 亿年），农业（约公元前 1 万年），生态相互作用（1859）

1899 年

1825 年，法国博物学家阿道夫·迪罗·德·拉玛勒首先运用了"生态演替"这个短语来形容森林被彻底采伐后植被的生长状况。1899 年，亨利·钱德勒·考尔斯在他于芝加哥大学的博士论文中再次使用了这个概念，以形容密歇根湖南端印第安纳州沙丘上植被和土壤的演替状态。当时生态学研究还处于萌芽状态时，考尔斯成为这一领域的早期领袖人物，在他的笔下，生态演替是生态系统从诞生至成熟的历史：物种群落中有各种变化，随着时间的推移，有些物种渐渐不再繁茂，被更富饶的物种取代。

弗雷德里克·克莱门茨与考尔斯是同代人，和作家薇拉·凯瑟（Willa Cather）是内布拉斯加大学的同学，并且他也是一位著名的早期植物生态学家。基于对自己出生地内布拉斯加州和美国西部植被的研究，他于 1916 年提出，植被随时间推移渐渐改变，经过一系列可预见的决定性阶段，迈向一个成熟的顶级阶段——他将这一系列阶段比作一个生物个体的发育生长。在 20 世纪的大部分时间里，这个理论都是学界的主流观点。

原生演替是指植物群落占领原本没有植被的地域的过程，这些地域包括多沙或多岩的地表或是被熔岩流覆盖的地区。植被出现的先导包括地衣和草（先锋植物），它们只需要少量营养物，可以利用岩石表面的矿物质供养自身。它们的继任者是小灌木、树木，而后是顶级阶段的动物们，这就形成了一个功能完全的生态系统。相比之下，次生演替发生的地区则可能经历了一场大变动，或是先前存在的植物群落因火灾、洪水、飓风或伐木及农耕等人类因素而消失。次生演替达到顶级阶段的速度要快得多。考尔斯将这些向顶级群落演替的中间阶段称为"演替系列"。每当出现一个新的植物种类时，它就会更改生长环境以便为随后出现的物种做好准备。■

动物的行进能力

埃德沃德·迈布里奇（Eadweard Muybridge，1830—1904）

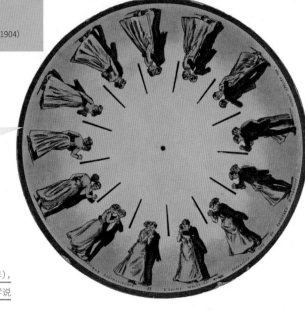

费纳奇镜是一种早期的动画装置，当它旋转时，就会给人以图像正在运动的错觉。在1893年左右，迈布里奇制备了图中这面费纳奇镜盘，它可以展现两人在跳华尔兹的逼真错觉。

鱼类（约公元前5.3亿年），鸟类（约公元前1.5亿年），动物迁徙（约公元前330年），肌肉收缩的纤丝滑动学说（1954），能量平衡（1960）

1872年，加利福尼亚州的前任州长及商业大亨利兰·斯坦福（Leland Stanford）聘请了英裔摄影师埃德沃德·迈布里奇，让他解决一次打赌的难题：马在小跑时，四蹄是否会全部腾空（答案是会）。仅在1883年至1886年间，迈布里奇就拍摄了一万多张照片，分析动物和人类的运动，他采用了多机位拍摄，以肉眼难以察觉的速度捕捉影像。他于1899年发表的经典作品《运动中的动物》（*Animals in Motion*）至今仍在发行。

行进与运动的意思不同。所有动物都会运动，但是行进指的是从一处前进往另一处。行进能力提高了动物寻找食物、繁殖、逃离捕食者或者离开不良栖息地的成功率。行进可能是主动的，也可能是被动的：在被动行进中，由风和水推动的类型是最高效最节能的；主动行进需要消耗能量，以克服各种负作用力，比如摩擦力、拖曳（阻力）和重力，动物的身体已进化出了在陆地、天空或水域中进行主动运动时耗能最少的构造。

陆地上的行进方式包括行走、奔跑、跳跃和爬行，动物在这些动作中消耗能量以克服惯性和反方向的重力，并保持平衡。为了保持行走时的平衡，两足动物总有一只脚踩在地面上，而四足哺乳动物则任何时刻都有三只脚踩在地面上。采取飞翔和滑翔等空中行进方式的包括昆虫、鸟类、蝙蝠，以及翼龙（数百万年前灭绝的会飞的爬行动物）。飞行动物的麻烦是重力和空气阻力，它们翅膀的形状能将耗能降到最低，并最大化地利用气流来托举身体。水中的行进包括游泳和漂浮，这需要抵抗水的阻力。游速快的动物得益于它们流线型的梭形身体，即从中间向两头变尖细。

人们将这每一种行进方式的效能和它们的相对耗能进行对比，发现游泳是能效最高的方式，而奔跑是能效最低的，飞行则居中。无论采用的是哪一种行进方式，在单位体重中，小型动物都比大型动物要消耗更多的能量。■

1899年

重新发现遗传学

格里哥·孟德尔（Gregor Mendel, 1822—1884）
雨果·德弗里斯（Hugo de Vries, 1848—1935）
威廉·贝特森（William Bateson, 1861—1926）
卡尔·科伦斯（Carl Correns, 1864—1933）
埃里希·冯·契马克（Erich von Tschermak, 1871—1962）

1900 年左右，卡尔·科伦斯用紫茉莉（四时花）作为模式植物，重新展现了孟德尔遗传学。这种植物是 1540 年从秘鲁安第斯山脉引进的。

达尔文的自然选择理论（1859），孟德尔遗传（1866），染色体上的基因（1910），进化遗传学（1937），双螺旋结构（1953）

1900 年

　　1866 年，籍籍无名的奥古斯丁修士格里哥·孟德尔在一份籍籍无名的杂志上发表了一篇德语论文，题为《植株杂交实验》（*Experiments on Plant Hybrids*）。正如标题所示，这篇论文描述的是植物杂交，而不是简单的遗传或传宗接代。它提供的证据证明了，和人们通常以为的不同，两株亲本的遗传性状并非是通过混合或均分传递给后代的。相反，每个性状都是独立传递的，显性性状表现在后代的外观中（包括孟德尔在内，当时整个科学界都不知道这些性状是由基因传递的）。孟德尔的论文并没有宣称这些发现是革命性的，甚至连一点暗示都没有。

　　许多人都疑惑过这篇论文为什么在长达三分之一个世纪的时间里都被人忽视。不过孟德尔在当时只是一位无名的业余科学爱好者，既没有学术背景也没有相关人脉，他的工作地点是一个小修道院，而不是著名的图书馆或大学。如此，他的论文直至 1900 年才引起学界的兴趣。在这一年，雨果·德弗里斯、埃里希·冯·契马克（他祖父是孟德尔的植物学教授）和卡尔·科伦斯分别于荷兰、奥地利和德国进行了三个不同的植物杂交试验，并各自独立得出了类似孟德尔理论的研究结论。他们都是到了研究的最后阶段，在准备发表自己的科学成果时才发现了孟德尔的论文。德弗里斯率先发表了自己的成果，并在注脚中提及了孟德尔，但人们一直在质疑他的研究结论究竟是独立得出的，还是"借鉴"于孟德尔。冯·契马克没有透露出他对孟德尔理论的了解程度。只有科伦斯充分肯定了孟德尔的发现及其重要性。对于"重新发现"孟德尔的论文和遗传科学一事，这三个人发生了公开的纠纷，孟德尔的论文也从此得以成名。

　　英国植物学家威廉·贝特森在读了孟德尔的论文后被其深深吸引，于是将它翻译成了英文。他向科学界广泛传播它的研究发现，并于 1905 年率先将遗传和生物传承的科学称为遗传学（genetics）。■

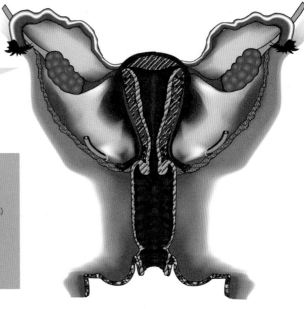

129

> 在这张展示女性生殖系统的图中，卵巢被涂成了蓝色。在排卵期，卵子穿过输卵管抵达子宫，它可以在此处与精子受精。

卵巢与雌性生殖

亚里士多德（Aristotle，公元前 384—前 322）
安东尼·范·列文虎克（Antonie van Leeuwenhoek，1632—1723）
埃米尔·柯纳尔（Emil Knauer，1867—1935）
约瑟夫·范·哈尔班（Josef von Halban，1870—1937）
齐格弗里德·W. 洛伊（Siegfried W. Loewe，1884—1963）
埃德加·艾伦（Edgar Allen，1892—1943）
爱德华·A. 多伊西（Edward A. Doisy，1893—1986）

　亚里士多德的《动物史》（约公元前 330 年），精子（1677），孕酮（1929）

对卵巢最早的间接描述出现在亚里士多德的《动物史》（*The History of Animals*）中。亚里士多德并没有意识到卵巢的存在，但是他描述了母猪的卵巢摘除手术，这是当时一项常见的农畜技术。人们也给骆驼切除卵巢，以"消除它们的性欲，促进它们生长增肥"。对于卵巢在生殖过程中的作用，亚里士多德的理解局限于当时流行的观念，即"种子与土壤"的繁殖概念。这一概念认为，雄性提供"种子"，雌性则扮演被动的角色，提供种子生长的"土壤"。亚里士多德还发现了"种子"和雄性精液之间的关系。然而，人们直到 1677 年才证明了精子的存在，它的影像最先出现在列文虎克的显微镜下。从 16 至 19 世纪，人们又再度燃起了对卵巢和雌性生殖系统的兴趣，这种兴趣先是集中于它的解剖结构，而后又开始聚焦于其相关的各种病症。

长期以来，人们都知道失去卵巢会导致子宫萎缩及性功能丧失。1900 年，埃米尔·柯纳尔证明卵巢掌控着雌性的生殖系统。他给试验动物移植卵巢，从而预防了移除卵巢可能产生的症状。同年，约瑟夫·范·哈尔班开展进一步研究，演示了为卵巢被摘除的幼年豚鼠移植卵巢的过程，这只动物从而又重获了正常的发育期。由此，人们发现卵巢不仅维系着雌性的生殖通道而且还负责其发育。

有了这些发现为基础，人们自然便推断出卵巢能产生一种内分泌物——一种单一激素。识别这种物质需要改良一种敏感性实验，埃德加·艾伦和爱德华·多伊西于 1923 年完善了这一实验，它能在血液以及妊娠及非妊娠女性的尿液中检定雌性激素即女性激素。1926 年，齐格弗里德·洛伊在月经期女性的尿液中检测到了雌性激素的存在，他注意到，这种激素的浓度随月经周期的阶段不同而变化。■

1900 年

血型

威廉·哈维（William Harvey，1578—1657）
理查德·劳尔（Richard Lower，1631—1691）
让-巴蒂斯特·德尼（Jean-Baptiste Denys，1643—1704）
詹姆斯·布伦德尔（James Blundell，1791—1878）
卡尔·兰德施泰纳（Karl Landsteiner，1868—1943）

1901年，兰德施泰纳鉴定了四种人类血型，并在四十年后发现了 Rh 因子。1968 年，医学界开始使用抗 RH-D 免疫球蛋白，以抑制 Rh 阴性母亲对其胎儿的 Rh 阳性红血球生成抗体，这有效防止了新生儿的溶血症。

 哈维的《心血运动论》（1628），血细胞（1658）

在威廉·哈维演示了血液循环过程的数十年后，人们开始尝试输血。1665 年，理查德·劳尔为实验犬输入其他犬只的血液，成功使前者活了下来。两年后，让-巴蒂斯特·德尼进行了第一次有记载的人体输血。单次输血有时能够成功，相对地，接受二次或三次输血的受血者往往会死亡。到了 17 世纪末，输血被禁止，直至 1818 年，英国产科医生詹姆斯·布伦德尔完成了第一例成功的人血输送手术以治疗产后出血。在 1825 年至 1830 年间，他做了十次输血手术，其中五例获得了成功。布伦德尔的成功不仅限于医学，还表现在经济上，他用自己发明的输血器材赚取的利润相当于如今的 5 000 万美元。

在奥地利出生的美国免疫学家卡尔·兰德施泰纳发现了血型的存在，他将输血过程完善成了一套医疗程序。1901 年，他在维也纳的病理研究所中提出报告，称有些人的血液会和另一些人的血液发生接触时会促使血红细胞凝集（结块），引发致命的后果，这一过程源于某种免疫（抗原-抗体）反应。他鉴定了三种人类血型，即 A 型血、B 型血和 C 型血（后来被重命名为 O 型血），而后又发现了第四种——AB 型。

依据兰德施泰纳的血型论，1907 年，纽约的西乃山医院执行了第一例成功的相容血液输血手术，另外，第一次世界大战战场上的大规模手术也是以它为基础。1927 年，ABO 血型被引入亲子鉴定的诉讼程序，以确认儿童的亲生父母。因为发现人类血型及 ABO 血型系统，兰德施泰纳获得了 1930 年的诺贝尔奖。1940 年，当他于洛克菲勒研究所（如今是洛克菲勒大学）工作时，他在猕猴身上发现了另一种血液因子。当母亲和胎儿的血型不相容时，新生儿有可能产生致命的溶血症，这种 Rh 因子是病症的主因。■

组织培养

戈特利布·哈布兰特（Gottlieb Haberlandt, 1854—1945）
罗斯·格兰维尔·哈里森（Ross Granville Harrison, 1870—1959）
乔治·奥托·盖（George Otto Gey, 1899—1970）

实验室培养使研究者们可以在精细的实验条件下掌控涉及大量样本的研究。

生物技术（1919），永生的海拉细胞（1951），单克隆抗体（1975），转基因作物（1982），诱导多能干细胞（2006）

事实证明，动物和植物的组织培养在商业、科学和医学领域都很有价值。组织培养（Tissue culture）这个术语也可替换成器官培养和细胞培养，这种培养涉及动植物组织碎片在人工无菌的外部环境中生长的过程，这样的环境有利于实验者操作及研究。人们可以在这类试验中检测实验体的生物化学特性或遗传规律，还有它们的新陈代谢、营养或特定机能，并观察物理、化学和生物制剂（包括药物）对它们的影响。

1902 年，奥地利植物学家戈特利布·哈布兰特率先提出了植物组织培养的概念。他能够让植物细胞存活数周，但因为培养基中缺乏生长激素，因此这些细胞无法复制。随着研究的深入，植物组织培养（微体繁殖）被用来培育更具抗病性和抗虫性的作物，也可以用于基因工程，以及诸如抗癌药紫杉酚一类的药物的生产。

1907 年，罗斯·格兰维尔·哈里森在耶鲁大学开发出了一种新的组织培养技术，并用它解决了长久以来关于神经元起源的争执。这种技术即"悬浮培养"，在 20 世纪 40 年代至 50 年代间，它成为研究病毒的主要工具，被用于制造预防小儿麻痹症、麻疹、流行性腮腺炎、风疹及水痘的疫苗，之后又被用于生产单克隆抗体。

历史最久且最常用的细胞系是海拉细胞系（HeLa），它被公众所知是因为瑞贝卡·斯克鲁（Rebecca Skloot）所创作的非小说类畅销书《永生的海拉》（*The Immortal Life of Henrietta Lacks*，2010）。海拉细胞系来自拉克斯女士的宫颈癌细胞，在 1951 年进行细胞取样后，她于 6 个月后去世。这一细胞系是永生的，也就是说，只要有合适的培养环境，它们就能在细胞培养基中无限分裂下去。首次体外培养繁殖海拉细胞的是乔治·奥托·盖，他与学界的同仁分享它们。这些细胞被用于重要的科学研究，但没有获得拉克斯女士家人的许可，它们在商业领域获得的极大成功也并没有使他们获益。■

1902 年

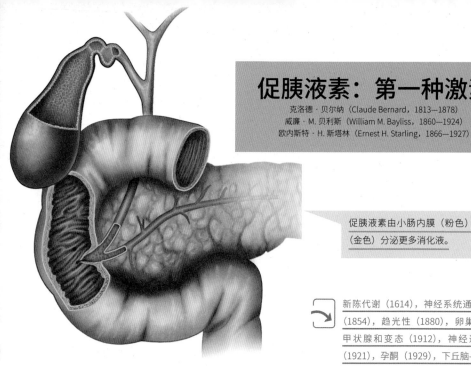

促胰液素由小肠内膜（粉色）释放，促进胰腺（金色）分泌更多消化液。

新陈代谢（1614），神经系统通信（1791），体内平衡（1854），趋光性（1880），卵巢与雌性生殖（1900），甲状腺和变态（1912），神经递质（1920），胰岛素（1921），孕酮（1929），下丘脑-垂体轴（1968）

19 世纪 40 年代，克洛德·贝尔纳确定了负责消化膳食脂肪的是胰腺分泌物，这一消化过程的发生场所是小肠，而不是胃。1902 年，英国生理学家威廉·贝利斯和欧内斯特·斯塔林力求更深入地了解这种胰腺分泌物。控制消化液流动的是神经系统的信号，还是某种化学物质？他们切断了所有连接胰腺的神经，但消化液依然继续流动，这就将神经系统的直接作用排除在了考虑范围外。

贝利斯和斯塔林之后便专注于研究负责释放胰腺消化液的化学因子。他们在胃酸（盐酸）中研磨狗的十二指肠碎片，将其汁液注射进另一只狗的身体。他们发现实验犬的身体在这个过程中分泌出了胰液，就如平常进食时一样，于是他们推断一定有一种化学物质（他们称之为促胰液素）是由小肠内膜分泌的，它由血流携带、运送至胰腺，刺激后者分泌消化液。1905 年，斯塔林将这种化学信使称为激素（hormone，该词在希腊语中的意思是"激发"）。

被称为激素的化学物质必须是由无管（内分泌）腺释放入血液，并由血液运送至远端的作用靶位。促胰液素是被发现的第一种激素，接下来的数十年中，肾上腺素、甲状腺、胰岛素、睾酮和雌二醇也将先后进入人们的视野。内分泌系统是负责体内通信和维持内稳态的两大主要系统之一，另一个是神经系统。激素由诸如甲状腺、肾上腺和卵巢这样的腺体释放，调控着各种机能，包括生长发育、繁殖、能量代谢以及身体行为。

不仅仅是脊椎动物拥有激素，无脊椎动物也有内分泌系统，昆虫的内分泌系统尤其发达。内分泌系统调控着各种无脊椎动物的生理过程，如繁殖、发育以及体液平衡。植物激素的种类较少，它们主要影响植物的生长和发育。■

树木年代学

列奥纳多·达·芬奇 (Leonardo da Vinci, 1452—1519)
帕西瓦尔·罗威尔 (Percival Lowell, 1855—1916)
A（安德鲁）. E（埃利科特）. 道格拉斯 (A[ndrew] E[llicott] Douglass, 1867—1962)
克拉克·威斯勒 (Clark Wissler, 1870—1947)

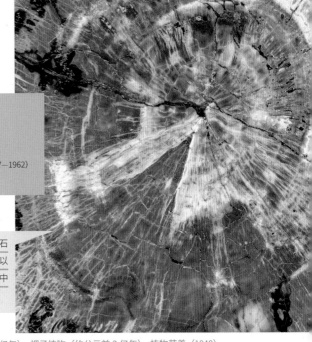

这张展现年轮的图像来自亚利桑那州一株石化木，展现了其抛光切片的中部。我们可以在放大的图像中看到 2.3 亿年前在这株树木中钻洞的昆虫。

陆生植物（约公元前 4.5 亿年），泥盆纪（约公元前 4.17 亿年），裸子植物（约公元前 3 亿年），植物营养（1840）

1894 年，天文学家帕西瓦尔·罗威尔派遣 A. E. 道格拉斯前往亚利桑那州的旗杆镇，让他在那里建造一个天文台。为了建造天文台砍倒了不少树木，道格拉斯注意到这些树木的年轮宽度都很相似。身为天文学家，他观察到太阳黑子周期会影响气候变化，而气候和树木年轮宽度间存在着某种关联。另外，在一个指定区域内的所有树木都显示出了相同的年轮相对成长。（道格拉斯不是第一个研究年轮的人。在 1500 年左右，列奥纳多·达·芬奇就曾指出，树木的年轮数量和树木年龄是相对应的，年轮密度和气候干燥度也是相对应的。）

1904 年，道格拉斯开始进行年轮（也称"生长轮"）的科学研究，或称树木年代学 (dendrochronology, dendro 即"树"的意思)。1914 年，美国自然历史博物馆的克拉克·威斯勒前来与道格拉斯接触，想运用后者的年轮定时法来为美国西南部的美洲原住民遗址确定年代，这个项目很成功，并且延续了 15 年。除了用以研究气候变化模式和考古遗迹的年代外，树木年代学还被用来为冰川活动和火山喷发定年。

树干被水平横切时就会展示出年轮，每一圈年轮都标志着树木某一年的生活轨迹。这些年轮是最接近树皮的细胞中维管形成层新增长的结果。在生长季节的早期，细胞的细胞壁很薄（早材），到了后期树木才会形成厚壁细胞（晚材）。一道年轮是由早材初始至晚材末期之间形成的。

年轮代表着新增的维管组织，它们将水和营养物质从下往上运送到树叶中。在生长季，树木的导管张大，让更多的水通过，而在休眠季和旱季，新年轮的生长便减缓下来，收紧的导管说明运送的水分也减少了。决定树木生长的气候因素包括天气、降水、温度、植物营养、土壤活性以及二氧化碳浓度。■

1904 年

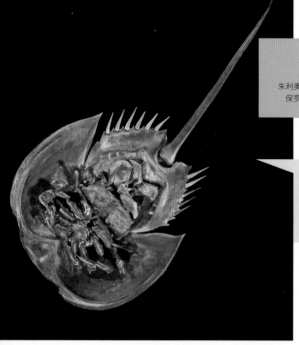

血液凝结

朱利奥·比佐泽罗（Giulio Bizzozero, 1846—1901）
保罗·莫拉维茨（Paul Morawitz, 1879—1936）

图为美洲鲎（*Limulus polyphemus*）的腹面观。它们的血液中含有血蓝蛋白，这使其呈现蓝色；还有变形细胞，它们可以被用来检测医疗器械、疫苗和药物中的细菌内毒素。

节肢动物（约公元前 5.7 亿年），血细胞（1658），血红素和血蓝素（1866），血型（1901）

1905 年

对脊椎动物和无脊椎动物而言，血液凝结是一种重要的防御机制，可以防止血液流失，并阻止致病菌侵入机体。从原始的类鱼生物无颌七鳃鳗到哺乳动物，所有脊椎动物的血液凝结都遵循相同的基本程序，不过当我们放大进化的时间尺时，会发现凝结过程中相关成分的数量一直在增加并且变得越来越复杂。

血液中有三种细胞：运送氧气的红血球（红细胞）、参与抵御感染的白血球（白细胞）、参与凝结血液的血小板（凝血细胞）。哺乳动物的血管受伤时，最初会引起血管的痉挛和收缩，之后血小板被激活，形成栓塞以阻止血液流失。血小板还会激活各种凝血因子的级联反应，促使生成凝血酶，并形成纤维蛋白凝块，它们协助稳固血小板栓，阻止血液流失。

1882 年，朱利奥·比佐泽罗率先描述了血小板在凝血过程中的多重作用。1905 年，保罗·莫拉维茨识别了后世所知的凝血因子——它们促使形成凝血酶和纤维蛋白凝块，其中有 4 种是他过去就发现的。他所发现的各种成分至今依然是凝血过程的基本组合。20 世纪 40 年代至 70 年代间，又有其他的凝血因子被发现，现在一共有 13 种以罗马数字定名的因子，除此之外，人们还发现了正常凝血过程所需的其他辅助因子和调整因子。缺乏 IX 凝血因子会导致血友病 B，这种遗传病折磨着众多欧洲皇室成员，他们都是维多利亚女王的后裔。IX 因子又称克里斯马斯因子，它于 1962 年被发现，并以斯蒂芬·克里斯马斯（Stephen Christmas）的名字命名，后者体内缺乏这种因子。

在无脊椎动物中，如鲎和淡水龙虾等节肢动物的凝血因子已被鉴定。某些无脊椎动物在流血时，血管的痉挛就足以阻止血淋巴从伤口流失——血淋巴类似于脊椎动物的血液和间隙液，节肢动物和大多数软体动物的细胞都直接浸泡在这种液体中。■

放射性定年法

亨利·贝克勒尔（Henri Becquerel, 1852—1908）
伯特伦·波登·博特伍德（Bertram Borden Boltwood, 1870—1927）
欧内斯特·卢瑟福（Ernest Rutherford, 1871—1937）
弗雷德里克·索迪（Frederick Soddy, 1877—1956）

图为考古学家在清理一只猛犸象的牙齿。猛犸最早出现在 500 万年前，它们大都于 1 万年前灭绝了，只有一些侏儒猛犸存活至距今 4 000 年前。

生命的起源（约公元前 40 亿年），化石记录和进化（1836），树木年代学（1904），
X 射线结晶学（1912），露西（1974）

在生物学家追溯生命的历史和研究生物体的进化过程时，确定化石的绝对年龄对他们而言是极其重要的。定年法中最常见的技术之一是放射性定年法，其依据是物理学家和化学家们在进入 20 世纪后对放射性同位素衰变的观察及研究。

1896 年，玛丽·居里（Marie Curie）的老师亨利·贝克勒尔在研究铀盐时，偶然发现铀能自发产生射线，由此，他发现了放射现象。1902 年，核物理之父欧内斯特·卢瑟福及其学生弗雷德里克·索迪和贝克勒尔正在麦吉尔大学工作，他们发现放射性衰变以恒速将原子从一种元素（母同位素）改变成另一种元素（子同位素）（同位素的原子核中质子数目相同，但中子数目不同，这就产生了原子质量不同的相同元素）。卢瑟福和索迪预测了一种同位素的原子衰变到一半时所花费的时间，即半衰期，而每一种同位素的半衰期都是不同的。碳 14 的半衰期是 5 730 年，近代科学家用它来测定有 7.5 万—8 万年历史的有机物质的年龄，比如木材、骨骼、贝壳以及纤维。而半衰期达 45 亿年的铀 238 则被用于测定更古老的化石年龄。

伯特伦·博尔特伍德是耶鲁大学的放射化学家，也是放射性同位素研究领域的开拓者。他最初是一名通讯记者，而后成为卢瑟福的挚友，1907 年，他是第一个将卢瑟福的原理运用到放射性定年法的人。他以铀 238/ 铅 206 的半衰期比率，估算地球的年龄约为 22 亿年，这个年龄比人们之前所认为的高出 10 倍，不过比目前计算的地球年龄少了一半。■

1907 年

益生菌

埃黎耶·梅契尼可夫（Élie Metchnikoff, 1845—1916）
代田稔（Minoru Shirota, 1899—1982）

巴尔干半岛的酸奶与希腊和瑞士的酸奶不同，前者可以在各自的小容器中发酵，而不是用大型发酵桶。这张图中展现的便是巴尔干半岛的自制酸奶——它富含益生菌，装在一个传统陶瓷罐中。

 原核生物（约公元前 39 亿年），微生物发酵（1857），抗生素（1928）

在人类的身体中，居住着超过百万亿的细菌，它们的总重量达到 5 磅（约 2.27 千克），单单在口腔中就有数百种细菌。过去，人们一提到细菌就会想到食物中毒和传染病，而且这些传染病往往是致命的。现代医学过度使用抗生素，无差别地消灭机体中的有害微生物和有益微生物，使这个问题变得更加复杂。这种做法对肠道的影响尤其明显，广谱抗生素会破坏肠道的正常微生态平衡，导致腹泻。

有益的细菌。 1907 年，俄国生物学家埃黎耶·梅契尼可夫因免疫研究成果成为该年诺贝尔奖的共同获得者之一，也是在这一年，他提出了一个概念，认为可以更改肠道菌群，用有益菌替换掉有害菌。更具体一点说，发酵乳能在肠道中"种植"乳酸菌，后者能提高肠道酸性，抑制蛋白水解菌的生成（分解蛋白质的细菌）。梅契尼可夫认为衰老过程是因为废物积累于大肠后段，而后流入直肠，最后这些有毒物质被直肠重新吸收进入血液（这一过程称为自体中毒）。梅契尼可夫注意到保加利亚的农村人格外长寿，他们的主要食物就是含乳酸菌的发酵乳。

20 世纪 30 年代，日本的代田稔受梅契尼可夫的理论启发，研发出了养乐多饮料（Yakult），这种类似于酸奶的饮料中含有更强大的乳酸菌种类，能摧毁肠道的有害菌。近年来美国也引进了这一类产品，它们强调的概念是益生菌，其实就是一些被用于食物保健的活细菌。这些益生菌能改善肠道的微生物平衡，从而使饮用者受益。

从治疗肠道失调到各种各样的主要系统紊乱，关于益生菌有许多健康理念，但是就目前而言，美国食品药品监督管理局或欧洲食品安全局都并不认可其具有医疗效果。■

这张心电图（ECG 或 EKG）记录了穿过整个心脏的电流轨迹。每次心跳的启始电脉冲都源于窦房结，它是心脏的主起搏点。这一脉冲先是刺激上腔室（心房），而后向下传导，刺激下腔室（心室）。

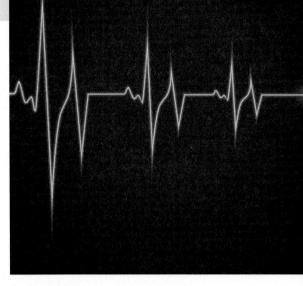

心脏因何跳动?

盖伦（Galen，约 130—200）
杨·伊万杰利斯塔·浦肯野（Jan Evangelista Purkinje，1787—1869）
沃尔特·盖斯凯尔（Walter Gaskell，1847—1914）
小威廉·希斯（Wilhelm His, Jr.，1863—1934）
亚瑟·基思（Arthur Keith，1866—1955）
田原淳（Sunao Tawara，1873—1952）
马丁·弗莱克（Martin Flack，1882—1931）

 哈维的《心血运动论》（1628），血压（1733）

早在公元 2 世纪，盖伦就发现离体且切断神经的心脏依然能够跳动。心脏的触发器究竟是什么——这一直是人们争论的主题，为了解决这个谜题，研究者们拼装组合着各种相继被发现的解剖结构，这种情况延续至 20 世纪的头 10 年。

第一个相关解剖部分是 1839 年由杨·浦肯野发现的，这位波希米亚生理学家及解剖学家能讲 13 种语言，他还是位诗人，翻译过歌德和席勒的诗。他有许多重要发现，其中之一是浦肯野纤维，这一系列纤维位于心室（下方腔室）中，不过浦肯野未能识别它们的功能。19 世纪 80 年代，沃尔特·盖斯凯尔在剑桥大学工作，研究心脏搏动的规律和心跳的传导，后者如波动一般从心房（上方腔室）传至心室。他发现，如果以外科手术将心房和心室分离开来，那么心室将停止搏动。1893 年，瑞士出生的心脏病学家及解剖学家小威廉·希斯描述了连接心脏上下腔室的一种桥状结构，但没有说明这种肌肉支架（"希氏束"）的功能。

1868 年，幕府时代终结，日本开始踏上从封建制转变为现代化国家的道路，它向西方文化打开了国门，并采纳了德国的教育系统。田原淳是日本的一位医科毕业生，于 1903 年被派往德国，他研究心脏的传导系统，发现了房室（AV）传导系统和房室结。他辨别出了从希氏束传递至浦肯野纤维的电脉冲，它是电子传导系统的一部分。心脏之谜的最后一片拼图于 1907 年归位，这一年，苏格兰人类学家及解剖学家亚瑟·基思和医学生马丁·弗莱克在显微镜下发现了窦房（SA）结，又称"心脏起搏器"，促使心脏搏动的脉冲正是起源于此，并由房室结向心室传导。但是，作为一名种族主义者及皮尔当人骗局[1]的同谋，基思后来声名狼藉。■

---

1 "皮尔当人"是人类学历史上著名的骗局。1921 年，在英国皮尔当地区发现了一批头骨，它们当时被认为是早期人类化石的遗骸，但后来被证明是一些古生物学家用中世纪人类头骨和猩猩牙齿拼凑起来的赝品。

哈迪-温伯格定律

查尔斯·达尔文（Charles Darwin, 1809—1882）
格里哥·孟德尔（Gregor Mendel, 1822—1884）
威廉·温伯格（Wilhelm Weinberg, 1862—1937）
戈弗雷·哈迪（Godfrey Hardy, 1877—1947）

哈迪-温伯格定律提供了一种数学模型，来检测种群基因频率的变化。图为各种斧蛤的贝壳，它们展现了变化多端的色彩和纹路，这是由它们不同的基因型决定的。

1908年

达尔文的自然选择理论（1859），孟德尔遗传（1866），重新发现遗传学（1900），染色体上的基因（1910）

在 1859 年出版的《物种起源》（*Origin of Species*）中，达尔文证明了自然选择是进化的基础，他确认遗传性状是由双亲传递给子代的，但并不清楚这个过程是怎么发生的。1866 年，孟德尔提出了遗传单位（如今称为基因）的传递模式，这种单位在染色体上交替存在（等位基因），并作为性状表现在后代身上。孟德尔证明了从亲本到子代的鲜明变化，而达尔文理论认为生物是一代代渐变的，如何融合两者的理论，对于科学家们而言是个棘手的问题。

1908 年，英国数学家戈弗雷·哈迪和德国医生威廉·温伯格分别独立创建了判断模式，它可以判定进化是否发生，并检测生物群体的基因频率是否发生了任何变化。如果没有发生进化，等位基因频率可以在每一代生物个体的繁殖中保持有效平衡。但是，这种平衡状态的出现需要完全满足以下五个条件：生物种群数量必须无限大，以防止基因漂移（等位基因频率的随机改变）；种群交配必须是随机的，生物个体随意配对；没有突变发生，因此种群中不会出现新等位基因；生物个体无法加入或离开这一种群；没有自然选择，因此没有哪些等位基因被优选或排除。

在现实世界里，这些条件永远不可能达成，因此一定会发生进化。不过，这些定律使人们可以检测一代代改变的等位基因频率，这证明了进化正在发生，并使科学家得以估算种群携带某一遗传病等位基因的百分比。

温伯格于 1908 年提出上述定律时，比哈迪还早了 6 个月。但是在 20 世纪的大多数时间里，进行基因研究的人几乎都以英语为母语，他们对温伯格的德文论文一无所知。因此，在 1943 年之前，哈迪-温伯格定律被完全归功于哈迪一人。■

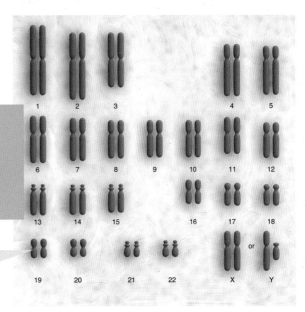

染色体上的基因

查尔斯·达尔文（Charles Darwin, 1809—1882）
格里哥·孟德尔（Gregor Mendel, 1822—1884）
雨果·德弗里斯（Hugo de Vries, 1848—1935）
托马斯·亨特·摩尔根（Thomas Hunt Morgan, 1866—1945）
阿尔弗雷德·H. 斯特蒂文特（Alfred H. Sturtevant, 1891—1970）

这张人类染色体组型图展现了人类所有的 22 对染色体，以及 XX 和 XY 两对性染色体。

达尔文的自然选择理论（1859），孟德尔遗传（1866），重新发现遗传学（1900），作为遗传信息载体的 DNA（1944），双螺旋结构（1953），人类基因组计划（2003）

1900 年，科学界"重新发现"了格里哥·孟德尔对豌豆的遗传研究，与此同时，遗传学也奠定了它的基础。20 世纪之交，众多生物学家接受了达尔文的进化理论，但是却抵制他的自然选择理念以及孟德尔的遗传发现，这其中包括托马斯·亨特·摩尔根。遗传学有三大"再发现"，其中之一是荷兰植物学家雨果·德弗里斯的研究所得，他于 1886 年在研究月见草时发现了突变（机体形态的突然改变）的证据。

摩尔根是哥伦比亚大学的一名动物学家，1907 年，他开始研究黑腹果蝇（*Drosophila melanogaster*），试图证明自然选择的基础是突变，而非达尔文所说的渐进变异。他选择果蝇为研究对象，这是因为容量一夸脱的牛奶瓶就可以容纳 1 000 只果蝇，而且它们每 12 天就能繁殖一代，另外，雄性和雌性果蝇很容易区别，而它们的突变也很容易被发现。在三年的培育之后，他发现了第一例突变体：那是一只白眼果蝇。接下来的研究证明，雌性果蝇只会是红眼的，只有一些雄性会产生白眼。

1910 年，摩尔根提出了染色体遗传学说。每条染色体都包含一批称为"基因"的小单元，它们如"串珠"般有序排列在染色体上。另外，一些性状与决定性别的染色体有关，比如黄色的肤色或退化的双翼。1913 年，摩尔根的学生阿尔弗雷德·H. 斯特蒂文特发现每个基因都能被分派于染色体图谱的特定位置上，这为绘制人类基因组图奠定了基础。

对孟德尔的遗传学说和达尔文的进化论而言，基因是缺失的一环，是摩尔根填补了这处空白（1916 年，摩尔根接受了达尔文的自然选择理论）。他因确定了染色体在遗传中的作用，获得了 1933 年的诺贝尔奖。而且，在与摩尔根本人及其学生一起共事的研究者里，有五位获得了诺贝尔奖。■

1910 年

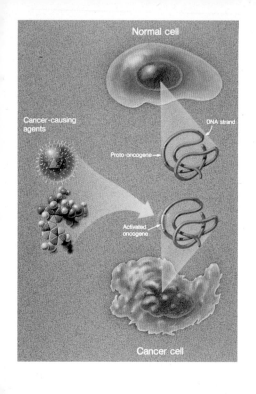

致癌病毒

弗朗西斯·佩顿·劳斯（Francis Peyton Rous，1879—1970）
J. 迈克尔·毕晓普（J. Michael Bishop，1936—　）
哈罗德·瓦慕斯（Harold Varmus，1939—　）

这张 1989 年的画作展现了在逆转录酶病毒之类的致癌因子激活细胞 DNA 上的致癌基因后，正常细胞是如何变成癌细胞的。

病毒（1898），致癌基因（1976），艾滋病病毒和艾滋病（1983）

　　1911 年，美国病理学家佩顿·劳斯受命主管洛克菲勒研究所的癌症研究，此时他刚从医学院毕业，并且只有 4 年研究经验。在之后的 20 年时间里，他的研究成果有时被学界忽视，更多时候则是被学界嘲弄。直到 55 年后——即他去世的 4 年前，他所获得的 1966 年诺贝尔奖才使他的成就被完全认可，这份记录也许代表性地展示了：做出发现与得到认可之间可以相隔着多么漫长的时间。现在我们知道，15% ～ 20% 的癌症是由病毒引起的，大多数癌症发生在动物身上。

　　劳斯在洛克菲勒研究所的第一批项目中包括确认一个肉瘤的起因，这个巨大的肿瘤长在一只普里茅斯洛克种鸡的胸部。关于动物身上可转移的异常生长的文献报道引起了劳斯的兴趣。他把肿瘤的小样本移植到了相似的健康母鸡（而非其他鸟类）身上，成功地使后者也产生了肿瘤，这是证明癌症可以在两只禽类身上转移的第一例实验证明。稍后的研究表明，要使实验对象患上癌症，无须转移完整的细胞，只需要注射来自肿瘤的无菌无细胞过滤液。劳斯推断，母鸡身上的肿瘤是由一种滤过性因子引起的。1892 年，第一种病毒——烟草花叶病毒——被发现，在这之后的数十年中，学界一直把病毒称为滤过性因子。之后，"病毒"这个词被限于称呼只能在活细胞中生长的滤过性因子。

　　劳斯发现了劳斯氏肉瘤病毒（RSV），这是一种逆转录酶病毒，也是第一种被描述的致瘤（致癌）病毒。它所含的是 RNA 而非 DNA，一旦进入宿主体内，就会把遗传信息转录给 DNA。致肿瘤因子是一种在逆转录酶病毒中发现的致癌基因。1976 年，J. 迈克尔·毕晓普和哈罗德·瓦慕斯发现，健康细胞中的正常致癌基因如果被逆转录酶病毒获得，就会引发癌症，这项工作为两人赢得了 1989 年的诺贝尔奖。■

大陆漂移说

亚历山大·冯·洪堡（Alexander von Humboldt，1769—1859）
阿尔弗雷德·魏格纳（Alfred Wegener，1880—1930）

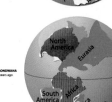

根据大陆漂移说，一个完整的巨大的大陆——泛大陆——分裂成了两个超大陆，即劳亚古大陆（北半球）和冈瓦纳大陆（南半球）。

 泥盆纪（约公元前 4.17 亿年），古生物学（1796），达尔文和贝格尔号之旅（1831），化石记录和进化（1836），生物地理学（1876）

随意看看南半球地图，就会发现南美洲东部和非洲西部的海岸线轮廓吻合，就如两片相邻的拼图。自然学家及探险家亚历山大·冯·洪堡显然有相同的想法，在 19 世纪早期，他发现南美和西非的动植物化石之间存在相似之处，阿根廷和南非的山脉也有共同元素。后来的探险家们也发现印度和澳大利亚的化石之间有相同之处。

阿尔弗雷德·魏格纳是德国地球物理学家及气象学家，并且还是一位极地探险家，1912年，他更进一步提出，现在的各个大陆曾经属于一整个大陆，他将其称为泛大陆（"联合古陆"）。在 1915 年的《大陆与海洋的起源》（The Origin of Continents and Oceans）一书中，魏格纳以上述概念为基础，描述了泛大陆之后分裂成两个超大陆的过程，它们是劳亚古大陆（相当于如今的北半球）和冈瓦纳大陆（亦称冈瓦纳，相当于南半球）。现代学界认为这个分裂过程发生于 1.8 亿年至 2 亿年前。魏格纳无法为大陆漂移提供解释，直至 1930 年在格陵兰岛的一次探险中死于心力衰竭，他的观点都一直被全盘否定。到了 20 世纪 60 年代，板块构造论确立，大陆漂移说才最终被人们接受。板块构造论认为各个板块一直在彼此相对运动，插入其他板块下方，而后退离，周而复始。

远在科学界认可大陆漂移说的许久之前，自然学家们就一直在相距万里甚或被海洋分隔的不同大陆上发现相同或相似的动植物古化石。热带蕨类舌羊齿属（Glossopteris）的化石出现在南美、非洲、印度和澳大利亚；肯氏兽科（Kannemeyrid）的动物是一种类哺乳动物的爬行类，它们的化石出现于非洲、亚洲和南美洲。相对地，不同大陆上的一些现存动植物与彼此截然不同。比如说，澳大利亚的所有本地哺乳动物都是有袋类，而非胎盘类，这意味着在进化出胎盘哺乳动物之前，澳大利亚就已从冈瓦纳古陆分离出去了。■

维生素和脚气病

高木兼宽（Takaki Kanehiro, 1849—1920）
克里斯蒂安·艾克曼（Christiaan Eijkman, 1858—1930）
弗雷德里克·霍普金斯（Frederick Hopkins, 1861—1947）
卡西米尔·冯克（Casimir Funk, 1884—1967）

142

去除糙米的外壳能延长其保存期限，但是由此产生的白米缺乏硫胺素（维生素 B₁）。

 水稻栽培（约公元前 7000 年），稻米中的白蛋白（2011）

4 500 年前的一本中国医书中第一次描述了脚气病，这种地方性疾病在以精白米为主食的亚洲一直都很常见。它的症状表现于神经系统和心脏，其英文名"Beriberi"源自僧伽罗语，意为"虚弱，虚弱"，重复两遍是为了强调并意指麻痹。白米是精磨后的去壳米，除去了外壳、麸糠和胚芽——它们都是重要的营养物质。

1884 年，日本的海军军医高木兼宽从英国学医后返乡。他注意到西方海军和惯食西餐的日本海军军官很少患脚气病，但是这种病在那些只吃白米的普通水手中却很常见。他做了一项饮食对照实验，发现只吃白米的人患脚气病的概率比吃西餐的人高出 10 倍。高木推断饮食是脚气病的成因，这与当时的主流观点相反，后者认为它是一种传染病。但那时，主流观点依然占统治地位，人们的饮食也没有改变。在 1904—1905 年的日俄战争中，27 000 名日本士兵因脚气病而死亡，这个数字几乎是因伤而亡者的一半。

1897 年，荷兰医生克里斯蒂安·艾克曼被派往荷兰东印度群岛（今印度尼西亚）研究脚气病。他给小鸡喂食白米以引发脚气病，而后将食物换成糙米，鸡群的脚气病随即痊愈。艾克曼提出，精白米缺乏糙米所含的一种成分，一种"抗脚气病因子"。1911 年，波兰化学家卡西米尔·冯克发现了这种化学物质——硫胺素，它是一种胺类（含氮化合物），冯克将它称为维持生命（vital）的胺（amine）或维生素（vitamine）。而后人们又发现了类似的化合物，但它们不是胺类，因此"vitamine"一词的最后一个字母"e"被去掉了。1912 年，英国生物化学家弗雷德里克·霍普金斯以小鼠为研究对象进行生长对照实验：一组小鼠只食用一种合成饲料，另一组除了合成饲料外还食用牛奶。第一组小鼠停止了生长，但是在补充牛奶后又恢复了生长。霍普金斯提出了"维生素缺乏假说"，认为缺乏某种维生素会导致疾病。霍普金斯和艾克曼共同获得了 1929 年的诺贝尔奖。■

甲状腺和变态

托马斯·沃顿（Thomas Wharton, 1614—1673）
特奥多尔·科赫尔（Theodor Kocher, 1841—1917）
J. 弗雷德里克·古德纳奇（J. Frederick Gudernatsch, 1881—1962）

甲状腺激素在脊椎动物的发育中起着重要作用。这一点也许在蝌蚪变态为成蛙的过程中表现得最为明显。

 两栖动物（约公元前 3.6 亿年），新陈代谢（1614），促胰液素：第一种激素（1902），线粒体和细胞呼吸（1925）

1912 年

1656 年，英国解剖学家托马斯·沃顿率先发现了甲状腺。瑞士外科医生特奥多尔·科赫尔则因描述了甲状腺功能而获得 1909 年的诺贝尔奖。从 1874 年开始，科赫尔在之后的十多年中从一些腺体肿大的病人身上摘除整个甲状腺。他的手术成功率很高，从而将这一原本十分危险的手术的死亡率降低到了可以忽略的程度。但他的病人几乎全都有疲劳、嗜睡以及发冷的症状。如今我们知道甲状腺参与了一系列重要的生命循环过程，其中包括能量利用、生长发育、变态、繁殖、冬眠以及生热。它是最大的内分泌腺之一，所有脊椎动物都有这个腺体，在四足动物（具有四肢，上有指趾）的身体中，它位于其颈部位置。

甲状腺激素能增加几乎所有身体组织的代谢活性，并提高食物作为能源的利用率。当这一激素释放时，细胞内线粒体的数量和大小都会增加——三磷酸腺苷（ATP）在线粒体中生成，为执行细胞功能提供能量，这个过程还将为身体生成热量。甲状腺激素对生物生长的作用主要可见于生长期儿童，甲状腺机能减退的孩子智力发育迟缓，生长缓慢且发育不良。

在进化过程中，甲状腺在不同的物种身上承担了不同的功能。1912 年，在康奈尔大学医学院工作的 J. 弗雷德里克·古德纳奇给蝌蚪喂食哺乳动物的甲状腺，从而诱导其变态。蝌蚪变形为成蛙：新孵化的蝌蚪的外鳃消失了，它们发育出宽阔的下颌，眼睛和腿迅速长成，尾巴被身体再吸收。相对地，当蝌蚪的甲状腺被摘除时，它们就无法变态。比目鱼也会经历变态过程。在发育早期，它们是两侧对称的，每一面身体有一只眼睛。在变态过程中，一只眼睛渐渐移向另一面，而有两只眼睛的一面将成为比目鱼朝上的那一面。■

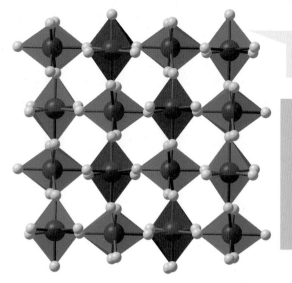

图中展示了以X射线晶体学确定的四氟化锰（MnF₄）晶体结构。

X 射线结晶学

威廉·康拉德·伦琴（Wilhelm Conrad Röntgen，1845—1923）
威廉·亨利·布拉格（William Henry Bragg，1862—1942）
马克斯·冯·劳厄（Max von Laue，1879—1960）
威廉·劳伦斯·布拉格（William Lawrence Bragg，1890—1971）
多萝西·克劳福特·霍奇金（Dorothy Crowfoot Hodgkin，1910—1994）
弗朗西斯·克里克（Francis Crick，1916—2004）
罗莎琳·富兰克林（Rosalind Franklin，1920—1958）
詹姆斯·D. 沃森（James D. Watson，1928—　）

胰岛素（1921），胰岛素的氨基酸序列（1952），双螺旋结构（1953）

1912 年

　　确定 DNA 结构的功劳被归于了詹姆斯·沃森和弗朗西斯·克里克，但是许多研究者认为罗莎琳·富兰克林也同样功不可没。她是沃森和克里克的合作者，她的 X 射线衍射图像清晰地展示了 DNA 的双螺旋结构。X 射线结晶学最初被用来确定原子的大小和化学键的性质，如今，其应用领域囊括了化学、矿物学、冶金学以及生物医学。生物学家们使用这种强大的分析工具，以确认重要生物分子的结构和功能，它们包括维生素、蛋白质、DNA 和 RNA，还有各种药物及其构效关系。

　　1895 年，威廉·伦琴在研究电流穿越某种气体的通路时，观察到其释放出的射线在一张摄影底片中留下的印迹。因其未知性质，伦琴将它们称为 X 射线，这个发现为他在 1901 年赢得了诺贝尔奖中的首个物理学奖。1912 年，马克斯·冯·劳厄发现晶体能衍射 X 射线。从 1912 年至 1914 年，威廉·劳伦斯·布拉格及其父亲威廉·亨利·布拉格根据劳厄的研究成果，运用X射线的衍射现象研究分析晶体结构，两人为此共同获得了 1915 年的诺贝尔奖。他们发现，通过测量 X 射线穿过晶体样品形成的衍射图样的角度和强度，就能确定晶体分子的具体三维图像。25 岁的劳伦斯·布拉格当时是（至今仍是）最年轻的诺贝尔奖获奖者，他于 1912 年总结出了确定晶体结构的基本法则，即 X 射线折射的布拉格定律，人们至今仍在使用这一定律。

　　多萝西·克劳福特·霍奇金是最重要的生物晶体学专家之一，她确定了众多化学物质的结构，包括胆固醇（1937）、青霉素（1946）、维生素 B₁₂（1956，为此她赢得了 1964 年的诺贝尔奖），以及胰岛素（1939，她为它花费了 30 年时间）。霍奇金还研究生物分子的三维特性和结构，比如蛋白质。■

噬菌体

欧内斯特·H. 汉金（Ernest H. Hankin, 1865—1935）
费利克斯·德赫雷尔（Félix d'Hérelle, 1873—1949）
弗雷德里克·W. 陶尔德（Frederick W. Twort, 1877—1950）

细菌噬菌体（或噬菌体）是一种感染细菌的病毒。噬菌体的结构包括一个衣壳组成的头部，里面包裹着它的 DNA；以及一条蛋白质组成的尾部，噬菌体用尾部的纤维附着于细菌上。

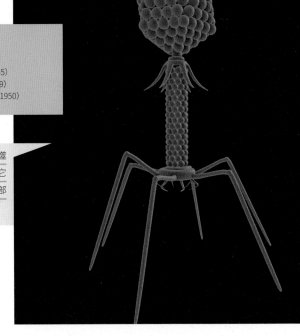

 病毒（1898），致癌病毒（1911），抗生素（1928），
细菌遗传学（1946）

1917年

欧内斯特·汉金是一名英国细菌学家，19 世纪 90 年代，他在印度研究疟疾和霍乱。1896 年，他报告称恒河和拒马河中有某种物质能发挥抗菌药的效果，可治疗霍乱，哪怕使用能截留细菌的陶瓷过滤器过滤河水，这种效果仍然存在。他提出理论，认为这种神秘无形的物质能够阻碍霍乱蔓延，但他的研究没有进一步进展。

20 世纪初，英国细菌学家弗雷德里克·陶尔德，在人工培养基中培养细菌时，他发现一些细菌被一种未知介质杀死了。他把这种介质称为"重要物质"。它能穿过陶瓷过滤器，需要细菌才能生长。他认为它可能是一种病毒。但陶尔德 1915 年出版的论文被学界忽视了数十年。研究因第一次世界大战和资金的缺乏而中断了。

费利克斯·德赫雷尔是一名法裔加拿大微生物学家，他在巴黎的巴斯德研究所工作。和陶尔德一样，德赫雷尔观察到了"一种无形的微生物……抵抗痢疾杆菌"的效果，它能穿过陶瓷过滤器。他确认自己发现了一种病毒，他将其称为细菌噬菌体（"吞噬细菌"）或简称噬菌体，并于 1917 年发表了这一发现。他显然清楚陶尔德之前的发现，但并没有充分意识到这一点，反而居功自傲。1919 年，德赫雷尔意识到了噬菌体的抗菌潜力，在巴黎的一家儿童医院中试验其对抗痢疾的能力。稍后，他参与建立了一家商业实验室，生产五个不同阶段的制剂，以治疗不同的细菌感染。

作为一种细菌病毒，噬菌体有选择地进入一种或几种细菌宿主，通过溶菌（溶解以破坏）杀死它们。最初，人们对噬菌体作为抗菌剂的效果充满热情，但在 20 世纪 40 年代引进抗生素后，这种热情便消退了。到了 20 世纪 90 年代，随着耐药菌的出现，人们又重新对噬菌体产生了兴趣。在俄罗斯和东欧，人们继续用噬菌体治疗细菌感染，并以它为模拟体系实验研究病毒增殖。■

19 世纪，应用生物技术人们通过发酵生产出了啤酒。这张 1897 年的画作由德国画家爱德华·冯·格吕茨纳 (Eduard von Grutzner) 所绘，图中是一位身处啤酒厂中的修道士。

 农业（约公元前 1 万年），动物驯养（约公元前 1 万年），人工选择（选择育种）(1760)，微生物发酵 (1857)，酶 (1878)，绿色革命 (1945)，转基因作物 (1982)

1919 年

自 20 世纪 70 年代起，生物技术已经成为一种通用术语。所谓的生物技术是指运用生物系统生产有用的产品，这些产品属于食物、饮料和医药等生物范畴。这一术语涵盖了多种多样的领域，如基因重组、转基因作物、生物制药以及遗传工程。不过，生物技术的种子早在 1 万年前就已经萌芽了。

当我们的祖先从狩猎采集发展为积极生产食物时，他们迈出了身为应用生物学家的第一步——进行动植物的人工选择（选择育种），这是早期的生物技术。动物先是被驯化，而后被喂养以最大化利用它们的田间辅助工作能力，并提供肉类和皮毛。他们选择性培育植物，以提高它们的营养价值，以及对极端天气和农业害虫的抵抗力。在接下来的数千年里，人们用牛奶制成了奶酪和酸乳，用酵母制作啤酒、葡萄酒和面包。生物技术就这样从遥远的过去开始渐渐发展。

19 世纪的生物技术专家最为关注的是如何尽可能地利用发酵过程，这个过程将水果中的糖和淀粉转化为酒精饮料，它也是人类最早观察到并予以实践的化学反应之一。1896 年，德国化学家爱德华·比希纳发现，活细胞对发酵而言并不是必不可少的。只要有活细胞的产物——酵素，如今称为酶——发酵就能进行。生物技术史的这一阶段与发酵学或发酵工艺的研究和实践紧密相联，尤其是啤酒和葡萄酒的生产。而饥饿问题仍然亟待解决。

"生物技术"（biotechnology）一词最先是由匈牙利农业工程师卡尔·艾瑞克创造的，这个词出现在他 1919 年出版的书籍的标题中，该书描述了怎样升级猪肉原料，以生产对社会有用的产品。艾瑞克竭力为第一次世界大战后饱受饥荒折磨的匈牙利提供丰足的食物，他创建了世界上最大且盈利最多的肉类生产公司之一。■

神经递质

约翰·纽波特·兰利（John Newport Langley, 1852—1925）
奥托·勒维（Otto Loewi, 1873—1961）
托马斯·伦顿·艾略特（Thomas Renton Elliott, 1877—1961）

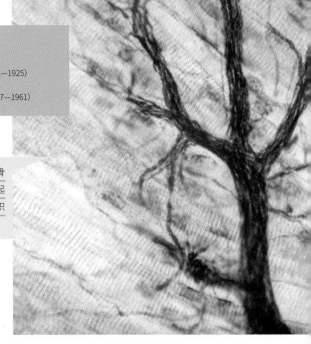

神经递质乙酰胆碱由神经末梢释放，激活骨骼肌（随意肌）纤维表面的受体部位，引起后者的收缩。这张显微图像展示了肌肉组织中的神经细胞末梢，它们被放大了 200 倍。

动物电（1786），神经系统通信（1791），神经元学说（1891），动作电位（1939）

神经如何与其他神经或肌肉交流？身体内或外部环境的变化使神经受到刺激，而后电流将穿过神经，越过突触（物理间隙），抵达作出反应的另一条神经或效应细胞（肌肉、心脏或腺体）。越过突触传递信息的是电流，还是由神经末梢释放的某种化学物质？

1905 年，剑桥大学著名的英国生理学家约翰·纽波特·兰利首先提出，神经受到刺激后，某种化学物质是由所谓的"接受体"释放的。这个不同寻常的概念以他的学生 T. R. 艾略特所获得的实验成果为基础——但兰利并未承认其成果。在之后的 15 年中，众多杰出的科学家进行与艾略特相似的实验，证明在神经刺激与某种化学物质的作用后，不同效应细胞产生相似的反应，但并非完全相同。

奥托·勒维是一位出生于德国的药理学教授，在奥地利的格拉茨大学工作，他长久困惑于如何证明化学性突触传递。在 1920 年复活节前夕，他在睡梦中突然福至心灵，这份灵感将直接导出一场决定性的实验。他潦草地写下一些字句，然后又睡着了。可是醒来后，他自己也看不懂这些字句。第二天凌晨 3 点，这些灵感再度造访了他的睡梦。他爬起来冲向实验室，在这一天结束之前，完成了这场关键然而极其简单的实验。他将两颗青蛙心脏分别放在两份组织液中，而后刺激其中一颗心脏的迷走神经，它的跳动减缓了。接着他把这份组织液加入到了另一份组织液中，而其中的另一颗心脏的跳动也减缓了。于是他确定机体释放了一种化学物质，他将其称为迷走神经素（后来它被确认为乙酰胆碱），这是第一种被发现的神经递质。勒维成为 1936 年诺贝尔奖的共同获得者，两年后，他因纳粹迫害而逃离奥地利。

如今，在脊椎动物和无脊椎动物中已有 100 多种神经递质得到鉴定，其中不少在正常生理机能、疾病，以及药物开发中扮演着重要角色。■

1920 年

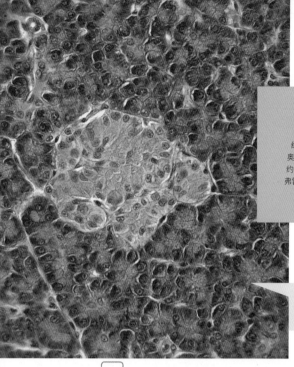

胰岛素

保罗·兰格尔翰斯 (Paul Langerhans, 1847—1888)
约瑟夫·冯·梅林 (Joseph von Mering, 1849—1908)
奥斯卡尔·明科夫斯基 (Oskar Minkowski, 1858—1931)
约翰·J. R. 麦克劳德 (John J. R. MacLeod, 1876—1936)
弗雷德里克·G. 班廷 (Frederick G. Banting, 1891—1941)
詹姆斯·B. 科利普 (James B. Collip, 1892—1965)
查尔斯·H. 贝斯特 (Charles H. Best, 1899—1978)

图中是高倍显微镜下的胰岛，它们位于胰腺中，负责产生胰岛素。

肝脏与葡萄糖代谢（1856），促胰液素：第一种激素（1902），胰岛素的氨基酸序列（1952）

身体从不浪费有益资源，而胰岛素是这种节俭风格的最大功臣。胰岛素是一种激素，它能活跃地储存机体摄取过多的富能量食物：多余的碳水化合物以糖原的形式被储存在肝脏和肌肉中；脂肪被积累在脂肪组织中；氨基酸则被转化成蛋白质。关于胰岛素在机体化学过程中的效用，我们到了相当晚的时代才有所了解，而古埃及和古希腊的手稿中早已出现过对糖尿病的描述，这种代谢疾病是由胰岛素抵抗或缺乏引起的。

现代人对糖尿病的认识始于 1869 年，这一年，医学生保罗·兰格尔翰斯在胰腺中发现了未知细胞，后来它们被定名为兰格罕氏岛（胰岛）。30 年后，约瑟夫·冯·梅林和奥斯卡尔·明科夫斯基试图确定胰腺的生物功能。他们摘除了一只狗的胰腺，它表现出了糖尿病的所有迹象和症状，包括尿中含糖量过高。

1921 年，加拿大外科医生弗雷德里克·班廷说服多伦多大学的生理学教授约翰·J. R. 麦克劳德，请他在休假时让班廷使用他的实验室和 10 只狗。班廷聘用了查尔斯·贝斯特做助手，后者正在等待入学医学院。他们重复了冯·梅林和明科夫斯基的实验，而后给实验犬注射了另一只健康犬的胰腺提取物，从而逆转了实验犬的糖尿病症状。1922 年 1 月，14 岁的糖尿病患者伦纳德·汤普森（Leonard Thompson）率先接受了胰腺提取物的注射，并治疗成功。救命的胰岛素终于被发现了！ 1923 年，班廷和（不应得奖的）麦克劳德共同获得了诺贝尔奖。班廷将奖金分给了贝斯特，麦克劳德同样也把奖金分给了负责从胰腺提取物中提纯胰岛素的科利普。同年，伊莱·礼来开始将胰岛素投入商业生产。在胰岛素被发现之前，现在被称为 I 型糖尿病的患者会被判定只有几个月甚至更短的生命，但是如今合理控制的糖尿病患者和非糖尿病患者在寿命上已几乎没有差别。 ▪

先天性代谢缺陷

格里哥·孟德尔（Gregor Mendel，1822—1884）
阿奇博尔德·加罗德（Archibald Garrod，1857—1936）

普通袋鼠是红色或灰色的，白化袋鼠是袋鼠的变异型。白化病出现在许多脊椎动物中，这种 IEM 的特点是酪氨酸代谢缺陷，它会导致黑色素生成不足。

 新陈代谢（1614），孟德尔遗传（1866），酶（1878），血型（1901），一基因一酶假说（1941），蛋白质结构与折叠（1957）

19 世纪 90 年代，英国医生阿奇博尔德·加罗德应要求检查托马斯·P.（Thomas P.），这名 3 个月大的男孩排出的尿呈深红褐色。加罗德诊断其为尿黑酸症，它是因高龙胆酸（尿黑酸）的积累引起的，而正常的机体能快速分解这种化合物。这是一种罕见的机体紊乱，当时的人普遍认为它是因为细菌感染引起的。而加罗德认为这种病和化学反应有关。之后，又有托马斯两位同胞兄妹出生，他们都患有尿黑酸症，其父母是血亲。加罗德在进一步的研究中发现，还有另一些家庭中有一个甚至多个孩子患有尿黑酸症，这些孩子的父母都是堂表兄妹。他在 1902 年发表了自己的这些发现。

加罗德十分推崇格里哥·孟德尔的遗传学说和化学知识，有鉴于此，他推断某些疾病可能代表着新陈代谢的遗传性紊乱，他在自己 1923 年发表的经典论文《先天性代谢缺陷》（*Inborn Errors of Metabolism*）中叙述了这些观点。IEM 也称遗传性代谢病，它涉及某一个缺陷基因，结果导致某种特定的酶数量匮乏或合成异常，而这种酶是某个代谢反应所必需的。大多数异常基因都来自常染色体隐性遗传，也就是说，孩子必须从父母双方继承这种缺陷基因。IEM 包括众多机体紊乱，这些机体无法将食物转换成能量或其他必要化合物。因此，病人的身体中会累积毒素，或正常身体功能受到干扰，又或是合成关键化合物的能力衰退。这些病症可能是无害的，也可能导致严重后果，甚至致命。

目前鉴别出的 IEM 已有超过两百种，它们通常是根据涉及的代谢类型来分类的，比如碳水化合物代谢、氨基酸代谢、脂肪代谢或复杂分子代谢。每一种 IEM 都很罕见，但如果把它们看作一个总体，那么大约每出生 4 000 名婴儿就会出现一例 IEM。在不同的民族和种族中，IEM 的发生率也有所不同：镰状细胞贫血在非裔人种中的发生率为 1：600；囊性纤维化在欧洲人种中的发生率为 1：1 600；黑蒙性家族痴呆症在德系犹太人中的发生率为 1：3 500。■

1923 年

胚胎诱导

卡尔·恩斯特·冯·贝尔（Carl Ernst von Baer，1792—1876）
威廉·鲁（Wilhelm Roux，1850—1924）
汉斯·杜里舒（Hans Driesch，1867—1941）
汉斯·斯佩曼（Hans Spemann，1869—1941）
希尔德·曼戈尔德（Hilde Mangold，1898—1924）

150

人们用蝾螈作为实验动物，以解决长久以来的争论：究竟胚胎是在母体孕期就拥有一整套能渐渐长大的器官（先成论），还是所有器官都从一团未分化的细胞重新开始发育（渐成论）。

再生（1744），关于发育的理论（1759），发育的胚层学说（1828），克隆（细胞核移植）（1952），诱导多能干细胞（2006）

1924 年

1828 年，卡尔·恩斯特·冯·贝尔确定所有脊椎动物的组织和器官都源自三个原胚层。胚胎发育的两大理论都力图解释这些发现：先成论坚称，每个胚胎在孕期都有一套完整的器官，它们随着胚胎的成熟而渐渐变大；与之抗衡的渐成论则认定，每一个个体最初都是一团未分化的物质，而后逐渐分化出不同的部分。1888 年，实验胚胎学家威廉·鲁杀死了青蛙受精卵首次分裂出的两个细胞之一。结果是这个胚胎只发育出了一半，于是他推断先成论是正确的。4 年后，汉斯·杜里舒重复了这个实验，不过他使用的是海胆的受精卵，并且改进了实验步骤，结果胚胎长成了完整的海胆，从而驳斥了先成论。

德国胚胎学家汉斯·斯佩曼对有机体的胚胎发育（形态发生）很感兴趣，他在实验中将细胞从一个有机体移植到另一个有机体。在这项杰出显微手术的最初研究阶段，斯佩曼将一只蝾螈胚胎的视杯（眼球由此发育而来）移植至另一只蝾螈腹部的最外层。最后此处形成了一个晶状体，即视杯的覆盖层。

斯佩曼最重要的研究是在德国弗莱堡的动物研究所进行的，他的研究生希尔德·曼戈尔德是主要执行人，后者自己的博士论文也使用了蝾螈胚胎。曼戈尔德将一个胚胎（供体）的上唇移到了另一个胚胎（受体）侧面的远端。三天后，受体侧面形成了一个近乎完整的次生胚胎。可见，早期胚胎的供体细胞执行着"组织者"的功能，能够诱导或命令其他细胞，由此我们可以确定早期胚胎中并不存在预先准备好的器官。斯佩曼获得了 1935 年的诺贝尔奖，而曼戈尔德死于 1924 年的一次高温爆炸，没能见到自己论文全文的发表。他是少数几个由论文直接获得诺贝尔奖的生物学家之一。■

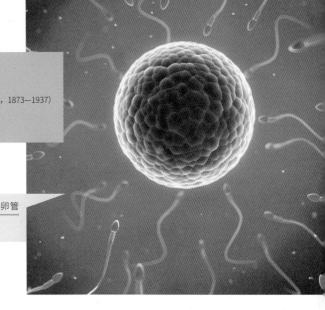

繁殖时间表

西奥多·亨德瑞克·范·德·维尔德（Theodoor Hendrik van de Velde, 1873—1937）
荻野久作（Kyusaku Ogino, 1882—1975）
赫尔曼·克瑙斯（Hermann Knaus, 1892—1970）

在排卵发生后，成熟的卵细胞只能在输卵管中存活 24 小时。

 哺乳动物（约公元前 2 亿年），灵长类（约公元前 6500 万年），卵巢与雌性生殖（1900），孕酮（1929）

1924 年

与有月经周期的人类女性及灵长类雌性不同，大多数哺乳动物都有发情周期。发情期的英文为"estrous"，意为"疯狂的激情"，在动物领域更常指"发热"。这些哺乳动物只在一年中的特定时段进行性行为并拥有繁殖能力。这个典型的时段与季节变化相对应，通常是有充足的食物来源及适合新生儿存活的气候的时节。这些动物只有在这个时段才会排卵——雌性排出一个成熟的卵子。相反，有月经期的动物在整年的任何一个周期中都处于性活跃状态，而与排卵无关。最近的证据表明，女性在她们最富生育力的时期更乐于接受性行为，这个时段比排卵期早六天。

人类对确定女性最富生育力时期的兴趣可追溯至古代的希腊、希伯来以及中国，在 20 世纪之前，人们普遍认为它应该是紧接于月经期之后。1905 年，荷兰妇科医生西奥多·亨德瑞克·范·德·维尔德确认女性一次月经期仅有一次排卵。到了 20 世纪 20 年代，两名妇科医生——日本的荻野久作（1924）和奥地利的赫尔曼·克瑙斯（1928）——分别独立工作，在互不相识的情况下得出了基本相同的公式：他们各自确定，排卵大约是在下一次月经期的 14 天前发生的。之前的计算是从月经期的第一天开始往下数的，而奥-克二氏法是往回倒数，并根据排卵和精子存活率来确定——最富生育力的时期是在第二个周期开始之前的 20 至 12 天之间。

这种安全期算法最初意图是完善时间表，以帮助女性怀孕，但天主教徒更常以它为自然避孕法来实行教会期望的生育控制。奥-克二氏法，或安全期避孕法离完美还有遥远的距离，哪怕是一丝不苟地按照它来实行避孕，也会有 9% 的失败率。■

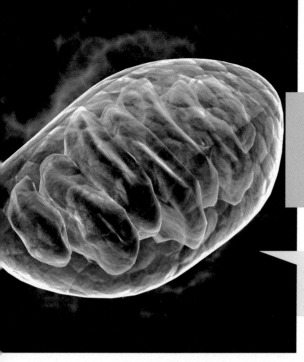

线粒体和细胞呼吸

奥托·H. 瓦尔堡（Otto H. Warburg, 1883—1970）
大卫·凯林（David Keilin, 1887—1963）
阿尔伯特·克劳德（Albert Claude, 1898—1983）
弗里茨·A. 李普曼（Fritz A. Lipmann, 1899—1986）
汉斯·A. 克雷布斯（Hans A. Krebs, 1900—1981）

线粒体是动植物细胞内的呼吸场所。氧气被用来分解有机分子并合成 ATP，而 ATP 则被用来为细胞化学反应提供能量。

植物对食草动物的防御（约公元前 4 亿年），新陈代谢（1614），气体交换（1789），光合作用（1845），酶（1878），电子显微镜（1931），生物能学（1957），能量平衡（1960），内共生学说（1967）

1925 年

线粒体是动物细胞的动力室，负责将食物中的能量转化成一种化学物质，即三磷酸腺苷（ATP），细胞用这种物质来执行各种功能。根据内共生学说，线粒体在数十亿年前是自由生活的好氧生物（也就是说，它们使用氧气来生成能量）。而大型厌氧生物制造能量的能力要低效得多，它们吞噬了上述好氧生物，并将其与自己融为一体。

细胞呼吸是生物体在氧气存在的情况下分解糖分，一个呼吸过程共有 36 个分子的 ATP 生成，这个过程分为三个步骤。第一个步骤是糖酵解：在无氧情况下，葡萄糖（一种六碳糖）分子被分解成两个丙酮酸盐分子（一种三碳糖）以及两个 ATP 分子。步骤二是三羧酸循环：在线粒体内，来自碳水化合物、脂肪和蛋白质的醋酸盐在有氧情况下被分解成二氧化碳、水，以及另外两个 ATP 分子。步骤三是电子传递链或氧化磷酸化：来自氢的电子沿着线粒体内的呼吸链传递，经过一系列步骤，生成大约 32 个 ATP 分子。

在 20 世纪，许多杰出的研究者力求理清细胞呼吸的步骤顺序。1912 年，奥托·瓦尔堡假定线粒体内存在一种细胞内呼吸酶。1925 年，大卫·凯林发现了细胞色素酶和呼吸链的存在。1937 年，汉斯·克雷布斯描述了三羧酸循环（克雷布斯循环）。1945 年，弗里茨·李普曼发现辅酶 A，它是碳水化合物、脂肪和氨基酸代谢过程中的主要成分。阿尔伯特·克劳德用细胞分级分离法分离出了线粒体和其他细胞器，这种方法是他在 1930 年发明的，它使人们可以对细胞器进行生化分析。而后克劳德又用电子显微镜揭示了线粒体和细胞器的特征。■

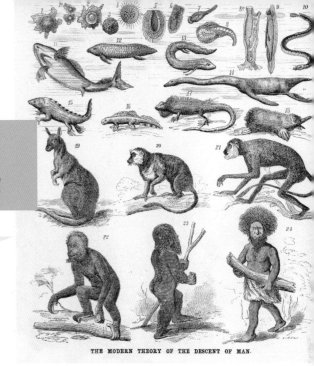

THE MODERN THEORY OF THE DESCENT OF MAN.

"猴子审判"

克拉伦斯·丹诺（Clarence Darrow, 1857—1938）
威廉·詹宁斯·布莱恩（William Jennings Bryan, 1860—1925）
约翰·托马斯·斯科普斯（John thomas Scopes, 1900—1970）

恩斯特·海克尔（Ernst Haeckel）在 1874 年的作品
《人类的进化》中展望了人类谱系。这张图中展示了
改进过的"伟大的存在之链"，它将原猴亚目（狐猴
等）与袋鼠直接联系起来。相比而言，用系谱树描绘
的进化历程要准确得多。

达尔文的自然选择理论（1859）

　　1925 年，田纳西州代顿市举行了一场针对教授进化论的权利的审判。这次审判通过无线
电广播向全国公开，并有两百名报纸记者跟踪报道。约翰·斯科普斯是一位 24 岁的中学生物
教师，他被指控违反了 1925 年的巴特勒法案。这项法案禁止田纳西州任何一所公立中小学及
大学的教师否定圣经对人类起源的记载，因此教授进化论是不合法的。斯科普斯使用的教科书
是《普通生物学》（*Civic Biology*），该书描述并赞同进化论。然而，人们并不清楚他是确实教
授了这样的理论，还是仅仅通过课程向大家展示了这一议题。

　　美国公民自由联盟（ACLU）支持斯科普斯为了言论自由，以及其学术自由的宪法权利而
战。为斯科普斯辩护的是克拉伦斯·丹诺，他是全国知名的辩方律师，也是 ACLU 的领袖人物，
他自称为不可知论者。起诉方的辩护人是威廉·詹宁斯·布莱恩，他曾三次成为总统候选人，
以其演说技巧和原教旨主义信仰而著称。布莱恩激烈地反对进化论及其教授，因为它否定了圣
经所揭示的上帝之道，而他相信上帝超越了人类的认知。

　　法官指示陪审团无须考虑进化论的优点，只需关注斯科普斯是否违反了法律。审判历时
8 天，其结果不言而喻，陪审团仅仅考虑了 9 分钟就得出了结论。斯科普斯被判有罪，并被罚
款 100 美元。但是，有罪裁定在上诉中被否决了，这不是因为它违背了 ACLU 坚持的言论自由
权，而是因为一个微妙的技术性问题。布莱恩在审判终结五天后的睡梦中去世了，斯科普斯进
入了研究院，成为一名研究石油储量的地质学家。1955 年，《向上帝挑战》（*Inherit the Wind*）
高度戏剧化地描写了这次审判，1967 年，巴特勒法案被废除，此时离审判已过去 40 多年。这
次审判的 90 年后，信仰与科学的对抗，以及创造论和进化论的对抗仍在继续。对许多人来说，
这场审判尚无定论。■

1925 年

斑马贻贝（*Dreissena polymorpha*）原产自黑海和里海，1988 年首次出现于北美五大湖。它们大量摄取浮游植物（微型植物）以及浮游动物，而这些动植物是仔鱼和本地贻贝赖以生存的食物。

农业（约公元前 1 万年），人工选择（选择育种）（1760），人口增长与食物供给（1798），入侵物种（1859），全球变暖（1896），影响种群增长的因素（1935），反灭绝行动（2013）

1925 年

1798 年，英国政治经济学家及人口统计学家托马斯·马尔萨斯发表了一篇文章，指出人口数量正在急剧上升，如果不加以控制，将导致大规模的饥荒和贫困。幸运的是，农业革命提供食物的速度远远超过了需要喂食的新生儿的诞生速度。尽管如此，在 20 世纪 20 年代的美国，人口增长依然成为一个重点问题。阿弗雷德·洛特卡是一名移民至美国的波兰人，极其严苛的移民法促使他将自己的数学观点引进了生物学领域。1925 年，他发表了一篇很有影响力的文章，他在文中证明，之前数十年中迁入的移民数量过多以致失衡，而现在这些移民正处于生育高峰期，这才导致了如今观察到的人口激增。他坚持认为，限制移民数量将导致人口数量下滑。

种群指的是特定地理区域内相同种族的成员，而种群生态学研究的是影响种群的因素，以及这些成员与其生存环境间的互相影响。洛特卡在 1925 年的著作《物理生物学要素》（*Elements of Physical Biology*）中强调了影响种群的四种变量——死亡、出生、迁入、迁出；他还指出，当损耗和获得相等时，种群就会出现一种动态平衡。非生命环境因素和生命环境因素的相互作用将影响种群规模：非生命因素包括气候和食物供给；生命因素包括捕食，以及种内和种间竞争。一系列动态过程影响着种群分布、种群密度以及种群统计动向，后者描述了种群如何随时间推移而变化。

科学家们估计，有史以来所有的物种中，有 99% 现在已经灭绝了。除了消极的非生命及生命因素外，人类也大大推动了生物灭绝以及种群衰落。人类的影响包括：污染，如工业废水和农业肥料的径流；全球变暖；引进入侵物种，如伊利湖的斑马贻贝和南美的野葛；竞争种群或捕食者的迁移。■

食物网

贾希兹（Al-Jahiz, 781—868/869）
查尔斯·艾尔顿（Charles Elton, 1900—1991）
莱曼德·林德曼（Raymond Lindeman, 1915—1942）

阿拉斯加州卡特迈国家公园的这一幕正是食物网的范例之一，图中的灰熊几乎就要一口咬住一条鱼，后者的食物则是更小的鱼类或水中漂浮的微型动植物。

农业（约公元前 1 万年），人口增长与食物供给（1798），种群生态学（1925），能量平衡（1960），深水地平线号（BP）溢油事故（2010）

食物链的概念源自 9 世纪的阿拉伯学者贾希兹，他著有约两百部书籍，内容包罗万象，涵盖了语法、诗歌和动物学等许多领域。在动物学著作中，他论述了猎食动物与被猎食动物的生存之战。牛津大学教员查尔斯·艾尔顿是 20 世纪最重要的动物生态学家之一。在 1927 年的经典作品《动物生态学》（*Animal Ecology*）中，艾尔顿阐述了现代生态学的基本法则，其中包括相当清晰的食物链和食物网观念——这是现代生态学的中心主题。

最简单的食物循环遵循线性关系，从食物链的最底部——该物种不食用任何其他生物（以植物为代表）——至最终捕食者或末级消费者，通常跨越 3 至 6 个层级。艾尔顿承认，这样简单的以"谁吃谁"描述食物链显然是过于简化的。食物链无法展现真正的生态系统，自然界中有多重捕食者和多重猎物，事实上，某种动物如果无法捕捉到偏爱的猎物，就可能会捕食其他动物。另外，一些食肉动物还会取食植物，偏向于杂食者；相对地，食草动物偶尔也会吃肉。如今我们以食物网的概念代替了食物链，前者更能展现这极其复杂的相互关系。

1942 年，莱曼德·林德曼提出，食物链的层级数受限于营养动态，或生态系统两端间能量的有效传递。消费者摄取食物后，将能量储存在身体中，而能量只能单向传递。这些能量大部分以热能的形式损耗（生物出自基本需求对食物的利用），剩余的部分被当作废物排出。一般而言，只有 10% 的能量能被食物网中的下一个高营养级生物获取。因此，能量的传递是随着食物链逐级递减的，这就导致食物链极少能超过 4 至 5 个营养级。■

1927 年

昆虫的舞蹈语言

卡尔·冯·弗里施（Karl von Frisch，1886—1982）

某些昆虫——尤其是蜜蜂——的舞蹈语言非常发达，并且被广泛研究。图中，日本蜜蜂正围绕在它们的蜂巢外。

昆虫（约公元前 4 亿年），动物电（1786），神经元学说（1891），
神经递质（1920），信息素（1959），动物利他主义 (1964)

1927 年

动物彼此交流时，通常是在寻找食物、交配或是对环境中出现的危险发出警报。各种各样的动物都使用信息素来辅助其交配行为的不同阶段。这些交流并不仅仅只发生在同种动物之间，如可见于宠物的面部表情和肢体语言。臭鼬喷出的臭气是非常有效的防御武器，可以帮助它躲避熊以及其他捕食者，而且这种气味足够浓烈，能在下风 1 英里（1.6 公里）处被人类察觉。

动物交流并不仅限于脊椎动物，其中最有趣的一些例子发生在昆虫身上。20 世纪 20 年代，诺贝尔奖得主卡尔·冯·弗里施对昆虫交流进行了开创性的研究，这位奥地利人种学者在慕尼黑大学工作。他观察到西方蜜蜂（*Apis mellifera*）的采蜜蜂有一种与众不同的"舞蹈语言"，它们用这种语言将食物的方向和距离告知蜂巢中的其他蜜蜂。在"圆舞"中，采蜜蜂以绕行小圈的方式表达食物离蜂巢很近——少于 160～320 英尺（50～100 米）；而"摇摆舞"则类似于八字形的动作，表明食物在远处。

在其迷人的求偶仪式中，西方蜜蜂也使用一种复杂的链式通讯模式，它涉及了五种感官，每一种感官都发出信号并触发配偶的后续行为：雄性以视觉鉴别雌性并转向面对它；雌性释放出化学信号，由雄性的嗅觉系统察觉；雄性接近雌性，用他的肢体轻轻敲击她，并在这个过程中获得化学物质；相应地，雄性伸展并振动翅膀，以产生一首"求爱歌"，这一形式属于听觉交流。只有在这些步骤按顺序并成功完成后，雌性才会允许雄性进行交尾。■

抗生素

路易·巴斯德（Louis Pasteur, 1822—1895）
亚历山大·弗莱明（Alexander Fleming, 1881—1955）

从医学角度看，现代军事史可以被分为感染时代（1775—1918）和创伤时代（1919）。在感染时代，因感染死亡者和因伤死亡者的比例平均为 4∶1。第二次世界大战期间，这个比例降到了 1∶1，这部分要感谢青霉素。图中的照片展现了第一次世界大战期间西线的军事战斗人员。

原核生物（约公元前 39 亿年），真菌（约公元前 14 亿年），益生菌（1907），细菌遗传学（1946），细菌对抗生素的耐药性（1967）

1999 年，美国《时代》（*Time*）杂志声称青霉素"是一项能够改变历史轨迹的发现"。它是人类发现的第一种抗生素，众多抗生素都来自能杀死或抑制其他微生物生长的微生物（真菌或细菌）。关于发霉面包的治愈能力，最早的资料出现于约 3 500 年前古埃及的埃伯斯纸草文稿。1877 年，路易·巴斯德证明一种微生物可以被用来抗击另一种微生物，他将这一过程称为"抗生"。他给动物接种一种炭疽杆菌和另一种常见菌的混合物，从而避免它们遭受致命的炭疽感染。巴斯德假定微生物释放出的物质可能会被用于临床治疗，这个预言在 60 年后得到了证实。

第一次世界大战期间，亚历山大·弗莱明在法国西线的一家战地医院中工作，他观察到，比起死于伤口感染的士兵，有更多士兵死于用来治疗伤口感染的抗菌剂。战后，生于苏格兰的弗莱明在伦敦的圣玛丽医学院重新开始其细菌学业的研究。1928 年，他将注意力转向葡萄球菌，此时他已成为一名备受尊重的著名科学家，只不过他的实验室总是不能保持整洁。

1928 年 9 月，在为期一个月的家庭旅行之后，弗莱明发现他的一个培养皿遭到了污染，真菌感染区附近的葡萄球菌菌落停止了生长。他机敏地发现了无数科学家忽视的事实：真菌可能释放出了一种抗菌物质。他培养了一组纯真菌——点青霉（*Penicillium notatum*），发现它能选择性地杀死许多（但不是所有）细菌。他将这种抗菌物质称为青霉素，并于 1929 年发表了一篇论文描述它的效果。最初没有什么人对他的研究成果感兴趣，直至 1940 年战争的阴云开始笼罩欧洲时，青霉素的潜力才终于得到承认，并被加以分离提纯。根据一些资料估计的数据，青霉素救活了数百万本应死于伤口感染的士兵。弗莱明也因此成为 1945 年诺贝尔奖的共同获得者之一。■

1928 年

孕酮

古斯塔夫·J. 博恩（Gustav J. Born，约 1850—1900）
约翰·毕尔德（John Beard，1858—1924）
路德维希·弗兰克尔（Ludwig Fraenkel，1870—1951）
乔治·W. 科纳（George W. Corner，1889—1981）
威拉德·M. 艾伦（Willard M. Allen，1904—1993）

1803 年，尼古拉·阿古诺夫（Nicholai Argunov）创作了这幅肖像画，图为怀孕已久的普拉斯科维亚·科瓦廖娃（Praskovia Kovalyova，1768—1803）。她出生于一个农奴家庭，而后成为 18 世纪晚期俄国最出色的歌剧演唱家之一。不幸的是，她在生下第一个孩子的数周后就去世了。

 胎盘（1651），卵巢与雌性生殖（1900），促胰液素：第一种激素（1902）

20 世纪 20 年代，人们发现了雌性激素及其对女性生育功能的影响，当时的许多科学家相信它是唯一一种雌性性激素，但并非所有的研究者都满足于此。1897 年的发现在人们心中播下了疑惑的种子。这一年，约翰·毕尔德提出理论，认为黄体是一种"妊娠器官"，甚至可能是维护妊娠的关键结构。黄体是卵泡在排卵后剩余的结构。

1900 年，德国研究者古斯塔夫·博恩观察发现单孔目动物的卵巢中并没有黄体，比如澳大利亚和新几内亚的鸭嘴兽——这是唯一一种为仔兽哺乳并且没有胎盘的哺乳动物。根据这一发现，博恩推断胎盘的发育需要黄体。此外，他推测黄体能释放一种内分泌物质，这种物质能使子宫黏膜（外层）准备好迎接即将到来的受精卵，并方便其着床于子宫壁。在博恩去世后，他的学生路德维希·弗兰克尔继续这项研究，并于 1903 年表示，黄体损坏会使怀孕的母兔流产。至 1929 年，乔治·科纳和威拉德·艾伦终于确定，怀孕母兔的黄体被移除后通常会引发流产，然而将黄体提取物注入母兔体内能阻止流产。这种提取物于 1933 年被提纯，并被命名为孕激素（孕酮）。

孕激素。黄体在排卵之后立刻进入活跃状态，分泌出孕酮，准备好迎接可能发生的卵子受精，以及接踵而至的怀孕。孕酮能刺激子宫内密集血管的生长，对于发育中的胎儿来说，这是维持生长的必需条件。在接下来的大约两周时间里，黄体继续产生孕酮，之后换由胎盘承担这一责任。在整个怀孕期间，孕酮维持子宫稳定，并预防可能导致流产的收缩。如果卵子没有受精，黄体将退化，不再分泌孕酮，新的月经周期重新开始。■

淡水鱼和海水鱼的渗透调节

克洛德·贝尔纳（Claude Bernard, 1813—1878）
荷马·史密斯（Homer Smith, 1895—1962）

图中，一条蓝枪鱼向海面升去，周围是四散的小型鱼类。在海洋鱼类（如这条枪鱼）生存的环境中，包围它们的水比它们的体液更浓。它们的鱼鳃和肾脏积极地排出盐分，以保存体内水分。

鱼类（约公元前 5.3 亿年），尿的生成（1842），体内平衡（1854）

1854 年，克洛德·贝尔纳最先描述了动物为生存必须保持稳定内环境的概念，这种稳定包括维持水和盐的得失平衡。如果得到的水分过多，细胞会膨胀爆裂；如果失去的水分过多，细胞将萎缩死亡。动物维持该平衡的过程称为渗透调节，它有两种不同的途径。渗透适应型动物包括大部分海生无脊椎动物，它们的体内水盐浓度和外环境相同。它们"顺其自然"，无须积极地调整盐及水分平衡。相对地，许多海生脊椎动物体内的盐浓度不同于其外界水体，比如鱼类，它们必须积极控制自己的盐浓度，被称为渗透压调节动物。

淡水鱼生活的水体远比其体液稀淡得多，它们要解决的问题是盐分流失及过量的水分摄入。它们的处理办法是几乎不饮入一点水分，并排泄大量极其稀淡的尿液；储存盐分的方法则是取食，以及通过鱼鳃积极摄取氯离子和钠离子。海洋鱼类所面临的难题是相反的——它们生活的水体比其体液要浓得多，因此，它们容易丧失体内水分，而进入体内的氯离子和钠离子总是过多。这些生物的策略包括饮入大量水分，并积极通过鱼鳃运输氯离子，将其排出体外，钠离子自然还是紧随氯离子之后。1930 年，在纽约大学和山漠岛生物实验室工作的荷马·史密斯确定了海水鱼渗透调节的多种模式。

对于溯河产卵的鲑鱼来说，生存挑战甚至更为严峻。它们在海中度过大半生命，而后在淡水中繁殖。它们使用的是上述的渗透调节法，但从淡水至海水，而后又从海水至淡水的适应过程并非一蹴而就。在变换环境之前，鲑鱼要在淡水和海水的交界处停留几天至几周。 ■

1930 年

电子显微镜

马克斯·克诺尔（Max Knoll，1897—1969）
恩斯特·鲁斯卡（Ernst Ruska，1906—1988）
乔治·帕拉德（George Palade，1912—2008）

扫描电子显微镜的放大倍数能高达 50 万倍。这张 SEM 图像显示的是一只被人为染色的跳蚤——这种生物携带各种病菌，通过叮咬传播疾病，其中包括由鼠疫杆菌引起的黑死病。

 列文虎克的微观世界（1674）

1931 年

电子显微镜（EM）是生物研究领域最有价值的工具之一，它彻底革新了亚细胞结构的发现和描述。16 世纪末研制出的标准光学显微镜（LM）无法观察到这些结构。

这是一个非常微小的世界。 LM 能将物体影像放大 2 000 倍，而 EM 的放大倍数高达 200 万倍，并且后者的分辨率要比前者高许多。两种最基本的 EM 分别是透射电子显微镜（TEM）和扫描电子显微镜（SEM）。TEM 传送电子，使其穿透轻薄的组织切片，生成的二维图像被用以检视细胞的内部结构。SEM 使电子束横扫过标本，它被用来研究结实的活标本的表面细节。SEM 能产生极佳的三维影像，不过它的威力只有 TEM 的十分之一，并且分辨率较低。

电子显微镜杰出的放大倍数需要付出若干代价：EM 的价格和维护费用非常高昂；为了使用它们并学会制备相应生物标本，研究者需要经过严格的训练；TEM 的标本必须在真空环境中被染色及成像，因此无法用以研究活标本；EM 都很大，必须放置在无振动干扰的场所中。

EM 是在柏林大学由物理学家恩斯特·鲁斯卡及其教授马克斯·克诺尔研制的。克诺尔知道光学分辨率（分辨两点的能力，对细节的测量能力）取决于照明光源的波长，而电子的波长是光粒子的十万分之一。基于这个比例，他们使用电磁铁生成聚焦于标本的电子束，于 1931 年研制出了第一台 EM。1939 年，经过改良的 EM 被商业化，鲁斯卡获得了 1986 年的诺贝尔物理学奖。20 世纪 50 年代，在洛克菲勒研究所（今洛克菲勒学院）工作的乔治·帕拉德使用 EM，揭秘了细胞的基本结构，为此，他成为 1974 年诺贝尔医学奖的共同获得者之一。■

印刻效应

道格拉斯·斯波尔丁（Douglas Spaulding，1841—1877）
奥斯卡·海因洛特（Oskar Heinroth，1871—1945）
康拉德·洛伦兹（Konrad Lorenz，1903—1989）

众多针对幼鸟的研究都表明，印刻效应是与生俱来的，而幼鸟并非天生就认识自己真正的母亲。

 联想学习（1897），亲本投资和性选择（1972）

1935 年

　　小鹅或小鸭在孵化后几小时内，便开始跟着它们的母亲走来走去。但是它们如何得知自己是在跟着自己的母亲？事实上，它们不知道。研究表明，它们会跟着自己在某个关键时期看到的第一个合适对象，这个时期以小时计，但它们会终生依恋这个个体。这个过程被称为印刻，由英国业余生物学家道格拉斯·斯波尔丁于 1873 年首次观察发现，而后又由德国生物学家奥斯卡·海因洛特再次发现。第一位详细研究印刻现象的是海因洛特的学生康拉德·洛伦兹，其研究成果使他成为 1973 年诺贝尔奖的共同获得者之一。

　　洛伦兹是一位奥地利动物学家，也是现代动物行为学的创立者之一，该学科研究的是动物行为。大约 1935 年，他在研究中发现，年幼的灰雁在孵化的头几个小时与他相处之后，便开始跟着他，而不是它们生物学意义上的母亲，它们一门心思地认为他是它们种族的一员。如大雁一类的鸟类在孵化时全身带毛，并且十分活泼，对它们而言，最初的 13 至 16 小时是印刻的关键时期。野鸭的幼仔和家养小鸡会在 30 小时后失去印刻的时机。相反，那些出生时赤裸且无助的鸟类就会有更长的印刻关键期。

　　印刻是一种本能的行为，与如经典条件反射或操作性（工具性）条件反射一类的习得联想行为不同，印刻无须巩固或奖赏。本质上，印刻最明显的生物功能是识别至亲，并在后代和双亲间建立一种亲密互利的社会纽带。从父母的角度而言，时间、精力和资源不会被浪费在其他生物的后代身上。后代必须记住自己的父母，否则很可能被其他无血缘关系的同族成员袭击甚至杀害。印刻同样影响着交配取向，幼体将了解合适的配偶有怎样的特征，它们未来选择的配偶只会是那些非近亲（兄弟姐妹）也非毫无亲缘关系（其他种族）的生物。■

影响种群增长的因素

托马斯·马尔萨斯（Thomas Malthus，1766—1834）
哈利·S. 史密斯（Harry S. Smith，1883—1957）

南极洲的冰面自 1958 年至 2010 年间一直在后退。这一期间，生存于南极洲波福特岛的阿德利企鹅的数量增多了 84%，更温暖的天气扩大了它们用以繁殖的无冰栖息地面积。

1935 年

两栖动物（约公元前 3.6 亿年），人口增长与食物供给（1798），种群生态学（1927），食物网（1927），绿色革命（1945），寂静的春天（1962），深水地平线号（BP）溢油事故（2010），美国栗树疫病（2013）

托马斯·马尔萨斯称："未经控制的人口每 25 年就会翻一番，或是以几何级数增长。"在理想的条件下，动植物群体会无限增长，但在自然界中并非如此。当资源有限时，出生率通常会下降，死亡率则上升，从而减缓群体数量的增长。不过在给定区域内，种群的密度是否会影响其未来的增减呢？

密度制约因素是指那些因种群数量增多而提升死亡率或降低出生率的因素。动物个体迁出居住地，使其在该领域的个体减少，从而得到相对更丰富的资源，这通常能缓和高密度带来的压力。当有机体因种群数量过剩而彼此间距离过近时，它们就更可能接触，并死于高传染率的疾病。典型的例子包括美洲栗疫病，这种疫病因真菌引起；还有天花和肺结核，它们分别由病毒和细菌引起。1935 年，加州大学河滨分校的昆虫学家哈利·史密斯描述了对害虫数量的生物防治，这种方法利用的是诸如捕食者、病菌和寄生虫一类的生物武器。捕食者在控制种群规模时扮演着主要角色。害虫数量的增多能刺激其捕食者居住于特定地理区域，比如旅鼠种群数量的增减周期为 4 年，这和它们的捕食者活动性有关。

非密度制约的非生物因素与种群规模无关，这种因素能令营养物质变得短缺或劣质，从而迅速且惊人地减少甚至摧毁一个种群。最近的例子包括各种灾难性事件，如森林火灾、卡特里娜飓风（2005）、1989 年的瓦尔迪兹号及 2010 年的深水地平线号（BP）原油泄漏事件。严重的霜冻和干旱则是气候因素的一部分。环境污染也对动植物数量产生了负面影响，比如农业杀虫剂和肥料，以及矿业径流。其中，两栖动物、鱼类和鸟类受到了最为严重的威胁。■

压力

汉斯·塞利（Hans Selye，1907—1982）

这张惊恐的脸出现在查尔斯·达尔文 1872 年的著作《动物的情感表达》中，它的模板是著名的法国神经病学家杜胥内·德·波洛涅（Duchenne de Boulogne，1806—1875）的照片。

体内平衡（1854），负反馈（1885），促胰液素：第一种激素（1902），神经递质（1920），下丘脑–垂体轴（1968）

1934 年，28 岁的汉斯·塞利作为一名实验助理，在麦吉尔大学的生物化学系工作，寻找新的激素和追寻着名望。在给兔子注射某种卵巢提取物后，它们产生了许多不同的症状，这一现象鼓励了他，他认为这是关于激素作用的伟大发现。但是，当他发现在注射各种其他器官提取物后也有相同现象时，最初的喜悦变成了沮丧。这些研究结果使他回想起 15 年前的事，当时他还是布拉格大学医学院的二年级学生，有一些病人出现了一系列症状：它们无法被简单诊断、在性质上共通，并且没有具体成因。

良性应激或劣性应激。 1936 年，匈牙利裔加拿大籍的塞利已是一名内分泌学家，他发表了第一篇论文，在其中明确了一般适应综合征（GAS）的概念。在文中，他从生物学角度阐述了一个名词：压力（stress）。塞利发现这个词很难被简单地定义，也并不容易翻译成其他语言。非英语母语者使用压力一词时，通常要给它加上各种前缀，比如 el、il、lo、der 等。塞利称压力为"机体对任何需求的非特定反应，无论它是源起还是导致愉悦或不快的状态"。如此，压力产生的原因可能是被解雇，又或是要参加一场艰难的网球比赛，而劲敌是自己最好的朋友。

塞利表示 GAS 有三个阶段。初始阶段是警戒阶段，动物意识到面临挑战，以"战或逃"作出反应。机体分泌"应激激素"：肾上腺皮质分泌的皮质醇，和肾上腺髓质分泌的肾上腺素。之后是一个抵抗阶段，机体试图恢复正常状态，恢复平衡和内稳态。如果抵抗没能成功，就会发生最终的疲惫阶段，它可能导致机体的能源消耗，并且极其危害健康，结果可能出现胃溃疡、心脏病、高血压和抑郁症等问题。不过塞利声称，压力未必是不受欢迎的，人们不应该逃避它。■

1936 年

异速生长

路易斯·拉毕格 (Louis Lapicque, 1866—1952)
朱利安·赫胥黎 (Julian Huxley, 1887—1975)
马克思·克雷伯 (Max Kleiber, 1893—1978)
乔治·泰西耶 (Georges Tessier, 1900—1976)

164

和一些动物不同，青蛙的腿长与其身体大小成正比。这张图来自恩斯特·海克尔的《自然界的艺术形态》(1904) 一书，图中展示了各种不同的蛙类。

 新陈代谢 (1614)，能量平衡 (1960)

1936 年

生物缩放比例。最小的细菌和最大的哺乳动物之间也有相同点。基于它们的相对身型，它们的代谢率相同。相似的是，青蛙的腿长和它的身体大小成正比。但自然并不总是遵循这种简单的关联，独角仙身型的细微变化就会导致其腿部和触须尺寸出现不成比例的大幅度增长。总有人琢磨某个身体部分或某种生物功能与整个身体大小之间的关系，这种兴趣可以追溯至 1900 年左右，当时的法国生理学家路易斯·拉毕格比较了各种动物种类的身体大小和大脑大小。

1924 年，英国进化生物学家朱利安·赫胥黎测量了招潮蟹 (*Uca pugnax*) 的大螯在不同发育阶段相对于身体大小的生长速率，他注意到，大螯的生长速率成比地快于身体生长。他提出了一个数学公式用以描述这种关系，并在接下来的十多年里继续研究生物缩放比例。为了避免混乱，也为了给这些研究建立相干性和数学相容性，1936 年，赫胥黎和独立研究这一领域的乔治·泰西耶联名发表了论文，一版为英语，另一版为法语，分别发表在两种语言的权威杂志上。他们在论文中介绍了一个新的中性词——异速生长（"不同的量衡"），用它指称某个身体部分相对于整个身体大小的相对尺寸变化。

如今，异速生长一词已被延伸出更多含义，包括身体大小和基础代谢率（BMR）的关系，BMR 指的是机体休息时的代谢。1932 年，瑞士生物学家马克思·克雷伯确定大象的绝对 BMR 和心率比老鼠的更低，不过如果将两者的体积考虑在内，则 BMR 与体重的恒定功率比为 3：4。之后人们发现，根据克雷伯定律，从微小的细菌到大象的各种生物都有这样相同的 BMR 关系，这暗示了它们存在共同的进化链。∎

进化遗传学

查尔斯·达尔文（Charles Darwin, 1809—1882）
格里哥·孟德尔（Gregor Mendel, 1822—1884）
特奥多修斯·多布然斯基（Theodosius Dobzhansky, 1900—1975）

黑腹果蝇（*Drosophila melanogaster*）一直是遗传研究中的一种模式生物，因为它能被大量饲养、易于操控，并且非常便宜。果蝇的生命周期只有两周，其基因组序列已被全部测定。

 达尔文的自然选择理论（1859），孟德尔遗传（1866），重新发现遗传学（1900），染色体上的基因（1910）

1937年

达尔文的自然选择理论引发了论战，而格里哥·孟德尔的豌豆实验紧接着为遗传研究提供了理论基础。从那以后，生物学家就要面对一个难题：如何调和孟德尔遗传定律和达尔文理论。生于乌克兰的特奥多修斯·多布然斯基是一位很有影响力的遗传学家，他在"现代综合论"中为这两种理论建立了联系。1924年，他在自己最早期的重要研究中注意到了瓢虫在色彩和斑点花纹方面的地理变异，他将其归因于进化引起的遗传变异。

根据各自的实验室研究，大多数生物学家都曾假定所有的果蝇都有完全相同的基因。从20世纪30年代起，多布然斯基几乎将余下的职业生涯完全投入到了对果蝇遗传性状的研究中，他的研究场所不仅有实验室，还包括野外。在实验室的可控条件下，能产生遗传变异的突变是可以被诱发的，而且这些果蝇都能成功繁殖。自然界中也会出现相同的现象吗？多布然斯基在野外使用了群体饲育箱，它能防止果蝇逃脱，同时也便于喂食、繁殖和取样。他分析了来自不同地点的不同野生果蝇种群的染色体，分析结果表明，相同染色体的不同版本各占优势，从而形成了新的种类。他在突变的基本原理中解释了这一点。

在自然界中，自发性的基因突变很常见，其中许多突变是中性的，也就是说，它们对生物体既无积极影响，也无消极影响。当突变的生物体在地理隔绝的种群中繁殖时，它们的基因档案——包括突变——在种群内传播，直至占据优势地位，由此通过自然选择形成一个新种类。因此，多布然斯基解释说，基因突变是进化得以产生的必要条件。在他1937年的经典著作《遗传学与物种起源》（*Genetics and the Origin of Species*）中，多布然斯基阐述了这些实验，并为自然选择理论和遗传学的融合提供了一个令人满意的解释。■

图为东京水族馆展出的印度尼西亚的腔棘鱼
（*Latimeria menadoensis*）模型。

鱼类（约公元前 5.3 亿年），化石记录和进化（1836）

　　1938 年，南非东伦敦市的东伦敦博物馆馆长玛罗丽·考特内-拉蒂迈获知，一位拖网渔人在南非沿岸的印度洋中捕捞到了一条 5 英尺长的暗蓝紫色的鱼。她无法鉴别这条鱼，便联系了自己的朋友詹姆斯·L. B. 史密斯，后者是罗兹大学的教授，热衷于鱼类学和化学。在史密斯休假回来时，这条鱼已经被填充成了标本，但他立刻认出了它是一条腔棘鱼，学界长久以来都认为这种鱼已经在 6 500 万年前灭绝了。腔棘鱼曾经有 90 个种类，不过现在只剩下了两种。它被列为全球最濒危动物，并被归于矛尾鱼属（*Latimeria*），以纪念拉蒂迈馆长。

　　腔棘鱼并不仅仅是某种古老的鱼类，它还是一种肉鳍鱼，比起我们非常熟悉的辐鳍鱼，它与肺鱼、爬行类和哺乳类的亲缘关系更近。它是鱼类和四足类之间的联系纽带，而四足类是最早的陆生脊椎动物，它和鱼类在大约 4 亿年前分道扬镳。腔棘鱼被称为"活化石"，因为重新出现的它显然在数百万年中都没有进化。

　　自 1938 年起，印度洋中大约捕捞起了 200 条深蓝色的腔棘鱼，大多数捕捞地点都靠近科摩罗群岛，这个岛国位于莫桑比克和马达加斯加岛之间。褐色的腔棘鱼则出现在印度尼西亚的沿岸海域。它们长达 6.5 英尺（2 米），平均体重约为 175 磅（80 公斤），寿命在 80 至 100 年。腔棘鱼有成对的肉鳍，用于游泳，或往外伸出用以行走，它行走时交错鱼鳍的方式就像一匹小跑的马。头骨上的铰链式关节使这种鱼可以将嘴张大，以容纳大型猎物。它们的鳞片很厚——这个特征只出现在灭绝的鱼类中，它们还有功能类似脊椎的脊索。■

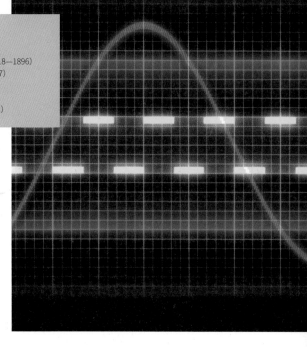

动作电位

埃米尔·杜·波伊斯-雷蒙德（Emil du Bois-Reymond，1818—1896）
朱利乌斯·伯恩斯坦（Julius Bernstein，1839—1917）
约翰·C. 埃克尔斯（John C. Eccles，1903—1997）
艾伦·L. 霍奇金（Alan L. Hodgkin，1914—1998）
安德鲁·F. 赫胥黎（Andrew F. Huxley，1917—2012）

图中的记录来自示波器或 CRO（阴极射线示波器），研究者通过它可以轻易观察到某一神经持续的电活动变化（电压变化和频率）。

 动物电（1786），神经元学说（1891），神经递质（1920），肌肉收缩的纤丝滑动学说（1954）

1939 年，刚从剑桥毕业的安德鲁·赫胥黎加入艾伦·霍奇金的工作，在英国普利茅斯海洋生物学协会的实验室中研究大西洋乌贼巨轴突的神经传导，这是最大的已知神经元（神经细胞）。他们在轴突中成功插入了一个细小的电极，并率先记录了细胞内的电活动。但仅仅过了数周，9 月德国袭击了波兰，战争开始了。两人的研究被搁置了大约 7 年时间，在这期间，他们各自支持战事，从事与军事相关的项目。

霍奇金和赫胥黎不是第一批研究动物电性能的人。1848 年，德国生理学家埃米尔·杜波伊斯-雷蒙德发现了动作电位；1912 年，朱利乌斯·伯恩斯坦假定动作电位源自钾离子在轴突膜间的运动变化。现在我们知道，细胞内外的的钾离子和钠离子浓度不同，而这种不平衡是被称为膜电位的电压差造成的。钾钠离子在神经细胞内外的大规模运动引起了电压的骤然变化，这种变化被称为动作电位。如此形成的电子脉冲使中央神经系统得以调控生物体的活动。

1947 年，当霍奇金和赫胥黎重新开始这项研究时，他们使用了一种电压钳技术，它能控制轴突膜之间的电压。1952 年，他们发表了一系列经典论文，阐述了自己关于动作电位的极其复杂的数学模式，它能预算离子在不同条件下穿越离子通道的运动。这种开创性的定量方法取代了对生物事件的简单定性描述。20 世纪 70 年代至 80 年代，他们的估算已被实验证实。因其对神经动作电位的实验和数学研究成果，霍奇金和赫胥黎共同获得了 1963 年的诺贝尔奖。他们与约翰·埃克尔斯分享了这一荣誉，后者是一位澳大利亚神经生理学家，研究神经脉冲在突触（神经元间隙）间的传送。■

1939 年

一个基因一个酶假说

阿赤保·加洛德（Archibold Garrod，1857—1936）
乔治·W. 比德尔（George W. Beadle，1903—1989）
爱德华·塔特姆（Edward Tatum，1909—1975）

比德尔和塔特姆用紫外线照射面包霉菌——粗糙脉孢菌，诱导其孢子突变，其孢子可以在真菌中繁殖。这张图展示了孢子刚刚形成时的菇状多孔菌。

 新陈代谢（1614），先天性代谢缺陷（1923）

　　关于基因功能的线索最早出现于 1902 年，在这一年，英国医生阿赤保·加洛德发现，一种罕见的机能紊乱症——黑尿酸尿症——总是出现在同一家庭成员身上，并与某种酶的缺乏有关。1909 年，他推断合成特定酶类的能力是遗传的，而机体无法产生这样的酶，是因为代谢中的先天残缺。1952 年，生化研究证实了他的推断。

　　尽管加洛德的发现在生化领域得到了认可，但是在 20 世纪 30 年代之前，人们一直在忽视它的遗传应用。当时的遗传学家认为基因是多效性的，也就是说，每个基因都有多种重要功能。1941 年，遗传学家乔治·比德尔和生物化学家爱德华·塔特姆在斯坦福大学进行实验，研究是否可以将基因功能分割成独立的生化步骤来检测，用来检验这一概念的实验标本是一种面包霉菌：粗糙脉孢菌（Neurospora crassa）。他们将粗糙脉孢菌暴露在 X 射线下，诱发突变及营养需求变化，这使它们不同于未经照射的野生型。因其受限的营养需求，霉菌运用代谢途径来合成所有生存所需的其他物质。比德尔和塔特姆发现，突变的霉菌无法在最低限度的生长培养基中生存，因为它们无法制造精氨酸，这是一种必需氨基酸。研究者们推断，霉菌合成精氨酸的多步骤生化途径是有缺陷的，因为它缺少合成所需的特定酶类。

　　比德尔和塔特姆确定，辐射诱发的突变造成了特定基因的缺陷，导致机体无法产生一种特定的酶。他们由此推出了一个基因一个酶假说：基因的功能是指导生成相应的酶。当时这个假说广受推崇，它代表了生物学领域的一种统一理念，为理解基因功能提供了第一个深入视角，并推动了生化遗传学科的创立。为此，比德尔和塔特姆获得了 1958 年的诺贝尔奖。后续的研究发现表明，这个假说过于简单了，基因能指导合成的并不仅仅是酶，还包括结构蛋白质（如胶原），以及转录 RNA（tRNA）。■

生物物种概念和生殖隔离

查尔斯·达尔文（Charles Darwin，1809—1882）
恩斯特·迈尔（Ernst Mayr，1904—2005）

母马和公驴的后代是骡，公马和母驴的后代是驴骡。在这两种情况下，杂交后代都是不育的。

 达尔文和贝格尔号之旅（1831），达尔文的自然选择理论（1859），生物地理学（1876），进化遗传学（1937），杂种与杂交地带（1963）

生物学中最基本的问题之一是物种形成：一个物种是如何分离为两个或多个新物种的。19世纪 30 年代，查尔斯·达尔文在造访加拉帕戈斯群岛，并见到各种不同的雀类后，便被这个问题所困扰。它一直是一个谜题，直至 1942 年，进化生物学家恩斯特·迈尔在他的著作《分类学与物种起源》（*Systematics and the Origin of Species*）中提出了生物物种概念。物种的早期定义关注的是生物体的身体特征相似性，而迈尔根据生物的繁殖潜能重新定义了这个词，他坚称常见种的成员有能力进行杂交繁殖，并产生可存活、可生育的后代。生殖隔离是阻碍不同物种进行异种交配的屏障，它是导致物种形成的最常见原因。

迈尔将生殖隔离分为受精与受精卵形成之前或之后的两种隔离，它们分别称为合子前隔离与合子后隔离。他注意到物种形成最常发生于种群遭遇地理隔离时，隔开它们的可能是水体（分区物种形成）；或者是两个物种共享同一地理区域但分别占领不同栖息地时，比如一种陆生，一种水生。在这样的情况下，基因在这些种群之间的流动便停止了，从而阻止了杂交繁殖。在其他情况下，生殖隔离屏障可能不是由地理原因造成的，而是因生殖的时效或行为区别导致的，比如说，不同的植物在不同的时期开花，不同的动物有各自独特的求偶仪式。还有一些情况是，生理上的不相容使交配意愿受挫，比如生殖器大小不同。

有时候种间交配成功了，并且产生了受精卵，但合子后隔离机制可能在此介入，阻止杂交种继续往下传递基因。受精卵也许缺乏活性，在数次细胞分裂后便不能存活。或者，杂交种能够存活，却不能生育，因此无法进行繁殖，比如骡，它是母马和公驴的杂交后代。就算最初的杂交后代是可育的，但其后代的生育能力却会一代比一代弱，最终无法生育。■

1942 年

拟南芥：一种模式植物

弗里德里希·莱巴赫（Friedrich Laibach，1885—1967）
乔治·勒代（George Redei，1921—2008）

拟南芥（*Arabidopsis thaliana*）是十字花科的一员，作为模式生物，它被广泛运用于植物生物学领域，以研究开花植物的遗传学及分子生物学。

 生命的起源（约公元前 40 亿年），真核生物（约公元前 20 亿年），陆生植物（约公元前 4.5 亿年），关于发育的理论（1759），进化遗传学（1937），作为遗传信息载体的 DNA（1944），转基因作物（1982），人类基因组计划（2003）

大肠杆菌（*Escherichia coli*）、黑腹果蝇（*Drosophila melanogaster*）、秀丽隐杆线虫（*Caenorhabditis elegans*）、小鼠（*Mus musculus*）以及拟南芥（*Arabidopsis thaliana*）都有什么共同点？所有生物体都有共同的起源，它们共享着极其相似的代谢途径，并且基因中都由 DNA 携带着共同的遗传信息编码，因此，在一般生物研究中，上述生物全都作为模式生物被广泛运用。此外，它们还作为特定原型，被分别用以研究细菌、昆虫、无脊椎动物、脊椎动物和植物。

1943 年，德国植物学家弗里德里希·莱巴赫提出用拟南芥（阿拉伯芥、鼠耳芥）作为模式生物，这是十字花科的一种小型开花植物，原产于欧洲和亚洲，原本是毫无经济价值的杂草。1907 年，莱巴赫完成了博士研究，转而从事其他项目，又过了数十年，在 20 世纪 30 年代，他重新又开始研究拟南芥，并将余下的职业生涯都投入到了这一课题中。他的研究内容包括拟南芥的突变及其生态型的收集。从遗传学角度而言，拟南芥的生态型是各种完全不同的变种，它们为了适应特殊且多变的环境因素，拥有不同的形态和生理。莱巴赫一共收集了 750 种生态型拟南芥。至 20 世纪 50 年代，学界仍在继续研究这一课题，最引人注目的研究者是匈牙利出生的植物生物学家乔治·勒代，他几十年间都在密苏里大学研究拟南芥的突变体。

一系列因素使拟南芥被生物学家们广泛接受，作为模式生物用于研究植物生物学、遗传学和进化。它的体型很小，因此研究者们可以在非常小的场地中培育数千棵植株。另外，它的生命周期很短暂，从种子长成易于培养的成熟植株，到它产生 5 000 颗种子，只需要 6 周时间。在 1907 年的博士论文中，莱巴赫正确地判断出这种植物只有 5 对染色体，是植物中染色体最少的一种，这有助于精确定位特定基因。2000 年，它是第一个基因组被完全测定的植物，共有 27 400 个基因被识别。拟南芥很容易产生突变体，它的植物细胞容易被外源 DNA 转化。■

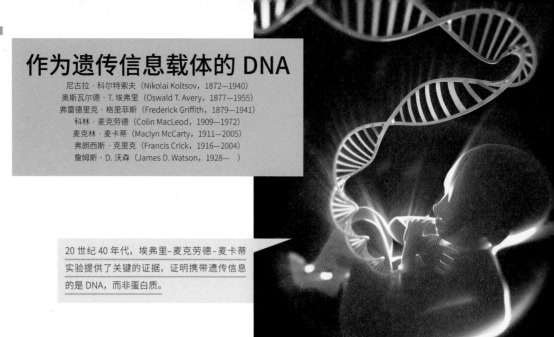

作为遗传信息载体的 DNA

尼古拉·科尔特索夫（Nikolai Koltsov，1872—1940）
奥斯瓦尔德·T. 埃弗里（Oswald T. Avery，1877—1955）
弗雷德里克·格里菲斯（Frederick Griffith，1879—1941）
科林·麦克劳德（Colin MacLeod，1909—1972）
麦克林·麦卡蒂（Maclyn McCarty，1911—2005）
弗朗西斯·克里克（Francis Crick，1916—2004）
詹姆斯·D. 沃森（James D. Watson，1928—　）

20 世纪 40 年代，埃弗里-麦克劳德-麦卡蒂
实验提供了关键的证据，证明携带遗传信息
的是 DNA，而非蛋白质。

孟德尔遗传（1866），脱氧核糖核酸（DNA）（1869），重新发现遗传学（1900），染色体上的基因（1910），细菌遗传学（1946），双螺旋结构（1953），人类基因组计划（2003）

1944 年

科学家们花了许多年时间才接受一个事实：遗传的关键化学物质不是蛋白质，而是 DNA。1927 年，苏联生物学家尼古拉·科尔特索夫率先提出，遗传性状是由一种"巨型遗传分子"传递给子代的，这种分子由可以复制的两条链组成，每条链都是一个复制模板。1940 年，科尔特索夫死于苏联秘密警察之手，没能亲眼见证他的理念被证实——四分之一个世纪后，沃森和克里克证明了它。

20 世纪 20 年代，英国细菌学家弗雷德里克·格里菲斯正在卫生部的病理实验室担任医务官员，他自己对肺炎的病理学很感兴趣。肺炎双球菌有两种形态：粗糙的无毒型（R）和光滑的致病型（S），格里菲斯给老鼠注射了后一种，得到了预期的致命结果。但是，当他注射的是热灭活的 S 型菌时，老鼠并没有患上肺炎。在最关键的一场实验中，他为老鼠注射了 R 型和热灭活的 S 型菌混合物，老鼠患上肺炎并死去了。他推断 R 型菌被转换成了 S 型菌，但是没有推测出"转换因子"的性质。

20 世纪 30 年代至 40 年代，加拿大出生的医生及肺炎球菌的顶尖专家奥斯瓦尔德·T. 埃弗里试图识别格里菲斯的"转换因子"。他联合同事科林·麦克劳德和麦克林·麦卡蒂，在洛克菲勒大学医院进行了所谓的"埃弗里-麦克劳德-麦卡蒂实验"，重复并拓展了格里菲斯的实验设计。他们并没有使用热灭活的 S 型菌，而是用化学物质处理它，移除或摧毁了细菌的各种有机化合物，其中包括使蛋白质失活的蛋白酶。但有在加入可摧毁 DNA 的脱氧核糖核酸酶后，转换因子才真正失效。1944 年，DNA 被确认为遗传信息的核心携带者。■

这幅未标明日期的画作是美国人所作，名为《今年没有作物》。我们可以从中一窥 20 世纪中期前的农人生活，在此之后，绿色革命根除了发展中国家的饥荒威胁。

 亚马孙雨林（约公元前 5500 万年），小麦：生活必需品（约公元前 1.1 万年），农业（约公元前 1 万年），水稻栽培（约公元前 7000 年），人口增长与食物供给（1798），影响种群增长的因素（1935），寂静的春天（1962），转基因作物（1982）

英国人口统计学家托马斯·马尔萨斯声称，人口增长率远高于食品生产率，如果不对其加以控制，大规模的饥荒和贫穷将不可避免。幸运的是，在大多数工业化国家，马尔萨斯的预言并没有成为现实。20 世纪中叶，有赖于现代植物育种技术、农业改良技术，以及人造化肥和杀虫剂的应用，食物供给开始过剩。相对的是，因人口膨胀，墨西哥以及亚非发展中国家却在遭受普遍的饥荒和营养不良。

20 世纪 40 年代初，美国农学家诺曼·布劳格在洛克菲勒基金会的赞助下，开始研究如何提高墨西哥小麦的产量。1945 年，他培育出了高产量且抗病的变种，令小麦收成翻了一番。到了 60 年代，墨西哥开始出口其国内生产的一半小麦。60 年代中叶，印度次大陆陷入了战争，失控的人口数量使整个国家饱受饥饿和死亡的摧残。布劳格将他的高级技术方法运用在了印度和巴基斯坦的水稻栽培上，这些技术方法涵盖了现代灌溉法、杀虫剂、高产作物品种，还有人工合成氮肥（这也许是其中最重要的），他再一次获得了举世瞩目的成功。作物产量上升了，而成本下降了。

可以预见，布劳格的方法并不是全都受人推崇。化学杀虫剂的广泛应用产生了对人类有毒性的物质，并增加了动物患癌的风险。对高产作物变种的关注使人们减少甚至不再栽培产量较少的作物，这就降低了生物多样性。在巴西，森林被采伐以扩张农田。小型农场主或贫农缺少资金，无法购买足够的肥料、获得灌溉的水源或是获得安全贷款，然而大地主是这些资源的主要获益者，这就造成了更严重的收入不均。

尽管如此，绿色革命仍然有功于阻止饥荒蔓延，并养活了数十亿人。布劳格也因提高了世界食物供给量而获得 1970 年的诺贝尔奖。■

细菌遗传学

奥斯瓦尔德·T. 埃弗里（Oswald T. Avery, 1877—1955）
科林·麦克劳德（Colin MacLeod, 1909—1972）
爱德华·L. 塔特姆（Edward L. Tatum, 1909—1975）
麦克林·麦卡蒂（Maclyn McCarty, 1911—2005）
乔舒亚·莱德伯格（Joshua Lederberg, 1925—2008）

图中的沙门氏菌能造成严重的食物中毒，一些菌株对许多抗菌药都有抗性。其抗药性机理主要牵涉位于质粒上的基因，这些质粒可以轻易在沙门氏菌和其他细菌间转移。

原核生物（约公元前 39 亿年），噬菌体（1917），抗生素（1928），作为遗传信息载体的 DNA（1944），质粒（1952），细菌对抗生素的耐药性（1967）

埃弗里、麦克劳德和麦卡蒂于 1944 年的研究证明了 DNA 才是遗传信息的核心携带者，这一成果令乔舒亚·莱德伯格深受触动。但许多生物学家都质疑，细菌遗传研究的成果是否可以运用于更复杂的有机体。虽然如此，研究细菌仍然有众多优势：它们很简单，可以在便宜的培养基中生长；它们繁殖得很快，因此减少了实验时间；它们易于操控；而且它们的细胞结构很简单。

动植物的亲本通过垂直转移途径，将基因信息传递给它们的子代。细菌的主要复制方式是一个母细胞分裂成两个基因相同的子细胞（二分裂）。在很长时间里，科学家们都认为细菌很原始，不适合用于遗传分析。1946 年，乔舒亚·莱德伯格和他的主要导师爱德华·塔特姆在耶鲁大学的研究表明，细菌可以通过基因重组的方式，在两个非亲子个体间传递遗传物质——这种方式后来被命名为"水平基因转移"（HGT）。这一成果受到了认可，33 岁的莱德伯格和塔特姆共同获得了 1958 年的诺贝尔奖。后续研究表明 HGT 甚至在亲缘非常疏远的细菌间都非常常见，并且是细菌进化的一种途径。它同时也解释了细菌对抗生素耐药性的增强：当一个细菌细胞获得抗药性时，它可以迅速将抗性基因传递给许多其他种类。

HGT 在相同或不同种类的细胞间传播基因的主要模式有三种：由莱德伯格和塔特姆发现的细菌–细菌间转移（结合，1946）；病毒（噬菌本）–细菌间转移（转导，1950），这一发现促使莱德伯格及其妻子埃斯特·齐默·莱德伯格（Esther Zimmer Lederberg）开始研究遗传工程，这位女士自己就是一位杰出的细菌遗传学家；还有 DNA 的自由转移（转化）。莱德伯格是微生物遗传学领域的中坚力量，是分子生物学的创始人之一，他还预见了人工智能，并且就如何避免太空探索所造成微生物污染提供见解。■

1946 年

就如对猫的研究结果所示，网状激活系统的功能包括调控机体，使其从放松的状态进入高度关注与觉醒阶段。

 延髓：至关重要的大脑（约公元前 5.3 亿年），神经系统通信（1791），神经递质（1920），快速眼动睡眠（1953）

1949 年

构成网状结构（RF）的神经通路就如桥梁一般，贯穿脑干中央核心，并连接大脑皮层。脑干是一个古老的区域，它位于大脑下部，掌握着对脊椎动物而言生死攸关的功能；而大脑皮层是意识和思考的场所。直至 20 世纪中叶，人们都认为觉醒是源于大脑皮层的内外刺激，而抑制性的影响才会造成睡眠。1949 年，朱塞佩·莫瑞兹和霍勒斯·W. 马古恩在美国芝加哥的西北大学研究 RF，研究结果证明上述观念是错误的，并且为睡眠和觉醒提供了新的视角。

莫瑞兹和马古恩用电流刺激猫的网状结构，形成模拟兴奋的脑电图（EEG）变化。甚至在摧毁通向大脑皮层的上升感觉通路后，他们仍能观察到这些效果。而当他们对 RF 造成损伤时，猫开始昏睡，此时它们的感觉通路甚至还是完整无碍的。

因此，从深度睡眠和放松的觉醒，到更清醒且更有选择性的意识和关注，这之间的渐进过渡都是由网状激活系统（RAS）来调节的，而 RF 是其主要构成部分之一。RAS 就像一个过滤器，它捕捉外部的相关或异常刺激，并排除那些熟悉及重复的刺激（这个过程被称为习惯化）。疼痛的信号能从下肢往上传输，穿过 RF 到达大脑皮层，RF 还会整合外界刺激引起的心血管、呼吸及运动反应。

网状激活系统的神经作用包括胆碱能和肾上腺素能两种。胆碱能神经以乙酰胆碱作为神经递质，人们认为它是兴奋和觉醒，以及快速眼动（REM）睡眠的化学介质；谷氨酸盐也参与其中，它是大脑中主要的刺激性神经递质。相对地，肾上腺素能神经以去甲肾上腺素为神经递质，这些神经在深度睡眠状态下活跃，而在 REM 睡眠状态下怠惰。注意缺失紊乱可能是因 RAS 中缺少去甲肾上腺素而引起的。■

系统发育分类学

卡尔·林奈（Carl Linnaeus, 1707—1778）
查尔斯·达尔文（Charles Darwin, 1809—1882）
恩斯特·海克尔（Ernst Haeckel, 1834—1919）
维利·亨尼希（Willi Hennig, 1913—1976）

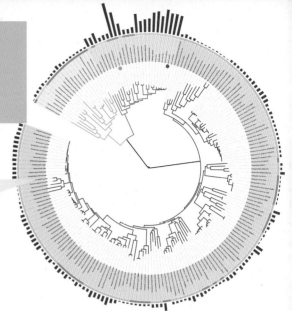

这张图显示的是生命的系统发育树，图中完整测序的基因组是根据生物三域来划分的：古细菌（绿色）；细菌（蓝色）；真核生物（红色），红点指示的是智人。

林奈生物分类法（1735），达尔文的自然选择理论（1859），胚胎重演律（1866），生物域（1990），人类基因组计划（2003），原生生物分类（2005），最古老的 DNA 与人类进化（2013）

18 世纪早期，卡尔·林奈为植物和动物设计了一种双名命名法，将动植物分成不同的类别，归纳进越来越兼容并包的分级系统中。但是，他接受了传统的圣经教谕，认为所有的生物体在最初被创造出来时的形态与现在的形态别无二致，因此他的分类依据是生物体可见的共同特征。然而，查尔斯·达尔文的证据势不可挡地证明，生物体是从共同祖先进化而来，其中有些生物可能已经灭绝，据此，林奈的简单分类法就需要被重新评估了。

恩斯特·海克尔是一位生物学家及达尔文理论的早期支持者，1866 年，他提出了"系统发生学"一词，用以指对物种的进化史的研究。为了构建系统发生学，分类学学科力求深入理解生物体间相互的进化关系。德国生物学家维利·亨尼希在 1950 年的同名著作中提出了"系统发育分类学"的概念，这一学科试图识别现存有机体与已灭绝有机体间的进化关系。

家谱树可以用来追溯我们的祖先，与此相同的是，一组生物体的进化史也可以用树形图来表示，这种图被称为系统发育树。系统发育树是由一系列双向分支点构成的，每个分支点都代表着两个世系从一个共同祖先处分离开（比如效狼和灰狼由其最接近现代的共同祖先处分支进化）。系统发育树推定（但并不确定）了这些进化联系。

传统系统进化分析的依据是表面的、可见的特征，而这些特征可能会造成误导。分子生物学的发展使研究者可以分析基因、染色体，甚或整个基因组的复杂序列。人们比较了不同生物体各种基因的 DNA 序列，比较结果显示了共同祖先的存在 —— 单从生理相似性上分析并不能得到这样明显的答案。来自不同生物体的成对基因组间的核苷酸序列数量可以显示出，它们在多久以前拥有相应的共同祖先。■

1950 年

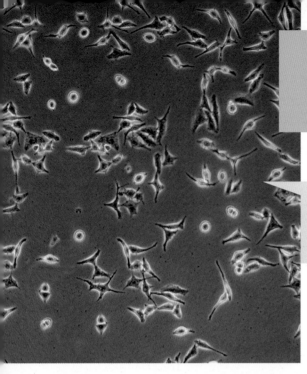

永生的海拉细胞

乔治·奥托·盖 (George Otto Gey, 1899—1970)
乔纳斯·索尔克 (Jonas Salk, 1914—1995)
海瑞塔·拉克斯 (Henrietta Lacks, 1920—1951)
瑞贝卡·斯克鲁 (Rebecca Skloot, 1972—)

图为培养皿中的海拉细胞，它们源自人类宫颈癌细胞。这一细胞系自 1951 年起就一直在分裂，现在已是生物学和药物研究领域最常应用到的细胞系。

细胞学说 (1838)，组织培养 (1902)，细胞衰老 (1961)，细胞周期检验点 (1970)，诱导多能干细胞 (2006)

1951 年，一位有五个孩子的 30 岁非裔美国母亲来到约翰·霍普金斯医院，治疗她的宫颈癌。在治疗过程中，她患癌的宫颈部位被取样，其中一片标本在未经她允许的情况下被送到了乔治·盖的手中，他是组织培养实验室的负责人（当时，使用某人的细胞并不需要获得本人的许可，而且也没有人要追根究底）。8 个月后，癌细胞转移到了她的全身；10 个月后，海瑞塔·拉克斯去世了。同一天，盖出现在了电视上，他带着一小瓶永生的海拉细胞，声称自己掌握了治愈癌症的可能性。

当正常人体细胞在培养基中生长时，它们会在分裂 20 至 50 次后死亡，而海拉细胞持续分裂，自 1951 年至今从未停止。它们是第一批永生的人类细胞，人们还未确定它们不灭的原因。海拉细胞被大量生产，并分送到了世界各地的实验室，有些研究者认为这些细胞是这个时代最伟大的医学发现之一。1954 年，乔纳斯·索尔克使用这些细胞研制出了脊髓灰质炎疫苗。作为一种无价的工具，这个细胞系被用于研究癌症、肿瘤细胞生物学、抗癌药物、AIDS，以及遗传图谱领域。

在拉克斯死后 25 年，她的家庭才第一次知道这些细胞的存在。它们在世界各地流传并创造商业价值，但无论是盖还是拉克斯的家人都没有收到任何经济补偿，海瑞塔·拉克斯的名字甚至默默无闻。报纸上偶尔会出现关于拉克斯和海拉细胞的文章，但直到 2010 年，这个故事才被详细描述在瑞贝卡·斯克鲁的《永生的海拉》（The Lmmortal Life of Henrietta Lacks）一书中，该书在纽约时报的畅销书排行榜上停留了超过两年。2013 年 3 月，德国研究者们公布了海拉基因组（遗传密码）序列，这一次依然没有得到拉克斯家人的许可。2013 年 8 月，美国国家健康研究所和拉克斯的家庭达成协议，这个家庭将有一定权力决定谁能得到海拉细胞系的遗传密码，但是仍然不能从其使用中得到经济补偿。■

克隆（细胞核移植）

汉斯·杜里舒（Hans Driesch，1867—1941）
汉斯·斯佩曼（Hans Spemann，1869—1941）
罗伯特·布里格斯（Robert Briggs，1911—1983）
托马斯·J. 金（Thomas J. King，1921—2000）
约翰·格登（John Gurdon，1933—　）
伊恩·威尔穆特（Ian Wilmut，1944—　）

克隆的结果是产生与原始单细胞或多细胞生物体的基因完全相同的复制品。

细胞核（1831），体外授精（IVF）（1978），诱导多能干细胞（2006），反灭绝行动（2013）

1952 年

1996 年，世界最著名的小羊"多莉"出生在了苏格兰爱西堡的罗斯林研究所中。她是由伊恩·威尔穆特进行细胞核移植（NT）的产物，又可谓是克隆的产物。NT 的概念是由多莉介绍给广大非生物学者的，不过这个概念早在 100 多年前就已经得到实现。1885 年，汉斯·杜里舒从一只海胆身上分离出了两个胚细胞，每个胚细胞都独立成长为亲本的克隆体。1928 年，汉斯·斯佩曼率先提出了 NT 和克隆生物的理念，在 NT 过程中，已分化（特化）的成熟细胞（体细胞）或未分化的胚细胞的细胞核被移植到已除去细胞核的供体细胞中，产生基因完全相同的复制品。

1952 年，斯佩曼的理念得到了证实，在费城癌症研究所中，罗伯特·布里格斯和托马斯·J. 金使用未分化的细胞，成功克隆出了北方豹蛙。1962 年，约翰·格登用完全分化的肠细胞细胞核，克隆出了南非的青蛙，这证明特化细胞并未损失其遗传潜力。格登的英国教师曾写过一篇报告，说他想成为一个科学家的念头"颇为荒谬"，然而格登获得了 2012 年的诺贝尔奖。

1993 年红极一时的电影《侏罗纪公园》（*Jurassic Park*）以一个理念为故事情节基础：恐龙能够被克隆。一些科学家批评这部电影失实，但它的确向大众宣扬了克隆的理念，并且票房很成功。

多莉是第一只被成功克隆的哺乳动物，在她之前有无数失败的例子。当她的出生被公布时，有些人认为此事可以被列为最重要的科学突破之一。它说明成熟细胞也可以"重编程"为新细胞，而且，多莉还生了 4 只小羊羔。6 年后，她因健康原因被施以安乐死。许多人的热情渐渐降温，一是因为对克隆的更深入了解，二是因为伦理方面的忧虑——人类克隆时代也许即将来临。■

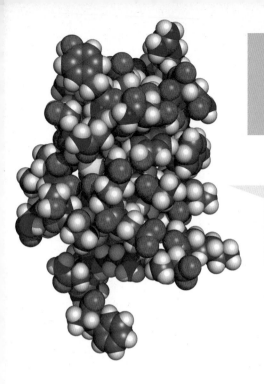

胰岛素的氨基酸序列

弗雷德里克·G. 班廷（Frederick G. Banting, 1891—1941）
查尔斯·H. 贝斯特（Charles H. Best, 1899—1978）
弗雷德里克·桑格（Frederick Sanger, 1918—2013）
赫伯特·博耶（Herbert Boyer, 1936— ）

178

图为胰岛素分子的三维模型。按照惯例，以下不同色彩代表了特定的元素：白色是氢；黑色（此处显示为深灰色）是碳；蓝色是氮；红色是氧；黄色是硫。

X 射线结晶学（1912），生物技术（1919），胰岛素（1921），质粒（1952）

在 20 世纪 20 年代初，弗雷德里克·班廷和查尔斯·贝斯特证明了胰提取物对糖尿病有一定疗效。1923 年，来自猪和牛的精炼胰提取物被伊莱·礼来投入商业运作，其中的活性成分是胰岛素。3 年后，这种提取物被结晶化。

1943 年，剑桥大学的英国化学家弗雷德里克·桑格开始致力于研究胰岛素的氨基酸序列。当时，胰岛素是少数可以纯化的蛋白质之一，而且人们也可以随意在英国的布茨连锁药房中买到它。在 10 年的努力后，桑格于 1951 年和 1952 年确定，胰岛素是由两条多肽（一连串氨基酸）链连接而成：A 链上有 21 个氨基酸，B 链上有 30 个氨基酸。胰岛素也是第一种完整测定氨基酸序列的蛋白质，桑格推断，人类的所有蛋白质都有一个独特的化学序列，该序列由 20 种氨基酸的其中几种组成。因其对蛋白，尤其是对胰岛素的研究成果，桑格获得了 1958 年的诺贝尔奖。1977 年，他再次获得诺贝尔奖，成为史上唯一一位两次获得诺贝尔化学奖的人。

一旦确定了胰岛素的化学结构，人们就拥有了在实验室中合成这种分子的可能性，这个可能在 1963 年实现了。动物源胰岛素非常高效，它很接近于人类胰岛素，但并不与之完全相同。猪胰岛素和人胰岛素只相差一个氨基酸，牛胰岛素则相差 3 个氨基酸，但是，这些看起来很微小的差别却是糖尿病患者产生过敏反应的原因。1978 年，希望之城国家医疗中心的研究者联合基因泰克公司的科学家（基因泰克是当时新创办的一家生物技术公司，领头人是生物化学家赫伯特·博耶），运用生物技术合成了第一种人类蛋白质。在这个过程中，来自人类胰岛素的一个基因被插入了细菌的 DNA 中，而后，转基因细菌继续繁殖，成为一个生物工厂，开始生产取之不尽的胰岛素。1982 年，美国礼来公司将这种人类胰岛素以优泌林（Humulin）之名投放市场，代替了动物胰岛素。■

自然界中的图案形成

列奥纳多·达·芬奇（Leonardo da Vinci，1452—1519）
达西·文特沃斯·汤普森（D'Arcy Wentworth Thompson，1860—1948）
阿兰·图灵（Alan Turing，1912—1954）

神仙鱼和斑马都有条纹，美洲虎和瓢虫则有斑点。根据阿兰·图灵的理论，这些图案可归因于活化与抑制形态发生素。

 动物色彩（1890），细胞决定（1969）

列奥纳多·达·芬奇曾注意到自然界中的几何图案，大约 5 个世纪之后，苏格兰数学生物学家达西·文特沃斯·汤普森描述了这种现象。汤普森从生理与数学角度分析生物体的结构，并在他 1917 年的经典著作《关于生长和形成》（*On Growth and Form*）中展示了生物体间的无数关联。

英国数学家阿兰·图灵从高度理论化的视角分析了自然界中的图案形成。图灵不是一个普通的数学家。在第二次世界大战期间，他是英国密码破译中心布莱切利园的领袖人物。他的图灵机破解了德国恩尼格玛密码机生成的密码电报，同盟国在大西洋海战中成功用其解码。战后，他参与构想了第一台计算机及人工智能。1952 年，在他自杀的两年前，图灵将注意力转向了数学生物学领域，并出版了他唯一一篇生物论文——《形态发生的化学基础》（*The Chemical Basis of Morphogenesis*，形态发生指的是"形状的初始"，通常指有机体从胚胎向成熟个体发育阶段中形态和结构的发展）。图灵在这篇论文中提出一个数学模型，解释了自然图案的形成，其依据的自然法则管理着某些化学物质，掌控它们的反应及其在皮肤上的扩散。接着他设计了一组"反应扩散"方程以产生图案，它们模拟的是实际的动物花纹。

这些方程式将为解释动植物体不同图案的形成提供理论基础。这些图案包括向日葵和雏菊的形状、虎和斑马鱼的条纹、美洲虎的斑点，以及鼠爪毛囊的间隔距离。图灵提出理论，称这些图案是因两种化学物质的相互作用而形成的，这些化学物质称为形态发生素，它们以不同的速率扩散。其中之一是活化剂，它能表达生物特征（如条纹和斑点）；另外一种是抑制剂，它能切断活化剂的作用，留下空白处。图灵的图案机制一直停留于空想状态长达 60 年，直至 2012 年学界识别出了两种化学物质，其性能一如活化与抑制形态发生素。■

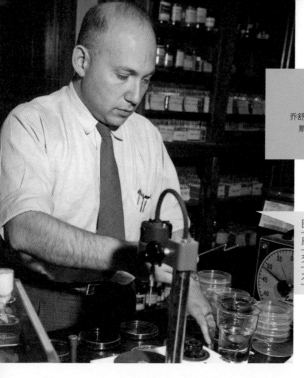

质粒

乔舒亚·莱德伯格（Joshua Lederberg，1925—2008）
斯坦利·N. 科恩（Stanley N. Cohen，1935—　）
赫伯特·博耶（Herbert Boyer，1936—　）

图为 1958 年的乔舒亚·莱德伯格，他正在威斯康星大学自己的实验室中工作。除了关于细菌能交换基因的发现外，莱德伯格还因对人工智能和太空探索的贡献而闻名。

细胞凋亡（细胞程序性死亡）(1842)，抗生素 (1928)，细菌遗传学 (1946)，
胰岛素的氨基酸序列 (1952)，细菌对抗生素的耐药性 (1967)

　　1952 年，乔舒亚·莱德伯格在威斯康星大学麦迪逊分校提出了"质粒"这一术语，用它指称染色体外的离散的 DNA 分子。莱德伯格想用这样一个通用名来统称一个多元化的群体，之前这一群体的名称包括寄生虫、共生体、细胞器，又或是基因。1973 年，研究者们突然开始对质粒大感兴趣，因为他们发现质粒对分子生物学和基因工程领域而言都是有益的工具，其中，遗传学家赫伯特·博耶和生物学家斯坦利·科恩的共同努力起到了主要的推动作用。他们表明，一个基因可以从一个物种（蛙）转移到另一个物种 [大肠杆菌（*Escherichia coli*）] 中，并且证明了移植的基因能够在新宿主体内执行正常的功能。同时，在微生物的耐药性和致病性中，质粒也扮演着重要角色。

　　质粒可以独立于染色体外在细胞内进行复制（拷贝自身），并通常拥有主基因和附基因：主基因参与复制和维护质粒；相比之下，附基因对于宿主（质粒所居的细菌）的生存而言并不重要，但其编码的功能可以为宿主提供益处。附基因可以提供降低环境污染影响并利用其碳氮的能力，或是使宿主对抗生素或重金属的毒性产生抗性。另外，质粒可以在不同种的细菌之间转移。以这种转移为主要机制，细菌可以轻易且迅速地获得一系列特性，从而适应环境的变化。

　　作为一种工具，质粒一直在各个领域得到广泛的应用，这些领域包括基因工程、基因克隆、基因治疗以及重组蛋白的生产。1978 年，博耶使用这一技术生成了合成人胰岛素，他是基因泰克制药生物科技公司的创始人之一。人们将外源 DNA 元件——比如胰岛素的基因——拼接成质粒，将其导入细菌细胞。质粒在细菌细胞内复制，生产出大量重组胰岛素的分子拷贝。■

神经生长因子

维克托·汉伯格（Viktor Hamburger，1900—2001）
丽塔·莱维·蒙塔尔奇尼（Rita Levi-Montalcini，1909—2012）
斯坦利·科恩（Stanley Cohen，1922— ）

自1953年起，大约发现了50种促生长因子，其中最著名的也许是红细胞生成素（EPO），它能刺激血红细胞生成。EPO因为被当作血液兴奋剂而臭名远扬，它能增加氧气向肌肉的输送量，从而提高耐力水平。

 神经系统通信（1791）

1952 年

1938年，丽塔·莱维·蒙塔尔奇尼从都灵大学获得了医学学位。两年后，墨索里尼发布法令，禁止所有非雅利安人种的意大利人在意大利执业。因此，她在自己家中建立了一个小实验室，以维克托·汉伯格的成果为灵感，研究鸡的胚胎。1947年，她加了汉柏格的工作队伍，后者在美国密苏里州圣路易斯市的华盛顿大学研究神经组织的生长。次年，她发现如果将一片小鼠肿瘤的切片移植到去除翅芽的鸡胚上，那么切片将刺激邻近的神经组织生长。

1953年，生物化学家斯坦利·科恩与莱维·蒙塔尔奇尼联手，从肿瘤中分离出了活性蛋白质，两人将其命名为神经生长因子（NGF）。他们发现对于外周神经系统（大脑与脊髓外的神经系统）中神经的正常生长和保养，以及对于大脑中的胆碱能神经而言，NGF非常重要。1959年转至范德堡大学之后，科恩在含有NGF的肿瘤中发现并分离了另一种成长因子。这种因子能刺激皮肤表皮层生长，并促使新生小鼠更快地睁开眼睛，它被称为表皮生长因子（EGF）。1986年，科恩和莱维·蒙塔尔奇尼因为他们对生长因子的发现共同获得了诺贝尔奖。

已识别的促生长因子有近50种，它们由许多不同组织分泌，进入血液，NGF是其中最早被发现的一种。这些因子是细胞间的信号分子，每一种都能促进特定细胞的生长。它们尤其能刺激细胞生长、复制和分化（特化），并且存在于各种各样的物种身上，包括植物、昆虫和脊椎动物。生长因子被应用在医疗领域，以治疗癌症、血液病和心血管疾病。红细胞生成素（EPO）是最常见的生长因子之一，它由肾脏产生，能刺激血红细胞的生成。由于被用作循环赛等耐力比赛的血液兴奋剂，EPO的声名不佳。■

米勒－尤列实验

路易·巴斯德（Louis Pasteur, 1822—1895）
J. B. S. 霍尔丹（J. B. S. Haldane, 1892—1964）
哈罗德·克莱顿·尤列（Harold C. Urey, 1893—1981）
亚历山大·奥巴林（Alexander Oparin, 1894—1980）
斯坦利·L. 米勒（Stanley L. Miller, 1930—2007）

米勒-尤列实验力图模拟近 40 亿年前的条件，以求生成包括氨基酸在内的有机化合物。实验用模拟闪电的电火花连续轰炸简单分子，人们认为这样的闪电在地球早期纪元中很常见。

 生命的起源（约公元前 40 亿年），驳斥自然发生说（1668）

1953 年

地球上最初的生命是什么？在数千年中，最流行的科学解释是自然发生说，这种理论认为生命源于非生命物质，但是路易·巴斯德于 1859 年反驳了这一理论。到了 20 世纪 20 年代，苏联生物化学家亚历山大·奥巴林和英国进化生物学家 J. B. S. 霍尔丹分别独立假定：大约 40 亿年前，地球上的环境使简单的无机分子得以形成有机分子。

20 世纪 50 年代，科学界对研究生命起源的好奇心又再度复兴，而 1934 年诺贝尔奖的得主哈罗德·尤列一直都对这一领域充满兴趣。由尤列的研究生斯坦利·米勒执行的米勒－尤列实验正是以此为研究课题，其研究成果发表于 1953 年。实验情境力图模拟设想中地球约 40 亿年前的大气条件，奥巴林曾于 1924 年为此提出理论。米勒－尤列实验将水、气态氨、甲烷与氢混合，而后持续暴露于电火花下——这是对地球早期常见雷暴天气的模拟。一周后，有机分子产生了，更重要的是，其中 2% 的产物是氨基酸——它是生命的基石。人们最初认为这个实验有力地证明了地球上的生命可以源自简单有机化合物。另外，进化生物学家们普遍相信如今的所有生命源自同一种生命形态。

其后，这一实验及其成果遭到了严厉的批判，学界对其正确性、成果与结论产生了各种各样的质疑。人们对早期大气和实验中化合物的相似性提出疑问，并质疑这些化合物接受的电能量是否远远少于真实状态下应有的闪电能量。最吸引人的讨论之一是关于我们行星上早期氨基酸的来源，人们怀疑它是否由天外来客带到了地球上。1969 年，一颗陨石坠落到了澳大利亚的默奇森，陨石上发现了超过 90 种氨基酸。目前，对地外生命的探索仍在继续。■

双螺旋结构

莱纳斯·鲍林（Linus Pauling, 1901—1994）
弗朗西斯·克里克（Francis Crick, 1916—2004）
莫里斯·威尔金斯（Maurice Wilkins, 1916—2004）
罗莎琳·富兰克林（Rosalind Franklin, 1920—1958）
詹姆斯·D. 沃森（James D. Watson, 1928—   ）

这条双螺旋坡道属于法国南特市的一个七层楼的地下停车场，它与 DNA 的结构相似。

脱氧核糖核酸（DNA）（1869），作为遗传信息载体的 DNA（1944），破解蛋白质生物合成的遗传密码（1961）

1953 年

脱氧核糖核酸（DNA）的结构是在 1953 年被发现的，而这一荣誉的归属在 60 多年后仍然存在争议，不过人们对于以下两点并没有疑问：它对于遗传信息传递具有重要意义；而且它是史上最伟大的科学发现之一。1950 年，人们已经知道 DNA 结构的基本元素包括含氮碱基（腺嘌呤、胞嘧啶、鸟嘌呤和胸腺嘧啶）、一种糖类，还有一种磷酸基团，但是其成分之间的连接结构仍然是个谜。对这一发现的竞争主要集中在加州理工学院的莱纳斯·鲍林，以及剑桥大学卡文迪什实验室的詹姆斯·沃森和弗朗西斯·克里克团队身上。

鲍林被认为是 20 世纪最重要的科学家之一，曾两获诺贝尔奖。他提出 DNA 是三螺旋结构——这个模型有许多基本性的错误，致使他误入歧途。1953 年年初，沃森和克里克专注于一种双链模型，它的两条长链彼此拧转，向相反的方向延伸——双螺旋，并且有交替的糖基和磷酸基团。伦敦大学国王学院的莫里斯·威尔金斯和罗莎琳·富兰克林摄取的 X 射线衍射照片也支持这一模型。1953 年 4 月 25 日，沃森-克里克的联名论文出现在《自然》（Nature）杂志上，其中只有一条脚注提到了富兰克林和威尔金斯"未发表过的贡献"。

在向《自然》提交论文之前，沃森未通知富兰克林，且未经她允许就使用了她的照片拷贝，其中有一张尤其被公认为对双螺旋结构的发现起到了关键作用。富兰克林的工作成果对这一发现的意义与重要性是无可厚非的，但无可辩驳的是，她在世时从未得到正式的认可，并且在 1962 年颁发诺贝尔奖时，她也完全没有被共同获奖者沃森、克里克或威尔金斯提及，更不用说得到感谢（同年，鲍林获得了诺贝尔和平奖）。1957 年，富兰克林在 37 岁时死于卵巢癌，而死者并无资格入选诺贝尔奖。■

快速眼动睡眠

亨利·皮埃隆（Henri Piéron, 1881—1964）
纳塔涅尔·克莱特曼（Nathaniel Kleitman, 1895—1999）
尤金·阿瑟林斯基（Eugene Aserinsky, 1921—1998）

REM 只占了成人睡眠时间的 20%～25%，但是占了新生儿睡眠的 80%。这张 1928 年的画作出自赫尔曼·克诺夫（Hermann Knopf, 1870—1928）之手，画中有一个正在做梦的婴儿。

昼夜节律（1729）

1953 年

"入睡，偶尔做梦。"在很长时间里，人们都相信睡眠是一段持续静止的时间，身体机能在这个时段变得很缓慢。1913 年，法国心理学家亨利·皮埃隆撰写了一本著作《睡眠的生理疑问》（*Le probleme physiologique du sommeil*），它是意图从生理学角度分析睡眠的第一次尝试。另外，皮埃隆也积极寻找证据，以证明有一种化学因子（"催眠激素"）在清醒时于大脑中慢慢累积，最终引发睡眠。

20 世纪 20 年代，出生于俄国的美国生理学家纳塔涅尔·克莱特曼在芝加哥大学建立了世界上第一个睡眠实验室，并将其漫长的职业生涯完全投入对睡眠的研究中。在当时，这个领域的研究还未曾在任何人的科学关注范围内出现过。克莱特曼 1939 年的《睡眠与觉醒》（*Sleep and Wakefulness*）是第一份探讨这一主题的文本，它到现在依然被看作经典著作。他在书中提出，睡眠过程包括一个休息-活动周期。他还常常自己担任实验对象，有一次，他连续 180 个小时保持清醒，以研究剥夺睡眠造成的效果。

1953 年，克莱特曼的研究生尤金·阿瑟林斯基开始研究儿童的注意力，他发现闭眼与走神有关。他的第一位实验对象是他自己 8 岁大的儿子。阿瑟林斯基以电子方式记录了儿童的眼睑运动，并且使用脑电图（EEG）监控脑电波。大脑的波动记录显然与做梦相关。阿瑟林斯基继续这一研究，他记录了脑电图和成人睡着时的眼运动，发现他们的眼球在夜里有好几次在快速来回移动。这种现象被命名为快速眼动或 REM，REM 的出现与梦境的出现互相关联（有讽刺意味的是，阿瑟林斯基于 1998 年死于车祸，因为他开车睡着后，车子撞上了一棵树）。

睡眠并不是一种单一持续的静止状态。相反，它分为不同的阶段，REM 占据了整段睡眠的 20%～25%，大约是 90～120 分钟，并分为 4～5 个周期；新生儿 80% 的睡眠时间都在快速眼动睡眠状态。睡眠的生物功能仍然停留在理论阶段——也许是巩固记忆，又或是有益于新生儿中枢神经系统的发育——不过，我们已经知道失去 REM 会造成严重的生理与行为异常。■

获得性免疫耐受和器官移植

弗兰克·麦克法兰·伯内特（Frank Macfarlane Burnet, 1889—1985）
彼得·B. 梅达沃（Peter B. Medawar, 1915—1987）

这张美国邮票大约是 1998 年发售的，它宣传了器官与组织捐献。能够移植的器官包括肾、心、肺、肝、胰腺和肠；能够移植的组织包括角膜、心脏瓣膜、骨骼、软骨和韧带。

胎盘（1651），先天免疫（1882），适应性免疫（1897），埃尔利希的侧链学说（1897）

1940 年，英国生物学家彼得·梅达沃应邀为一位严重烧伤的飞行员提供意见，后者在不列颠战役中于梅达沃牛津城的住宅附近坠机失事。这次咨询引发了一系列研究，他和一位同事在研究中以植皮手术为实验手段，研究其可持续性。他们观察到，烧伤的患者在接受了自己身体皮肤的移植（自体移植）后，成功地维持住了手术效果。相比之下，从无关供体身上移植来的皮肤就无法长久维持状态，在两周之内就会产生排异反应；之后再移植的皮肤甚至更快被排斥。梅达沃猜测这种现象是源于一种潜在的免疫反应，之后他发现，用肾上腺皮质酮之类的药物抑制这种反应，就能延缓机体对植皮的排斥。

20 世纪 40 年代，独立工作的澳洲病毒学家弗兰克·麦克法兰·伯内特对妊娠时的免疫耐受性产生了兴趣，母亲的免疫系统并不排斥胎儿和胎盘，而后两者都是异体组织。他提出了免疫学中的"我与非我"概念，它有助于解释自身免疫——机体产生抗体对抗自身的组织，将它们当作"非我"，并试图毁灭它们。

伯内特为获得性免疫耐受性建立了理论基础。1953 年，梅达沃提供了支持这一理论的实验证据，从而促成了实体器官移植的成功。为此，两人共同获得了 1960 年的诺贝尔奖。梅达沃确定，在胚胎发育期及其出生后不久，免疫细胞就发育至可以摧毁外源（非我）细胞的程度。1953 年，他做了一个重要的实验，将成年小鼠（供体）的组织细胞注入了正在发育的小鼠胚胎（受体）中。出生后，受体小鼠能够忍受来自供体的皮肤移植，但依然排斥来自其他无关小鼠的皮肤。这些结果确定了获得性免疫耐受性的存在，并为后人提供了基础，以研制出更好的方法来抑制器官与组织移植产生的排异反应。■

1953 年

肌肉收缩的纤丝滑动学说

托马斯·亨利·赫胥黎（Thomas henry Huxley, 1825—1895）
奥尔德斯·赫胥黎（Aldous Huxley, 1894—1963）
艾伦·L.霍奇金（Alan L. Hodgkin, 1914—1998）
安德鲁·F.赫胥黎（Andrew F. Huxley, 1917—2012）
休·E.赫胥黎（Hugh E. Huxley, 1924—2013）

这尊雕像位于塞浦路斯岛的帕索斯，展现了伸展着肌肉的阿特拉斯。在艺术作品中，阿特拉斯总是以肩负地球的形象出现，不过在最初的神话中，他是受到了惩罚，被迫负担整个天堂的重量。

 动物的行进能力（1899），X射线结晶学（1912），电子显微镜（1931），动作电位（1939）

1954年

　　与肌肉收缩相关的基本机械活动在所有动物身上都很常见，无论是一只正用触手抓着猎物的章鱼，还是一位正在100米跑道上比赛的田径明星。1954年，两位彼此无关，却又都姓赫胥黎的英国生物学家各自独立发现了骨骼肌（随意肌）的收缩机制，并在《自然》（Nature）杂志的相连页面上发表了他们的发现。

　　两位赫胥黎中年长的一位名安德鲁，他来自一个显赫的家庭，家庭成员包括生物学家托马斯·亨利·赫胥黎（他的祖父），还有作家奥尔德斯（他的异母兄弟）。休·赫胥黎则成长于一个中产阶级家庭。两位赫胥黎都进入了剑桥大学，并因第二次世界大战服役而中断了研究。战后，安德鲁重新与艾伦·霍奇金一起开始研究神经动作电位，研究成果为两人赢得了1963年的诺贝尔奖。1952年，他使用一台自己设计的显微镜确定了肌肉收缩的方式。休·赫胥黎于1948年继续开始攻读自己的博士学位，使用X射线衍射和电子显微镜重点研究骨骼肌的分子结构和构造。1952年，他在麻省理工学院继续这项研究，1954年，他发表了肌肉收缩的纤丝滑动学说。他使用的方法与安德鲁·赫胥黎不同，但是得到了相同的核心结论。

　　组成骨骼肌的纤维与肌肉长轴平行。每条纤维（肌肉细胞）内都含有明暗交错的肌原纤维，肌原纤维由数千段重复的肌小节构成，后者是肌肉的收缩单位。每段肌小节内都有一组肌动蛋白丝（细肌丝）和肌球蛋白丝（粗肌丝），它们彼此平行。在收缩过程中，较细的肌动蛋白丝改变长度，而肌球蛋白丝维持原本的长度。休·赫胥黎提出，当肌动蛋白与肌球蛋白相对滑动时，就会产生肌张力。■

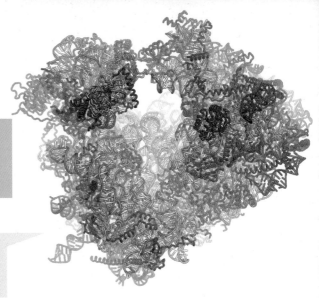

核糖体

阿尔伯特·克劳德（Albert Claude, 1898—1983）
乔治·帕拉德（George Palade, 1912—2008）

核糖体的主要功能是制造蛋白质。图中呈现的是真核细胞核糖体的模型，其结构不同于原核生物的核糖体。

原核生物（约公元前 39 亿年），真核生物（约公元前 20 亿年），细胞核（1831），细胞学说（1838），抗生素（1928），电子显微镜（1931），溶酶体（1955），破解蛋白质生物合成的遗传密码（1961）

细胞分级分离法和电子显微镜的组合为生物学打开了崭新的疆域，使人们可以观察到细胞的内部成分并确定它们的生物功能。1930 年，比利时生物学家阿尔伯特·克劳德在洛克菲勒学院设计了细胞分级分离法，在这种方法中，细胞被充分研磨以释放内含物，而后用离心机以不同的离心速度，根据其内含物的不同重量将它们分离。1955 年，克劳德的学生乔治·帕拉德改善了他的细胞分级分离法，帕拉德是一位出生于罗马尼亚的美国人，他使用电子显微镜研究这些细胞成分。帕拉德是第一位识别并描述"小颗粒"的人，这些"小颗粒"于 1958 年被命名为"核糖体"，人们发现它是细胞内合成蛋白质的场所。克劳德和帕拉德共同获得了 1974 年的诺贝尔奖，后者常常被称为现代细胞生物学之父，同时也是史上最具影响力的细胞生物学家。

蛋白质工厂。所有生物体的每个细胞内都有核糖体，它由遗传密码指导，作为合成工厂制造蛋白质。能够高效合成蛋白质的细胞中有数百万核糖体，比如胰腺细胞。DNA 将制造特定蛋白质的指令传达给信使 RNA(mRNA)，而后，转运 RNA(tRNA) 将氨基酸送抵核糖体，在这里，氨基酸被有序地拼接，渐渐形成蛋白质链。

在真核细胞（动物、植物、真菌）以及原核细胞（细菌）中发现的核糖体都有着相似的结构和功能。在真核细胞里，核糖体附着于糙面内质网的薄膜上，而在原核细胞中，核糖体游离于胞液，即细胞质的液状成分之中。核糖体存在于所有生物体内，这意味着它在进化初期就已经出现。帕拉德确定核糖体是由或大或小的子单位构成的，而原核生物和真核生物的核糖体之间在密度（每单位体积的质量）上也有些微差别。这一点在细胞感染的治疗过程中有重要的实用意义。包括红霉素和四环素在内的某些抗生素，能有选择地抑制细菌内部的蛋白质合成，却不影响病人的细胞。■

1955 年

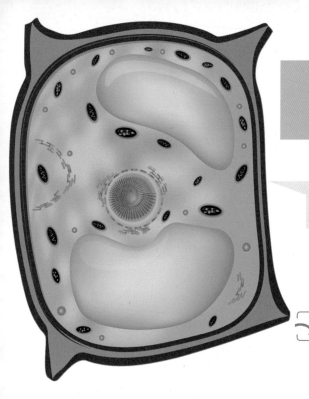

溶酶体

亚历克斯·B. 诺维科夫（Alex B. Novikoff, 1913—1987）
克里斯汀·德·迪夫（Christian de Duve, 1917—2013）

图为植物细胞内部结构，其中的橙色小球就是溶酶体。与动物细胞不同，植物细胞有细胞壁。

新陈代谢（1614），肝脏与葡萄糖代谢（1856），酶（1878），
胰岛素（1921），先天性代谢缺陷（1923），核糖体（1955）

克里斯汀·德·迪夫是比利时鲁汶大学的细胞学家及生物化学家，他使用超速离心法分离并检测细胞成分。1949年，在探索胰岛素于肝细胞中的活动时，一个预料之外的现象转移了他的注意力。在把细胞放进超速离心机之前，他先用杵或电动混合器将它们搅拌均匀，而后加入酸性磷酸酶。令他惊讶的是，只有用电动混合器搅拌的细胞成分会失去大部分酶活性。1955年的进一步研究揭示了一种之前未知的细胞器的存在，它呈囊状结构，外面包裹着一层膜。

这种细胞器的内含物有溶解性（能够分解组织），德·迪夫将它称为溶酶体。他与电子显微镜学家亚历克斯·诺维科夫合作，观察确定了溶酶体的存在。德·迪夫再也没有继续研究胰岛素和肝细胞，不过他因发现了溶酶体而成为1974年诺贝尔奖的共同获得者之一。

细胞消化系统。 溶酶体在健康和疾病中扮演着重要的角色。当溶酶体机能正常时，它们含有大约50种酸性水解酶，能够分解蛋白质、核酸、碳水化合物和脂肪。关于溶酶体是否在植物中存在，有一些互相矛盾的报道，不过所有动物细胞中都有溶酶体。溶酶体在与疾病抗争的细胞中数量最多，比如白细胞。它们相当于细胞中的消化系统，分解来自细胞外的物质，比如病毒和细菌。同时它们也扮演着胞内管家的身份，清除过剩以及损耗的细胞器。在长期挨饿的状态下，溶酶体还担任着保护细胞的职责。它们通过"自我吞噬"消化细胞内成分，而它们的代谢物被回收，以合成细胞生存所需的必要分子。

如果溶酶体无法降解正常分解的物质，这些物质就可能累积起来，造成细胞失常和器官损坏。这类罕见的遗传性溶酶体贮积症大约有50种，其中包括高雪氏病和家族黑蒙性白痴。■

产前基因检测

约翰·H. 爱德华兹（John H. Edwards, 1928—2007）
朱塞佩·西莫尼（Giuseppe Simoni, 1944— ）

在怀孕期间，有两类检测可以检查唐氏综合征：一种是以超声波（声谱记录）筛选检验，这种方法将指出胎儿产生机能紊乱的危险系数是否较高；另一种是诊断测试，如羊膜穿刺术或绒毛膜取样，这种方法可以提供确定的诊断。

 胎盘（1651），优生学（1883），先天性代谢缺陷（1923）

　　大约每 200 个新生儿中就有一个会出现染色体异常的状况，而大多数有这种异常的胎儿在出生前就会死去。使这种风险升高的因素包括 35 岁后怀孕、曾有过有天生缺陷的孩子或胎儿，以及染色体异常的家族史。一些常规测试能够筛选或诊断胎儿的基因异常。在妊娠第三个月，超声波能检测胎儿是否有任何明显的结构性缺陷。

　　抽取羊水进行医学检查的做法可以追溯至 19 世纪 70 年代晚期。1956 年，约翰·H. 爱德华兹探讨了以羊膜穿刺术取得的羊水在"产前检测遗传障碍"中的作用。这种液体包裹着胎儿，并含有可以显示核型的细胞，核型展现为成对排列的染色体。穿刺通常在妊娠 15~20 周之间进行，以检测类似于唐氏综合征（21 三体综合征，患有此病的胎儿有一条多余的染色体 21）、脊柱裂、囊性纤维症和家族黑蒙性白痴等异常。

　　除了羊膜穿刺术外，另一种检测方式是绒毛膜取样（CVS），通常于妊娠第 10 周至 12 周间进行，因此可以更早得出结果。1983 年，意大利生物学家朱塞佩·西莫尼在生物细胞中心进行了史上第一次 CVS，它能检测 200 多种遗传异常。绒毛膜是胎膜的一部分，位于胎盘靠近胎儿的一侧。绒膜绒毛是绒毛膜中的指状小突起，在取样过程中，它们会被取样以供研究。因为绒毛是胎儿的源起处，所以它们能够提供胎儿的基因样本。

　　2011 年，人们已可以进行游离细胞的胎儿 DNA 检测。与羊膜穿刺术和 CVS 不同，游离细胞检测对机体无侵害，并且只需在怀孕第 10 周进行一次血液测试。与过去的测试不同，这种测试只评估血液中的 DNA 碎片，因此它只是一种筛选检验（比如针对唐氏综合征），而不是对基因缺陷的诊断性测试。■

1956 年

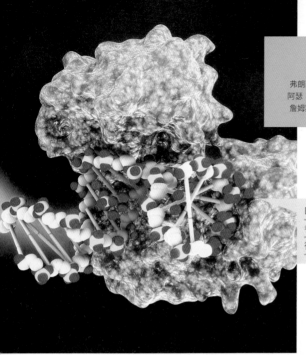

DNA 聚合酶

弗朗西斯·克里克（Francis Crick，1916—2004）
阿瑟·科恩伯格（Arthur Kornberg，1918—2007）
詹姆斯·D. 沃森（James D. Watson，1928—　）

DNA 聚合酶（图示）分为七大子类。其中一些参与质量控制——在 DNA 进行复制之前对其进行读取、侦测并纠错，比如聚合酶 I。

 脱氧核糖核酸（DNA）（1869），酶（1878），细菌遗传学（1946），双螺旋结构（1953），分子生物学的中心法则（1958），聚合酶链反应（1983）

1956 年

1953 年，沃森和克里克发表了经典论文，描述 DNA 的化学结构，最初引起了一些科学家对其重要性的质疑。两人在论文中提出，DNA 的复制原理仍有待确定。当时，美国生物化学家阿瑟·科恩伯格正在密苏里州圣路易斯市的华盛顿大学微生物学系工作，他认可了这篇论文的重要意义。由此，他开始对机体合成核酸的过程产生了兴趣，尤其是合成 DNA。他在这些研究中使用的是相对简单的大肠杆菌，1956 年，他发现了装配 DNA 基本单位的酶。这种酶被称为 DNA 聚合酶 I，它以几种不同的变体出现在所有的生物体中。科恩伯格在论文中描述了这些发现，他的论文起初不免遭拒，但之后于 1957 年被著名的《生物化学杂志》（*Journal of Biological Chemistry*）接受并发表。1959 年，因为确定了"DNA 的生物合成机制"，他成为诺贝尔奖的共同获得者之一。

生物复制机器。 DNA 聚合酶 I（pol I）的发现对生物学研究有着非常重要的意义，因为它在生命过程中起着核心作用，令我们认识到 DNA 如何进行复制与修复。在细胞分裂之前，pol I 会复制细胞 DNA 的所有成分。接着，母细胞将其 DNA 副本传递给每一个子细胞，由此将遗传信息代代相传。科恩伯格发现 pol I 能读取完整的 DNA 链，并以之作为模板合成一条新链，后者与原 DNA 链完全相同——这个过程和复印机复制文件没什么区别。

不过，复印机在复制文件时是机械性的，它并不在乎文件的内容，与此不同的是，DNA 聚合酶 7 个子类中的某些成员能够校对原始 DNA 模板，侦查、移除并改正错误，从而生产出一条无误的新 DNA 链，这其中就包括 DNA 聚合酶 I。而有些 DNA 聚合酶只能复制不能修复，因此它们能够保留基因组中的突变，或是令细胞死亡。■

第二信使

小厄尔·威尔伯·萨瑟兰 (Earl W. Sutherland, Jr., 1915—1974)

面对敌手时的选择只有"战或逃"。无论选择哪一种，机体都会释放肾上腺素以作好准备，这种激素能刺激血糖升高。第二信使（Camp）为肝细胞表面受体的活化与供能葡萄糖的释放之间建立联系。

 新陈代谢（1614），肝脏与葡萄糖代谢（1856），酶（1878），负反馈（1885），促胰液素：第一种激素（1902）

1956年

在野外，当动物遇见自己的天敌时，它只有两个选择：战或逃。身体为面对这一境况将产生一系列反应：加快心跳、加快呼吸、激活随意肌，并提升血糖浓度。机体从肾上腺释放肾上腺素以调节这些应激反应。从碳水化合物中获取的葡萄糖能立即被身体用来生产能量，或是作为糖原储存在肝脏与肌肉中，留待未来使用。当肾上腺素被释放时，它将与肝或肌肉表面的一种受体蛋白质绑定，这种结合就像一个信号，引发一系列生化反应，最终促使机体释放葡萄糖。这个过程分为三个阶段：第一阶段是绑定激素受体（接收），第三阶段则以形成葡萄糖（反应）为终点。不过第二阶段的具体内容仍然存疑。

从 20 世纪 50 年代中期，美国药理学家厄尔·萨瑟兰一直在研究这些反应，他知道直接参与其中的有糖原磷酸化酶。但是，当他将这种酶和肾上腺素与肝切片一起加入试管时，却没有生成任何葡萄糖。萨瑟兰试图确定谜之第二阶段（转换）的性质，并识别出负责将肝细胞表面的信号激素（或第一信使）转换为细胞内部反应的中间化合物。

这种中间化合物（第二信使）是环腺苷酸，又称 cAMP。萨瑟兰在 1956—1957 年间发表了一系列论文，描述了反应顺序：肾上腺素与受体的结合物激活了肝细胞表面的腺苷酸环化酶，接着，这种酶又促使三磷酸腺苷（ATP）转换为 cAMP。通过一系列有序的酶催化反应，糖原磷酸化酶被激活，糖原分解成葡萄糖。因为证明了 cAMP 的生物作用，萨瑟兰获得了 1971 年的诺贝尔奖。

作为第二信使，cAMP 在各种各样的细胞生命活动中扮演着重要角色，这些活动包括能量代谢、分裂和分化、离子运动，以及肌肉收缩。事实证明，cAMP 在动物、植物、真菌和细菌中都起着信号转导的作用。■

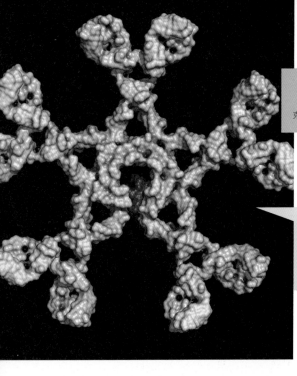

到目前为止，免疫球蛋白 M（图示）是人类循环系统中最大的已知抗体，也是在感染过程中出现的第一抗体，人们常常以检测其存在的方法来诊断病人是否患有传染病。

酶（1878），适应性免疫（1897），埃尔利希的侧链学说（1897），先天性代谢缺陷（1923）

1957 年

蛋白质的生化反应方式通常是识别并结合其他分子，而若要使这种相互作用发生，条件之一是蛋白质的形状必须能与其他分子的形状相契合。抗体蛋白和抗原，以及阿片受体和吗啡或海洛因之间的相互作用可为此佐证。

所有蛋白质都有三级结构，有些有四级结构：一级结构是一条简单的氨基酸链，呈线型排列；二级结构是蛋白质本身结构内的折叠或盘卷；三级结构是折叠的蛋白质的三维整体形状；四级结构则是两个以上的肽链连接在一起后形成的一个单一大蛋白。蛋白质只有在其链条折叠成三维形状后才能执行生物功能。

克里斯蒂安·安芬森是一位在美国国立卫生研究院工作的美国生物化学家，从 20 世纪 50 年代中期起，他就在研究蛋白结构与其功能之间的联系。为此，他选择了核糖核酸酶，这种酶能够分解核糖核酸（RNA）。核糖核酸酶很稳定、很小、易于研究，并且易于从商业资源中提纯。1957 年，安芬森确定一旦破坏核糖核酸酶的三维结构，便会使之失去生物活性，并且它会自发重新折叠，回到它天然的（正常的）、功能完善的形状，而它的酶活性也会恢复正常。许多其他蛋白质的反应方式也和核糖核酸酶一样。

安芬森从这些实验中得出结论：蛋白质形成其最终三维形态需要某些信息，而这些信息编码于蛋白质本身的一级结构——即氨基酸序列中。另外，根据安芬森的"热力学假说"，核糖核酸酶呈现为三维结构是因为这一结构最稳定。1972 年，安芬森获得了诺贝尔化学奖，以表彰他为蛋白质的氨基酸序列和它的生物活性形态之间建立了联系。

许多疾病与折叠形态蛋白质的累积有关，比如阿尔茨海默征、帕金森综合征，以及亨廷顿舞蹈症。所有相关蛋白质都被认为源于淀粉样蛋白，它们随着年龄的增长而增多，也许有相应疾病的遗传基础。■

生物能学

鲁道夫·克劳修斯（Rudolf Clausius，1822—1888）
开尔文男爵威廉·汤姆森（William Thomson，aka Lord Kelvin，1824—1907）
汉斯·克雷布斯（Hans Krebs，1900—1981）
汉斯·科恩伯格（Hans Kornberg，1928— ）

葡萄糖是能量的第二来源，也是 ATP 生产过程的中间产品。在人类和细菌体内，葡萄糖都是以相同的生化反应过程被分解的。α-D-吡喃葡糖的球棍模型显示了它的三维结构，白色代表氢原子，黑色代表碳原子，红色代表氧原子。

新陈代谢（1614），光合作用（1845），体内平衡（1854），酶（1878），线粒体和细胞呼吸（1925），能量平衡（1960）

生物能学描述了生物体如何从环境中提取能量，为基本耗能活动供给燃料，其中包括将三磷酸腺苷（ATP）作为化学能源使用。无论是自养生物还是异养生物，都能满足自己的能量需求。自养生物包括植物和藻类，它们运用高效的光合作用，将阳光中的能量转换成 ATP。异养生物则相反，它们摄取并分解外界环境中的复杂有机分子，从而获得营养物质以形成能量。

考虑到生物体的多样性，你也许会推断生成能量的机制也有许多种。但并非如此。在细菌和更高等的生物体内，分解葡萄糖的化学路径都是相同的。所有的有机体都在能量代谢中将 ATP 作为中间产物。新陈代谢统一指称的是两阶段的化学反应：一是分解复杂化学物质，以形成能量并制造 ATP 的分解代谢；二是消耗能量和 ATP 以将简单分子组成复杂分子的合成代谢。

汉斯·克雷布斯和汉斯·科恩伯格都是出生于德国的英国生化学家，1957 年，他们撰写了一本 85 页的小册子，名为《生命物质的能量转换》（*Engery Transformatics in Living Matter*），这是第一本将生物热力学、生物学和生物化学联系在一起的出版物。热力学（能量转换）有两条定律，众多科学家在 19 世纪的数十年中不断完善它们，其中包括威廉·汤姆森（开尔文男爵）在 1848 年，以及鲁道夫·克劳修斯在 1850 年的拓展。第一定律规定，宇宙中所有能量都是恒定的，它不能被创造或毁灭，只能在不同的形式间转换。在合成代谢过程中，从营养物质中提取的化学能量被转换成用来处理食物的能量，以支持生命过程。第二定律规定，能量转换是低效的，因为有些能量会损失，并且不可用于做功。身体散热（比如运动中）就是能量损失的一种。能量平衡是从生物能学的角度审视机体在能量摄取和支出间的协调。■

1957 年

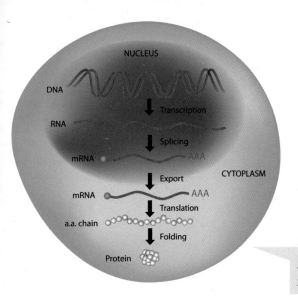

NUCLEUS

DNA

Transcription

RNA

Splicing

mRNA — AAA

Export CYTOPLASM

mRNA — AAA

Translation

a.a. chain

Folding

Protein

图中描绘了遗传指令从 DNA 至 RNA，再到氨基酸生产的流程，最后氨基酸连接在一起形成蛋白质。

分子生物学的中心法则

弗朗西斯·克里克（Francis Crick，1916—2004）
詹姆斯·D. 沃森（James D. Watson，1928— ）
霍华德·特明（Howard Temin，1934—1994）
戴维·巴尔的摩（David Baltimore，1938— ）

 脱氧核糖核酸（DNA）（1869），有丝分裂（1882），双螺旋结构（1953）

1958年

1958 年，在沃森和克里克发现脱氧核糖核酸（DNA）的分子结构 —— 双螺旋结构的五年后，克里克提出了分子生物学的中心法则，并于 1970 年在《自然》（*Nature*）杂志上发表论文阐述了它。该中心法则的基本内容称，遗传信息只能单向流动，从 DNA（"转录"）到 RNA，再从 RNA（"翻译"）到蛋白质。

信息从 DNA 片段上被"转录"到一片新组合的信使 RNA（mRNA）上，mRNA 以 DNA 双链的其中一条为模板，形成其副本。接着，mRNA 从细胞核移动到细胞质中，与核糖体结合。核糖体以密码子的形式翻译指令，密码子是一个表达指令的三核苷酸序列，它指导着氨基酸被添加到逐渐增长的肽链上。最后的步骤是将 DNA 如实复制至子细胞中，这个过程发生在有丝分裂中。

人们最初的设想是，核苷酸序列不会逆向从 DNA 反转录至 RNA。而 1970 年，威斯康星大学麦迪逊分校的霍华德·特明和麻省理工学院的戴维·巴尔的摩分别独立发现了反转录酶，这一发现颠覆了中心法则的假定条件。为此，特明和巴尔的摩共同获得了 1975 年的诺贝尔奖。随后，人们发现反转录酶存在于反转录酶病毒中，比如人类免疫缺陷病毒（HIV），而且它可以将 RNA 转换成 DNA。另外，并不是所有 DNA 都参与编程蛋白质的合成，这也和中心法则相悖。大约 98% 的人类 DNA 是非编码 DNA（也曾被戏称为"垃圾 DNA"），其生物功能尚未确定。

语义学问题也由此而生。在 1988 年的自传《狂热的追求 —— 科学发现之我见》（*What Mad Pursuit : A Personal View of Scientific Discovery*）中，克里克评论"法则"一词是轻率的。他没有选用"假设"这个词，仔细想来"假设"比"法则"一词要适当得多。法则是一种不能被质疑的信仰 —— 它并不符合这里提到的状况。■

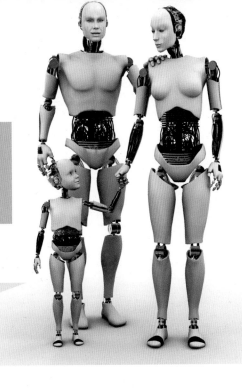

仿生人和电子人

内森·S. 克莱恩（Nathan S. Kline, 1916—1983）
杰克·斯蒂尔（Jack Steele, 1924—2009）
曼菲德·E. 克莱恩斯（Manfred E. Clynes, 1925— ）
马丁·柴定（Martin Caidin, 1927—1997）

未来的基本家庭会不会将仿生父母及其孩子囊括在内？

1958年

仿生人和电子人融合了生物和技术，自 20 世纪 70 年代起，它们就是小说、电视剧和电影中的常见角色。"仿生"一词是美国空军军医杰克·斯蒂尔在 1958 年创造的，人们一直以各种方式描述仿生，用它指称"类生命"或生物学与电子学的混合缩写。两年后，科学家兼投资人曼菲德·克莱恩斯和临床精神药理学开拓者内森·克莱恩提出了"电子人"（自动化生物体）一词，这是一种能在地外环境中生存下去的强化人。马丁·柴定 1972 年的小说就是以"仿生"为名，并为电视连续剧《无敌金刚》（The Six Million Dollar Man，1974—1978）及其衍生作品《无敌女金刚》（The Bionic Woman，1976—1978）提供了灵感。最著名的电子人是终结者，它是同名系列电影的主角。电子人通常是改造过的生物体，拥有大幅度强化过的人类身心特质。仿生人和电子人的名称往往可以交换使用。

仿生在科技与生物医学领域有着不同的意义。在科学与技术的真实世界里，仿生（也称生物模拟、生物拟态）指的是把自然界中发现的生物学方法与系统应用在工程系统的设计中——即，使某种功能得以应用，而不是试图模仿它的结构。使用这种方法研发的产品包括：魔术贴（1948），其根据是牛蒡刺果上的钩子和圈环粘到衣服和动物皮毛上的方式；"莲叶效应"（20世纪 90 年代），一些纤维织物和绘画作品能够防水防尘，这是模仿了莲叶的表面；声呐和超声成像，模仿的是蝙蝠的回声定位能力。

生物医学领域对仿生学的关注在于器官替换，或机械及人造身体部位，它们的功能与缺失或有缺陷的人类部位相同。（相对地，替代身体部位的假肢并没有独立的功能。）自 20 世纪 70年代起，人工耳蜗就一直被成功运用以辅助重度失聪；而自 2004 年起，功能完善的人造心脏也已经出现了。对于仿生手和仿生四肢的探索仍在进行中。■

对于包括蛾类在内的昆虫而言，信息素在其交配期扮演着重要的角色。我们已经知道，雄性昆虫能跟随空气中雌性释放的信息素踪迹跋涉数英里。信息素诱捕器由此被研发，以用于昆虫防治。图中的昆虫是阿道夫·布特南特用来分离最初信息素的家蚕。

昆虫（约公元前 4 亿年），昆虫的舞蹈语言（1927），嗅觉（1991）

蛾类的求偶可以从远距离暧昧开始。当雌蛾拥有繁殖能力时，它们会释放出一种信号，这种信号能被 6 英里（10 公里）外的雄蛾探测到。这种信号的本质是什么？ 1959 年，为此研究了 20 年的阿道夫·布特南特在慕尼黑市马普研究所摘除了 50 万只雌家蚕腹部尖端的腺体，从这些腺体中分离出了一种化学物质，他描述了它，并将其称为蚕蛾性诱醇。当雄蛾被暴露在蚕蛾性诱醇中时，它们便疯狂地拍打双翼，跳起"鼓翼之舞"。作为 1939 年诺贝尔化学奖的共同获得者之一，布特南特将这种在同一物种中引发社交反应的化学因子称为信息素。

化学感觉是最古老的感觉功能，它存在于所有生物体中，包括细菌在内。除了生殖信号外，化学感觉也包括发出警报，提醒天敌和食物的存在。当觅食的工蚁发现食物时，它会拖出一条信息素踪迹，令其他蚂蚁跟随而来找到食物。当蜂后离开蜂巢寻找配偶时，她产生的信息素能吸引雄蜂（亚洲象和 140 种蛾类共有一种常见信息素）。在如蛾和蝴蝶一类的昆虫中，雄性能够通过触角上的毛状嗅觉感受器侦测到信息素。

哺乳动物、爬行动物和两栖动物是以鼻中隔基部的犁鼻器（VNO）探测信息素的，而后其中的信息被送至大脑。1971 年，玛莎·麦克林托克还是威尔斯利学院的一名本科生，她提交报告称，当女性大学生聚居在一起时，她们的月经周期就会渐渐同步。这一现象被称为麦克林托克效应。她还在女性月经周期的不同阶段收集她们腋窝的化合物，称这种化合物导致她们的周期时间发生了改变。此后，麦克林托克效应一直在方法论与数据分析方面受到挑战。另外，信息素分子的实际存在与成人体内 VNO 的存在也一直存在疑问。■

能量平衡

尼古拉斯·克莱门 (Nicholas Clément, 1779—1842)
克洛德·贝尔纳 (Claude Bernard, 1813—1878)

能量的国际单位是焦耳，以英国物理学家詹姆斯·普雷斯科特·焦耳 (James Prescott Joule, 1818—1869) 的名字命名。焦耳在 1845 年发明了一台"热装置"（如图），它能估算"热功当量"——即将固定体积的水升温到 1.8 华氏度（1 摄氏度）所需的功。

 新陈代谢 (1614)，体内平衡 (1854)，生物能学 (1957)，最优觅食理论 (1966)

机体为了保持健康，总是会努力达到体内平衡，这个概念是由克洛德·贝尔纳于 1854 年提出的，以描述稳定恒常的内部环境。这种稳定通常包括体温和 pH 值的稳定，同时还有能量的稳定。生物能学研究的是生物体内的能量流动。为了赢得能量平衡，我们的能量摄入必须等同于消耗。能量摄入是由饮食决定的，其影响因素包括食物能量（卡路里）和食物消耗总量。能量消耗则是基于机体执行的体力活动或外功，以及身体内部产生的热能。内热包括：基础代谢率（BMR），指的是机体休息时的能量消耗总量，它足以使重要器官和系统维持正常运作；食物热效应，这一能耗与食物的生物处理过程（运用）和储存（待用）相关。

显而易见的是，当能量摄入超过消耗时，就可能发生增进失衡，这通常起因于过度饱食和久坐的生活方式。这一类剩余的能量主要以脂肪的形式被储存，这就使得体重增加。相反，当能量摄入低于能量消耗时，就会发生损耗失衡，造成这种状况的原因包括吃得太少、消化紊乱或其他疾病状态。

1960 年，国际单位制确定了一系列商业与科学领域的度量衡标准，世界上几乎所有的国家都采纳了这些标准，而美国的例外就尤为引人注目。在食物的相关领域，能量单位是焦耳 (J) 或千焦耳 (kJ)。欧盟的食品包装上同时使用 kJ 和能量的公制单位，即卡路里 (c) 和千卡 (kcal)；美国的标签上则只标出大卡 (Cal)（1 Cal 是 1EU kcal 或 4.2 kJ）。1 大卡被定义为 1 千克（2.2 磅）水升温 1 摄氏度（1.8 华氏度）所需的能量总量。关于谁最先在营养学中使用了卡路里为单位，这个问题颇具争议，但人们倾向认为最有可能的人是 1824 年的尼古拉斯·克莱门。∎

在珍·古德观察到黑猩猩会使用工具获得食物和水之前，人们普遍认为人类是唯一能制造并使用工具的物种。根据工具的定义不同，也有报道称其他哺乳动物、鸟类、鱼类、头足类和昆虫会使用工具。

 灵长类（约公元前 6500 万年），解剖学意义上的现代人（约公元前 20 万年）

1960 年

制造与使用工具的能力可追溯至我们最早的祖先，在很长时间里，人们都认为"人"是唯一的工具制造者。但是这种独一无二的骄傲在 1960 年被珍·古德的第一手观察报告击溃了，这个 26 岁的女人甚至没有大学文凭。

1934 年，古德生于英国，在孩提时，她渐渐开始对动物与非洲产生了兴趣，并热烈地爱上了它们。1958 年，著名的古生物学家路易斯·李奇聘请占德为秘书，前往肯尼亚。她整理研究记录的能力使李奇大为惊叹，于是他派她前往坦噶尼喀的贡贝鸟兽自然保护区（今坦桑尼亚的贡贝溪国家公园）观察黑猩猩。她于 1960 年抵达此处，三个月里，她就获得了两个令人震惊的发现：黑猩猩被认为是食草动物，但它们偶尔也食用小型昆虫；另外，她观察到成群的黑猩猩猎食肉类，其中包括小猪和更小型的猴子。

更令人惊奇的是它们对工具的使用。有一次，古德发现一只黑猩猩在食用白蚁，这是它们偏爱的食物之一。它用一根粗草竿在白蚁丘上挖洞，它重复将草竿放进洞中，再抽出爬满虫子的草竿，然后用嘴唇移走这些白蚁，将它们吃掉。

其他科学家也见过黑猩猩用树棍掏取食物，就如人类用勺子挖取食物一样。有些黑猩猩学会了用树叶弄出树间坑洞里的积水。它们先是采一把树叶来咀嚼，然后将嚼烂的"海绵"放在水坑里蘸湿，再放入嘴里吸出水分。黑猩猩也有制造工具的基本能力。它们从树上掰下小枝剥去叶片，用棍子作为捕捉昆虫的工具。在非洲的别处，人们还看到黑猩猩用石块击打坚果。就如李奇记录的一样，"我们必须现在就重新定义'人类'一词，重新定义'工具'一词，或者把黑猩猩也看作人类"。■

细胞衰老

亚历克西·卡雷尔（Alexis Carrel, 1873—1944）
列奥那多·海佛烈克（Leonard Hayflick, 1928— ）

据估计，龙虾可以活到 60 岁，并且在整个生命中不断地生长，既不会变得衰弱，也不会丧失生育能力。它们的长寿和"不老泉"无关，而是要归因于它们在整个成熟期中形成端粒酶的能力。

 有丝分裂（1882），永生的海拉细胞（1951），细胞周期检验点（1970）

1961 年

20 世纪上半叶，动物细胞可以无限生长是大家的共识。生于法国的亚历克西·卡雷尔是一名外科医生，1912 年，这位诺贝尔奖得主在洛克菲勒学院开始做一个实验，他将雏鸡心肌细胞置于培养基中生长，它们存活了 34 年。但 1961 年，美国细胞生物学家列奥那多·海佛烈克终结了永生细胞之梦，这一年他正在费城威斯达研究所工作。他向人们证明了大多数人类细胞都有一个复制的自然极限，在开始衰老走向死亡之前，它们可以复制 40~60 次。这被称为海佛列克极限（卡雷尔的细胞之所以能持续分裂，可能是因为无意间在实验中加入了新鲜的细胞）。有些细胞除非被杀死，否则就可以永生，它们能无限分裂，比如人类的卵细胞和精子，或多年生植物、海绵、龙虾、水螅和癌细胞。造成这些区别的原因是什么？

含有 DNA 的染色体位于我们每个细胞的细胞核中。在纺锤状染色体的顶端有一个帽子或端粒，它能使染色体末端免于彼此粘连，并防止单链 DNA 连接到一起。但是端粒还有另一个功能：细胞衰老。端粒与细胞钟相连，后者为细胞的寿命和死亡设定速率。一个正常细胞每经历一次有丝分裂（细胞分裂），它的端粒就缩短一点，当端粒缩短到足够的程度时，细胞就死去了。限制细胞分裂的次数也许能防止细胞患上癌症，从而使人受益。

相反，癌细胞在每次分裂后，端粒都会生长，这一直被归因于端粒酶的活性。正常人类细胞也有端粒酶，但是负责其活性的基因受到了抑制。这一现象隐含着不少令人着迷的愿景，但是迄今为止，它们都还没有实现。人们一直在测试潜在的抗癌药物，它们能阻止癌细胞生成端粒。相对地，激活端粒的方法可能被用来抗衰老——这是现代的"不老泉"，又或是治疗提早衰老的相关症状，但除了这些益处外，它也可能会引发肿瘤。

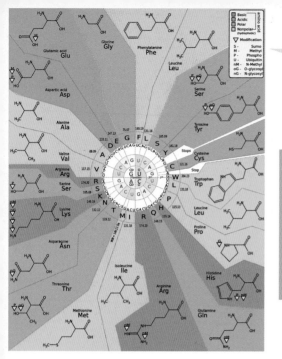

这张图描绘了密码子和氨基酸编码的关系，密码子指的是由腺嘌呤、胸腺嘧啶、胞嘧啶，以及鸟嘌呤或尿嘧啶组成的三个连续核苷酸。

破解蛋白质生物合成的遗传密码

乔治·伽莫夫（George Gamow, 1904—1968）
弗朗西斯·克里克（Francis Crick, 1916—2004）
罗莎琳·富兰克林（Rosalind Franklin, 1920—1958）
罗伯特·W. 霍利（Robert W. Holley, 1922—1993）
哈尔·葛宾·科拉纳（Har Gobind Khorana, 1922—2011）
马歇尔·沃伦·尼伦伯格（Marshall Warren Nirenberg, 1927—2010）
詹姆斯·D. 沃森（James D. Watson, 1928— ）
J. 海因里希·马太（J. Heinrich Matthaei, 1929— ）

 脱氧核糖核酸（DNA）（1869），作为遗传信息载体的 DNA（1944），双螺旋结构（1953），核糖体（1955），分子生物学的中心法则（1958），生物信息学（1977），基因组学（1986），人类基因组计划（2003）

1961 年

1953 年，沃森、克里克和富兰克林确定了 DNA 的结构，这种双螺旋链状结构由四种碱基组成：腺嘌呤（A）、胸腺嘧啶（T）、胞嘧啶（C），以及鸟嘌呤（G）；在 RNA 中，尿嘧啶（U）代替了胸腺嘧啶。但是 DNA 分子所携带的遗传信息是如何转译到蛋白质生物合成过程中的呢？

苏联物理学家乔治·伽莫夫假定，三个连续排列的核苷酸（密码子）可以有 64 种组合，完全可以满足制造蛋白质所需的所有 20 种氨基酸的编码。1961 年，马歇尔·尼伦伯格和 J. 海因里希·马太在美国国立卫生研究院一起工作，力图确定当单一种的核苷酸被加入一份反应混合液后，将形成哪种氨基酸。密码子 UUU 能形成苯基丙氨酸，这就破解了遗传密码的第一个字母。没过多久，CCC 被发现能生成脯氨酸。威斯康星大学麦迪逊分校的哈尔·葛宾·科拉纳生成了更加复杂的序列，它由重复的双核苷酸序列构成，其起始序列是 UCUCUC，译解的产物是丝氨酸–亮氨酸–丝氨酸–亮氨酸……之后，其余的密码子也一一被确定。

1964 年，康奈尔大学的罗伯特·霍利发现并确定了转运 RNA（tRNA）的化学结构，从而揭开了信使 RNA（mRNA）和核糖体之间的联系。制造一个蛋白质所需的信息先是附着到 tRNA 上，然后在核糖体中根据 mRNA 进行转译。每个 tRNA 只会识别 mRNA 上的一个密码子，而且每个 tRNA 只会携带 20 种氨基酸的其中一种。蛋白质是由氨基酸一个个连接而成的。尼伦伯格、科拉纳和霍利共同获得了 1968 年的诺贝尔奖。

除去变异的情况外，所有生物使用的遗传密码都非常相似。根据进化理论，遗传密码在生命史的极早期就已经确定了。■

基因调控的操纵子模型

雅克·莫诺（Jacques Monod, 1910—1976）
弗朗索瓦·雅各布（Francois Jacob, 1920—2013）

图为大肠杆菌，它是动物肠道中的常见居民。雅各布和莫诺以它为模式生物，阐明了基因调制模型。

 原核生物（约公元前 39 亿年），新陈代谢（1614），酶（1878），一个基因
一个酶假说（1941），双螺旋结构（1953），分子生物学的中心法则（1958）

1961 年

细胞讨厌浪费能量，而合成蛋白质需要大量能量。因此，如果细胞制造的是它不需要的蛋白质，这将非常低效且浪费。弗朗索瓦·雅各布和雅克·莫诺是巴黎巴斯德研究所的两位法国生物学家，他们确定了真核细胞内该步骤的调控过程，所使用的模式菌株是大肠杆菌，这种细菌居住在包括人类在内的各种动物的肠道内。

葡萄糖是一种高效能源，并且是大肠杆菌的首选能源。若以乳糖为替换能源，它必须先由 β-半乳糖苷酶分解成两份更简单的糖，即葡萄糖和半乳糖。当雅各布和莫诺用葡萄糖培养大肠杆菌时，只产生了三单位的 β-半乳糖苷酶。然而，当他们用乳糖代替葡萄糖时，β-半乳糖苷酶的产量在 15 分钟内就提高了 1 000 倍。在 1961 年的经典研究中，这些科学家证明了这种酶是可以由乳糖操纵子诱导产生的——即其生成可以在需要时"发动"。

乳糖操纵子由三个基因构成，包括控制乳糖分解及相关酶的结构基因。还有可以关闭乳糖操纵子的阻遏蛋白，而这种关闭是默认状态。在没有乳糖存在的情况下，乳糖操纵子通常都处于"断开"状态，因为此时并不需要 β-半乳糖苷酶，它也不会被生产出来。当乳糖出现时，阻遏物的活动将会失效，而乳糖操纵子被转录至信使 RNA，以产生运用乳糖的酶。乳糖被分解后，它在细胞内的浓度就会下降，阻遏蛋白再次关闭乳糖操纵子，因为此时不再需要合成更多的 β-半乳糖苷酶了。第二次世界大战期间，雅各布和莫诺两人都被授予了法国的最高荣誉勋章。而因为证明了操纵子控制机制在基因水平的运作过程，他们共同获得了 1965 年的诺贝尔奖。■

A LITTLE TIGHTER

节俭基因假说

詹姆斯·V. 尼尔（James V. Neel, 1915—2000）

在 18 及 19 世纪，女性借助束腰紧身褡来获得当时理想的腰围——19 英寸（48 厘米），图为 1791 年的漫画，作者是英国漫画家托马斯·罗兰森（Thomas Rowlandson, 1756—1827）。

 瘦蛋白：减肥激素（1994）

　　肥胖在许多国家中都是一种主流趋势。美国三分之二的成年人超重，其中二分之一过度肥胖。肥胖是世界上最主要的可预防的死亡因素，2 型糖尿病和心脏病一类的疾病与之息息相关。詹姆斯·尼尔是密歇根大学医学院杰出的医学研究遗传学家，1962 年，他提出了节俭基因假说，力图解释某些人种易于产生肥胖和糖尿病症状的倾向，比如印第安人。之后，尼尔得到了更多证据，它们有关于糖尿病潜在机制，以及 1 型（胰岛素依赖型）和 2 型糖尿病（非胰岛素依赖型）的区别；另外，关于导致肥胖的因素也有了其他的理论。基于这些信息，尼尔在 1998 年修正了他最初的节俭基因假说，使之更加全面，而不单单针对糖尿病。

　　人们并不总是对肥胖持否定态度，事实上，它被认为能为人体带来一定的优势，包括作为长期储存能量的仓库。纵观人类历史，猎人、食物采集者们一直都要面对饥荒、糟糕的气候或是猎物匮乏等问题。人类进化出复杂的生理和遗传系统（比如尼尔的节俭基因），使自己免受饥饿，并保存体脂肪。另外，体脂肪通过隔离与燃烧散热两种方式，让个人在寒冷中保持温暖。当早期人类离开温暖的非洲，迁向更寒冷的地带——尤其是北欧时，这样的状态对他们更有益处。脂肪还能提供实体防护，比如怀孕的女性，她们的脂肪层会增厚，以保护胎儿并使之温暖。

　　不过，节俭基因理论一直在遭受质疑，尤其是因为科学家们无法找到证明其存在的证据甚或迹象。对于肥胖，人们已经有了代替这种理论更简单的常理性解释：在过去的一个世纪里，节省能量的各种设备已经大幅度降低了重体力劳动的需求。事实上所有的专家都认同：当代之所以肥胖盛行，不仅因为我们相对缺乏体育活动，还因为那些诱人的不健康食物过于充足并被大量消耗。■

寂静的春天

保罗·穆勒（Paul Muller, 1899—1965）
瑞秋·卡森（Rachel Carson, 1907—1964）

DDE 是 DDT 的代谢分解产物，科学家们普遍认同 DDE 是导致许多鸟类的蛋壳变薄的原因。这其中包括秃鹰，其蛋壳无法支撑孵化中的幼鸟的体重。

食物网（1927），影响种群增长的因素（1935），绿色革命（1945），生物放大作用（1979），臭氧层损耗（1987）

1962 年，《寂静的春天》（Silent Spring）出版，并协助推动了美国的环境保护运动。其作者瑞秋·卡森是一位海洋生物学家，也是美国鱼类和野生动物组织的前任科学编辑，她曾撰写过不少自然历史书籍，其中包括 1951 年的《我们周围的海洋》（The Sea Around Us），它在《纽约时报》（New York Times）畅销书排行榜上停留了 86 周。

《寂静的春天》经过四年准备，收集的证据证明了杀虫剂对环境产生的不利影响，其影响的对象远远超出了原本的作用目标——昆虫，而是延伸至鱼类、鸟类甚至人类；卡森认为这些化合物应该被称为灭微生物剂。书名所暗指的是一个没有鸟类歌声的春天，所有的鸟都因为杀虫剂而消失了。她并不提倡禁止使用杀虫剂，而是要求人们更负责任地使用，并谨慎管理这种化学物质，她认为人类应该更清醒地认识到杀虫剂对于生态系统的影响。

在各种杀虫剂中，她尤其关注 DDT。它是保罗·穆勒于 1939 年发明的，第二次世界大战期间，DDT 极其有效地在太平洋地区根绝了蚊子携带的疟原虫，并在欧洲控制住了引发斑疹伤寒症的虱子的繁衍。只需在农作物上施用一剂 DDT，它就能在数周甚至数月间连续杀死害虫。然而，含有 DDT 的径流常常沉积于水道附近，被鸟类摄入体内，而鱼类又是秃鹰（1782 年起成为美国的国家象征）的猎物。DDT 干扰秃鹰的钙代谢循环，并致使其无法生出蛋壳坚硬的卵。它们的蛋壳是如此脆薄，在孵化过程中就会破裂。秃鹰、游隼和褐鹈鹕的数量急剧下滑，它们都被列为濒危物种。

《寂静的春天》遭到了化学工业人士狂风骤雨般的批评，但是却赢得了科学界和公众的一致赞誉。1970 年，美国环境保护署成立；1972 年，DDT 在美国被禁用，此后渐渐在大部分国家中被禁用。从此，秃鹰的种群数量又渐渐回复到了健康的平衡状态。不过至今仍有人批评禁令，他们认为将 DDT 移出市场导致数百万人死于疟疾。■

1962 年

杂交种是同属的两个不同物种交配繁殖的产物，比如图中的狮虎，它是狮子和老虎的后代。杂交种表现出的是亲本双方的品质和特性，它们往往是不育的，因而阻止了基因在物种间流动，使两个物种各自保持独特性。

 达尔文的自然选择理论（1859），进化遗传学（1937），生物物种概念和生殖隔离（1942），间断平衡（1972）

1963 年

　　1942 年，进化生物学家恩斯特·迈尔根据产生可存活可繁育之后代的能力定义物种。他描述称，当一个物种群体在地理位置上渐渐分离，形成可作为生殖屏障的物理分隔时，这个物种就分化成两个以上的物种——也就是物种形成的过程。在 1963 年的《动物物种及演化》（*Animal Species and Evolution*）中，迈尔陈述了亲缘关系相近的不同物种相互接触、繁殖并产生杂种后代的结果。尽管是异种交配，但杂种后代及其双方亲本都有肉眼可辨的区别。由于杂种通常是不育的，这就阻止了基因在物种间的交流，从而保证了每一个物种的独特性。

　　杂交地带是重叠的地理区域，宽度从数百英尺至数千英里不等，这个区域位于两种基因不同的近缘物种种群之间，杂交种也生存其中。进化生物学家一直以来都热衷于研究杂交地带，因为它们提供了三种可能的样本，以佐证自然界中物种形成的过程。如果使物种形成的生殖隔离愈加强化，那么杂种繁殖将渐渐终止，产生的杂种后代就更加少。相反，如果生殖隔离瓦解或弱化了，那么两种亲本物种将能够自由交配繁殖。不同于不育的杂种，亲本双方的基因库能够混合起来，变得更加相似，最终融为一体，形成一个独立的物种。还有一种情况则是维持现状，并维持杂交地带：生殖隔离保持不变，杂种个体持续产生。

　　杂交地带与杂种的例子可见于植物和动物之中，无论是在自然界中，还是通过园艺干预，植物杂交都比动物杂交更容易。植物杂种通常可育，并能够继续繁殖。在动物中，狮虎是狮子和老虎的杂交后代，贻贝则在全世界范围内活跃地进行杂交。并不是所有杂交都能成功。人们让西方蜜蜂与非洲蜜蜂交配，想要培育出一种更温驯更可控的杂交蜜蜂，结果交配出的后代是杀人蜂。■

大脑偏侧性

怀尔德·彭菲尔德（Wilder Penfield，1891—1976）
赫伯特·贾斯珀（Herbert Jasper，1906—1999）
罗杰·沃尔科特·斯佩里（Roger Wolcott Sperry，1913—1994）
迈克尔·加扎尼加（Michael Gazzaniga，1939— ）

据说，左脑控制的是分析与结构化思维，右脑则影响创造力。关于左右脑区别的观点很流行，但是神经系统科学家的研究已经令整个观点的正确性都大打折扣。

大脑功能定位（1861）

20 世纪 40 年代，著名的加拿大神经外科医生怀尔德·彭菲尔德正在麦吉尔大学的蒙特利尔神经学研究所中治疗癫痫重症患者，这些病人因外伤损害了特殊的大脑区域，而这些区域被视为癫痫发作的源头。在手术之前，他用非常轻微的电流刺激运动皮层和感觉皮层的独立区域，他的同事——神经病学家赫伯特·贾斯珀则负责将对刺激有反应的身体部位记录下来。两人共同创建了一张微人（"小人"）示意图，标明了大脑运动皮层和感觉皮层影响的具体身体部位。

20 世纪 60 年代，加州理工大学的研究为大脑偏侧性（功能不对称性）提供了更深入的洞见。左侧大脑半球和右侧大脑半球在外观上几乎完全相同，但是在执行的功能上却极其不同。两个半球彼此交流的媒介通常称为胼胝体的神经纤维粗束。自 20 世纪 40 年代起，为了治疗严重的癫痫症，医生往往会切断这条神经束的大部分，导致出现了脑分裂病人。现在，这种手术已渐渐绝迹。精神生物学家罗杰·斯佩里及其研究生迈克尔·加扎尼加对脑分裂的人及猴子进行了实验，测试了其独立的两半大脑的功能。在 1964 年左右，他们发现每个脑半球都能够进行学习，但是各个半球对另一半球的学习或经历一无所知。

人们从这些研究中得出结论，认为左脑和右脑各自执行不同的专门功能。左脑主要关注分析、说话，以及语言相关任务；右脑则掌握感官、创造力、感觉与面部识别。斯佩里因其对脑分裂的发现获得了 1981 年的诺贝尔奖。

个体常常被归类为左脑思考者或右脑思考者。据称，左脑思考者更有逻辑、更注重事实、习惯线性思考，并且关注结构和推理；被归为右脑思考者的人更注重感觉、任直觉行事、更有创造力，且更富音乐性。这个话题可以在鸡尾酒会上引发别有趣味的讨论，但是并没有令人信服的解剖学或生理学证据来支持这种分类，大多数科学家仍将这种特性分析视为谬论。■

1964 年

亲缘选择假说认为，比起同物种的无关成员，动物更倾向于对自己的亲属表现出利他的行为。另外，调查研究表明，亲属关系越近，利他程度越大。

 达尔文的自然选择理论（1859）

1964年

利他主义是指对他人的无私关爱，它在许多文化中都被视为传统美德，而"黄金律"是许多宗教的核心信仰。人类在有意识作出帮助他人的行为时，就会被认为无私利他。但是人们并不认为动物的利他行为出于有意识的思考。在分析利他行为时，动物生物学家关注的是行为的结果，而非其清醒的意图。

另外，利他主义者在做出有利于其他生物体的行为时，可能要付出巨大的代价。从进化的角度看，某些利他行为与达尔文的自然选择理论相悖，自然选择理论认为动物的行为是为了提高自己的生存率和繁殖率，从而获得竞争优势。生物体的进化成功在于尽可能多地留下自己的基因。而工蜂在进化中失去了繁殖能力，它们的存在只是为了蜂群的利益，并保证唯一的蜂后能顺利繁殖，至死守护她免受攻击。

威廉·D. 汉弥尔顿是 20 世纪最伟大的进化理论学者之一，1964 年，他提出了内含适应性性理论或称亲缘选择假说，以解释这种利他行为。在同一群体中不育的雌蜂利他者总是尽力确保彼此的生存，汉弥尔顿假定支持这种行为的是它们之间异常密切的遗传关系——进一步则是保卫非不育蜂后的生存，因为传播基因的可能性更依赖于蜂后的生存，而非它们自己个体的生存。相似的是，黑长尾猴、松鼠以及美洲知更鸟在发现捕食者时会发出警告声，这使它们暴露了自己的位置，容易受到攻击。吸血蝙蝠会和群体中运气不够好的同类分享血液。同一物种的非亲属个体之间也存在利他行为，它们互相帮忙，行使着互惠利他主义——"你给我挠挠背，我也给你挠挠背"，这话不只是比喻，也是实例。

但从进化角度而言，很难解释为什么狗会接受失去双亲的小猫和松鼠，又或是为什么海豚会救护受到鲨鱼攻击的人类。也许它们真的只是在做善事。■

最优觅食理论

罗伯特·麦克阿瑟（Robert MacArthur，1930—1972）
埃里克·皮安卡（Eric Pianka，1939— ）

一只动物成功找到食物的益处必须与其付出的代价相权衡，这种代价便是遭遇捕食者的风险。图中的骡鹿选择在开阔地寻找食物，而不是在食物更加丰足的丛林中。如果在森林中进食，骡鹿更易遭到隐匿在林中的美洲狮攻击。

 新陈代谢（1614），生物能学（1957），能量平衡（1960）

1966 年

不同的动物以不同的方式获得成功搜索食物的能力。社会性昆虫通过学习来获得搜索的能力，也就是说，它们根据过往的经验来修正自己的行为；而非人类的灵长类通过模仿同辈或年长者来学习。相比之下，果蝇搜索食物的行为则是受到基因的影响。

自然界中的成本效益分析。 1966 年，普林斯顿大学的罗伯特·麦克阿瑟和埃里克·皮安卡提出了最优觅食理论，其理论基础是关于成本效益分析的常见的经济原理。动物寻找的食物来源能为它们提供最多的热量，同时消耗最少的能量。觅食的代价包括"处理"，比如搜索猎物，而后捕捉、进食与消化的过程。获得食物的轻松程度必须与遭遇捕食者的风险相权衡。在美国犹他州西南部的锡安峡谷中发现的骡鹿（*Odocoileus hemionus*）总是在开阔地带觅食，而这些地区的食物并不如林区的食物丰足，并且需要花费更多能量去寻找。这种动物之所以更喜欢开阔地，因为此处不容易遭到美洲狮（*Puma concolor*）的攻击，后者能隐匿在林木中追踪猎物。

最优觅食理论描述的是最理想的行为方式，但在原野中觅食并不总是能达到理想状态，而且觅食者也许要面对各种约束和妥协。如果觅食者在食物选择上极其特化或挑食，那它就需要在寻觅过程中花费额外的能量。相反，口味大众化或对食物一视同仁的动物将会摄取一些无用的食物，这些食物可能无法给它们提供太多的益处。

特定地域中猎物的数量也会影响觅食行为的成本和效益。如果该地区的猎物密度较小，觅食者就要花费大量时间去搜寻食物，并食用它遇到的几乎所有猎物。但是，在猎物繁多到几乎随时可以捕捉到新食物的程度时，大量能量将被消耗在捕捉、食用和消化上，而觅食者能够以最有利的成本效益比选择食物。■

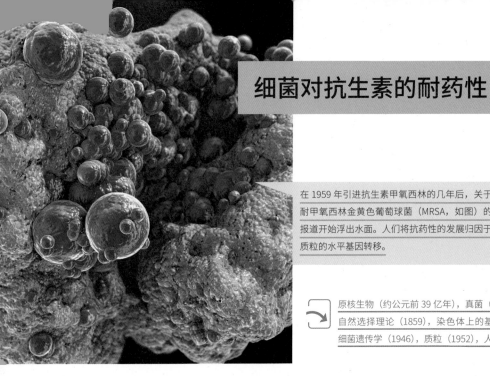

在 1959 年引进抗生素甲氧西林的几年后，关于耐甲氧西林金黄色葡萄球菌（MRSA，如图）的报道开始浮出水面。人们将抗药性的发展归因于质粒的水平基因转移。

原核生物（约公元前 39 亿年），真菌（约公元前 14 亿年），达尔文的自然选择理论（1859），染色体上的基因（1910），抗生素（1928），细菌遗传学（1946），质粒（1952），人类微生物组计划（2012）

1967 年

20 世纪 40 年代，青霉素首次被引进医疗系统，它揭开了治疗传染病的新纪元，在此之前，传染病是无法医治的，并且往往致命。青霉素是第一种抗生素，它源自细菌或真菌，能够杀死其他微生物或控制其生长。现在更多的抗生素被研发出来，它们常常是天然抗生素的化学改版，是从实验室中制造出来的药物。

希望破灭。在早期，许多专家相信抗生素能够根绝长期折磨人类和动物的传染病，让这一类疾病成为历史。不幸的是，人们发现许多传染性微生物对这些药物产生了抗性，最初的热情渐渐消退了。比如 1967 年，引发肺炎的葡萄球菌在澳大利亚出现了第一例耐青霉素菌株。更令人恐惧的是最近的一则报道，报道称，在能够引发医院获得性感染的细菌中，至少已有 70%对一种用来对付它们的抗生素产生了耐药性。

细菌的耐药性源于两种基础机制：突变和水平基因转移。通常，一种抗生素会结合一种关键的微生物蛋白质，阻止这种蛋白执行正常功能。如果这种功能涉及 DNA 的合成，而该 DNA 负责为制造某种关键蛋白质或细菌细胞壁提供遗传密码，那么这种细菌将会被杀死。然而，如果细菌的 DNA 产生突变，从而干扰了抗生素与该蛋白的结合，那么细菌就能幸存下来。基于自然选择过程，幸存的突变细菌将更有优势获得资源并生存下去。水平基因转移（交换 DNA）也能导致产生耐药性，一个微生物可以从另一个耐药性微生物处获得耐药（R）基因或 DNA。这种机制与进化无关，因为没有形成新的 DNA。

耐药菌能从化学层面上使抗生素失活，阻止它与细菌的结合，或阻止它获得进入细菌细胞的途径，又或是阻止它在细胞内积累。细菌耐药性可能造成许多后果：必须使用更高或更危险剂量的抗生素；需要更昂贵的药物用以治疗；病人可能无法康复。■

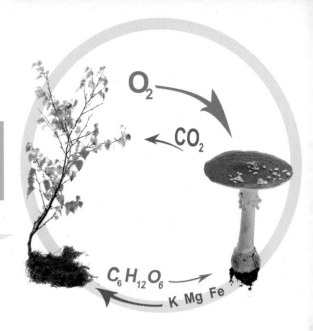

内共生学说

康斯坦丁·梅勒什可夫斯基（Konstantin Mereschkowski, 1855—1921）
林恩·马古利斯（Lynn Margulis, 1938—2011）

这张图描述了毒蝇鹅膏菌（*Amanita muscaria*）和桦树间的共生关系。伞菌从树木那里获得糖分（$C_6H_{12}O_6$）和氧气，自己则为后者提供矿物质与二氧化碳。

 最后一位共同祖先（约公元前 39 亿年），真核生物（约公元前 20 亿年），光合作用（1845），达尔文的自然选择理论（1859），生态相互作用（1859），线粒体和细胞呼吸（1925），原生生物分类（2005）

内共生学说能帮助我们了解进化过程，因为它解释了真核细胞内细胞器的起源，真核细胞包括植物、动物、真菌和原生生物。共生发生于各级生物组织中，涉及两个有机体协助互惠，以获得竞争优势，比如花朵的昆虫授粉，又或是肠道细菌帮助消化食物。在真核细胞内，线粒体和叶绿体都能形成能量以供细胞执行功能。线粒体是细胞呼吸的场所，它使用氧气分解有机分子以形成 ATP（三磷酸腺苷）；植物中的叶绿体则是光合作用的场所，它使用来自太阳的能量，用二氧化碳和水合成葡萄糖。

一次添加一种细胞器。 根据内共生学说，包含线粒体的小型细菌（α-变形菌）被原始真核细胞（原生生物）吞噬。在接下来的共生关系中，细菌（现称为共生体）提供其进化的线粒体——能量发生器，而真核细胞提供保护与养分。真核细胞通过类似过程吞噬一个光合蓝细菌，后者最后进化成叶绿体。在这种初级内共生类型中，一个生物体被另一个生物体吞噬。当这种初级内共生的产物被另一个真核细胞吞噬时，就产生了次级内共生。这为生物吸纳更多细胞器并增加可生存环境的类型提供了基础。

1905 年，俄国植物学家康斯坦丁·梅勒什可夫斯基率先提出了叶绿体的内共生学说（他抵制达尔文进化论，并积极提倡优生学）；1920 年，这一理念被延伸至线粒体。内共生学说一直没有获得科学界的任何关注，直至 1967 年，林恩·马古利斯再度提出这一学说。她是艾摩斯特市马萨诸塞大学的生物学教授，也是已故天文学家卡尔·萨根（Carl Sagan）的前妻。她的论文在发表前遭到 15 家期刊的拒绝，但现在已被认为是内共生理论的里程碑之作。■

1967 年

记忆的多重储存模型

亚里士多德（Aristotle，公元前 384—前 322 年）
威廉·詹姆斯（William James，1842—1910）
理查德·阿特金森（Richard Atkinson，1929— ）

人们发现海豚有极其长久的记忆——至少 20 年，这超过了大象的记忆期。海豚的社会记忆对它们非常有利，因为它们一生中会多次离开某群体加入新群体。

大脑功能定位（1861），神经元学说（1891），联想学习（1897）

1968 年

数千年来，众多科学家和哲学家沉迷于对记忆的研究。在亚里士多德的想象中，记忆是被印刻在头脑中的，就如蜡模上的雕刻。他将动物的记忆和人类的回忆加以区分，动物可以记得在哪里能找到食物，而人类能够回忆，有意地搜寻自己的记忆，这有助于他们回顾过去、思考现在、畅想未来。

1890 年，美国心理学家及哲学家威廉·詹姆斯率先提出了两个记忆系统（双重记忆）。初级记忆现在被称为短时记忆（STM），它是初始信息库，可持续接受意识搜检。初级记忆转瞬即逝，其中的信息能有意识地保存数秒至数分钟。次级记忆或称长时记忆（LTM），它能存留的时期无限，并且可以随时被带回意识层面。

1968 年，斯坦福大学的理查德·阿特金森和理查德·谢弗林（Richard Shiffrin）提出了多重储存模型的概念，它为记忆的信息处理过程提供了第一个综合框架。在阿特金森－谢弗林模型中，信息从感觉记忆（SM）经过 STM 流入 LTM。SM 是从环境中获得的信息——通常是视觉和听觉信息，它能维持数毫秒至数秒。我们一直被感觉记忆持续不断地轰炸，不过幸运的是，这些信息只有一小部分能抵达下一个阶段：STM 或工作记忆。SM 和 STM 的容量有限，储存于 STM 中的信息只能维持 20~30 秒，而后会被迅速遗忘——这一点时间足以满足即时的需求，比如查阅电话号码。我们能将 LTM 保存数天至数年，它隐藏于意识之外，但可以在需要时被提取进入工作记忆。

神经系统科学家认为 STM 和 LTM 中包含的信息都储存在大脑皮层中。信息经过整理后进入 STM 和 LTM，在两者间传递时有所延迟，从进化的角度看，这使得 LTM 可以逐步融入我们的知识与经验储存库，使大脑得以建立更多有意义且有利于生存的关联。■

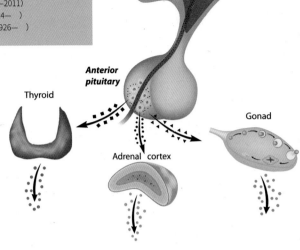

下丘脑-垂体轴

杰弗里·W. 哈里斯（Geoffrey W. Harris, 1913—1971）
罗莎琳·耶洛（Rosalyn Yalow, 1921—2011）
罗歇·吉耶曼（Roger Guillemin, 1924— ）
安德鲁·V. 沙利（Andrew V. Schally, 1926— ）

Hypothalamus

Anterior pituitary

Thyroid

Adrenal cortex

Gonad

图为下丘脑-垂体轴。下丘脑分泌的激素刺激或抑制脑垂体释放激素。而后，脑垂体激素顺着血流抵达不同的内分泌腺，刺激后者释放特定激素。

 神经系统通信（1791），体内平衡（1854），负反馈（1885），促胰液素：第一种激素（1902），甲状腺和变态（1912）

脑垂体位于大脑基部，是一个葡萄形状的腺体，由两片主叶构成：垂体前叶形成并分泌六种激素；垂体后叶分泌两种激素。垂体前叶激素激活内分泌腺，调节它们的激素分泌。20 世纪 30 年代，英国解剖学家杰弗里·哈里斯提出假设，认为紧贴脑垂体上方的下丘脑通过分泌激素来控制脑垂体，但他无法甄别出这样的下丘脑激素，也无法证明自己的假设。脑垂体虽然只有杏仁大小，但它控制着多种基本的身体机能以及情绪。在 20 世纪 50 年代末至 60 年代初，罗歇·吉耶曼和安德鲁·V. 沙利成功识别了一系列下丘脑激素（两人最初在德州休斯敦市贝勒大学共事，后来成为竞争者）。这些激素由下丘脑底部分泌，穿过若干血管来到垂体前叶，在此处它们或是激活，或是抑制特定激素的释放。

1968 年，人们分离出了第一种下丘脑激素，并确定了其化学特性：促甲状腺激素释放激素（TRH），它能刺激垂体前叶释放促甲状腺激素（TSH）。TSH 通过血液抵达甲状腺，促使其分泌甲状腺激素。下丘脑和垂体前叶并不独立执行功能，相反，它们接收来自全身神经的信息或负反馈，由此调节或关闭额外的 TRH 和 TSH 分泌。其他下丘脑激素包括促黄体生成激素释放因子、促肾上腺皮质激素释放激素，以及生长激素。吉耶曼和沙利是神经内分泌学的创始人，这个学科研究中枢神经系统和内分泌腺之间的相互作用。两人共同获得了 1977 年的诺贝尔奖，同时获奖的还有罗莎琳·耶洛，她发明了这些激素的放射免疫分析法（RIA）。■

1968 年

路德维希·冯·贝塔郎非（Ludwig von Bertalanffy, 1901—1972）

对宇宙的研究利用了一种系统方法，它使天体物理学家得以预测数十亿年前切实发生的宇宙事件。这张曝光组合的照片展示了猫掌星云，它位于天蝎座，接近银河系中央，与地球的相对距离是 5 500 光年。

体内平衡（1854），生态相互作用（1859），协同进化（1873），生物圈（1875），全球变暖（1896），内共生学说（1967），臭氧层损耗（1987）

　　系统一词是指一组互相作用的部件或成分，它们彼此依赖，构成一个更复杂的整体。研究者们采用了"微小的"或"巨大的"方式探讨系统。生物科学家们研究的是生物体，他们通常关注的是有机体的独立部件。他们针对特定的酶系统、大脑部位或光合色素等，专注于研究并收集尽可能多的相关信息，有时这种研究将终其一生，这样的情况并不罕见。有关各独立部件的所有信息被收集起来，用于构建整个系统的完整描述，这种"由下而上"的做法被看作科学研究的一种简化方式。

　　1968 年，生于澳大利亚的生物学家路德维希·冯·贝塔郎非提议将这种简化模式颠倒过来，形成"自上而下"的方式，他将其称为一般系统论。这种理论的基本原则可用来解决许多科目的问题，包括工程学、社会科学以及生物学。相比于采用研究孤立部件的简化方式，在系统生物学领域，研究者们将生物体看作一个完整的网络系统，其互相影响的元素包括基因、蛋白质，以及产生生命的生化与生理反应。这些研究者将所有组件及其相互作用都看作一个完整系统的成分，而其相互作用构建了整个系统的形态与功能。因此，整体被视为大于其部件的总和。

　　生物学家们各自运用其相对局限的专业背景来研究独立部件，在这种方式下，只有少数人能够完全理解一个复杂的生物系统。在贝塔郎非的构想中，系统生物学是一种综合性的多领域研究，它需要生物学家、物理学家、计算机科学家、数学家及工程师的专业知识。比如说，这样一种系统方法可能被运用来构建数学模型，以预测因降雨量减少而导致的气候变化对行星生物的影响，从而影响作物产量，最后导致影响人类的食物供给量。■

细胞决定

托马斯·亨特·摩尔根（Thomas Hunt Morgan，1866—1945）
阿兰·图灵（Alan Turing，1912—1954）
刘易斯·沃尔珀特（Lewis Wolpert，1929— ）
克里斯汀·纽斯林-沃尔哈德（Christiane Nusslein-Volhard，1942— ）

"三色旗模型"一直被用来图解在胚胎发育过程中，形态发生素的相对浓度是如何决定细胞分布的。这张海报描绘了背着玩具步枪的小孩子和法国国旗，这是 1916 年的巴士底日，孩子们正在向受伤的第一次世界大战士兵敬礼。

 再生（1744），染色体上的基因（1910），胚胎诱导（1924），自然界中的图案形成（1952）

长久以来，科学家一直在疑惑，一个简单的受精卵是如何转变成一个高度分化的多细胞生物体的。细胞怎么会知道往哪里移动？为什么有些细胞变成了神经元，而另一些形成了骨骼？形态发生是胚胎发育时期确定细胞空间分布的程序，整个身体的结构由此形成。1901 年，美国进化科学家及遗传学家托马斯·亨特·摩尔根观察到了蠕虫的再生发生在不同部位且速率也不同。摩尔根提出，形态发生源于局部细胞群（"组织中心"）释放的信号，这些信号导致"中心"周围的细胞产生分化。半个世纪后，在论文《形态发生的化学基础》（*The Chemical Basis for Morphogenesis*，1952）中，阿兰·图灵提出形态发生素（"形态制造者"）的概念，他认为这些化学物质起初是均匀分布的，而后根据浓度的不同构成空间格局。

"三色旗模型"。英国教授刘易斯·沃尔珀特生于南非，1969 年，他在英国伦敦大学学院教授发育生物学时提出构想，假定形态发生素是一群源细胞分泌的，它以不同浓度的变换为信号机制，直接作用于靶细胞，使之产生反应。这种反应的强度根据靶细胞的形态发生素浓度变化。他使用"三色旗模型"来进行图解说明，这一模型是三条蓝、白、红的垂直色带。最接近源细胞的细胞（蓝条）将接收到最高浓度的形态发生素，这将激活高阈值的靶基因；离源细胞较远的细胞（白条）将接收到较低浓度的形态发生素，以激活低活性基因；而那些离得最远的细胞（红带）将不被激活。不同组合的靶细胞将因其源细胞的距离不同而获得不同程度的激活。20 世纪 80 年代，德国生物学家克里斯汀·纽斯林-沃尔哈德基于"三色旗模型"和形态发生素，确定了果蝇全身构成的基因基础，她也因此成为 1995 年诺贝尔奖的共同获奖者之一。■

1969 年

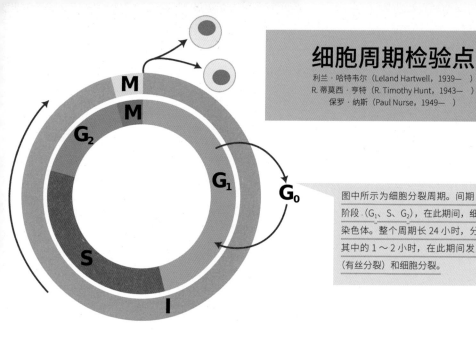

细胞周期检验点

利兰·哈特韦尔（Leland Hartwell, 1939— ）
R. 蒂莫西·亨特（R. Timothy Hunt, 1943— ）
保罗·纳斯（Paul Nurse, 1949— ）

图中所示为细胞分裂周期。间期（I）包括三个阶段（G_1、S、G_2），在此期间，细胞生长并复制染色体。整个周期长 24 小时，分裂期（M）占其中的 1～2 小时，在此期间发生的是核分裂（有丝分裂）和细胞分裂。

 细胞学说（1838），减数分裂（1876），有丝分裂（1882），作为遗传信息载体的 DNA（1944）

1970 年

细胞分裂在有机体的生命中起着关键作用，它的作用范围包括各种关键功能，比如繁殖、生长、发育、更新及修复衰老或损坏的细胞。许多抗癌药物的作用原理都是破坏细胞周期的特定阶段。

细胞周期是一个连续的过程，即一个分裂中的母细胞形成两个子细胞。细胞周期（也称细胞分裂周期）分为两个主要阶段：间期和分裂期。在间期中，细胞生长，染色体进行复制；它与分裂期交替发生，分裂期又分为有丝分裂（核分裂）和胞质分裂（细胞分裂）。一个细胞周期如果长 24 小时，间期只占其中的 1~2 小时，但分为三个阶段：G_1、S、G_2。G_1 和 G_2 是有丝分裂末期和下一次有丝分裂初期之间的间隙期，在这两个时期中，细胞先是评估分裂中产生的错误，而后再进行下一个步骤。

从大约 1970 年开始，人们识别出了间隙期中的检验点机制，它检查环境以确保细胞周期之前的步骤已完成或已校正。若步骤完备，则给出"出发"的信号，DNA 将在 S 阶段进行复制，"出发"信号涉及细胞周期蛋白和周期蛋白依赖性激酶（Cdks）。若状况有误，则发动修正步骤，或损毁细胞，分裂不当的细胞可能会导致癌症。1991 年，保罗·纳斯、利兰·哈特韦尔和 R. 蒂莫西·亨特因发现这些蛋白分子检验点而获得诺贝尔奖，这些检验点在细胞周期中调控细胞分裂。

在细胞周期的末尾，母细胞体积翻倍，染色体数量翻倍，接着细胞一分为二，形成两个基因完全一样的子细胞，而后开始新的细胞周期。细胞周期的长短不等，迅速生长的肠细胞周期为 10~24 小时，肝细胞的周期为一年，成熟的神经细胞或肌肉细胞则不再分裂。■

间断平衡

查尔斯·达尔文（Charles Darwin，1809—1882）
恩斯特·迈尔（Ernst Mayr，1904—2005）
斯蒂芬·杰·古尔德（Stephen Jay Gould，1941—2002）
尼尔斯·艾崔奇（Niles Eldredge，1943—　）

这是一张 1981 年的英国邮票，描绘了查尔斯·达尔文和加拉帕戈斯岛雀鸟，它们喙的大小和形状各不相同，达尔文以此为基础，进一步发展了他的自然选择理论。

古生物学（1796），化石记录和进化（1836），达尔文的自然选择理论（1859），染色体上的基因（1910），进化遗传学（1937），生物物种概念和生殖隔离（1942），杂种与杂交地带（1963）

　　物种如何进化，是逐渐"挪动"还是戏剧性地"猝然跃动"？达尔文的《物种起源》（*Origin of Species*，1859）称进化过程是平缓的，其间，物种的变化是稳定渐变的。这种基于自然选择的进化理念被进化生物学家们广为接受，但它无法解释化石记录中突然出现的无数新物种，其中许多生物的祖先还有待发现。达尔文承认这些漏洞，偏颇地解释说这是源于化石记录保存方式的不完善。但他也注意到，物种变化的速度和程度并不完全相同。

　　1972 年，进化生物学家及古生物学家尼尔斯·艾崔奇在美国自然历史博物馆工作，斯蒂芬·杰·古尔德则身处哈佛，两人共同提出了另一种进化理念，他们称之为间断平衡论，认为进化是"猝然跃动"，因此才会有新的化石物种突然出现。根据这一假说，大多数新物种都是骤然从亲本物种中分离而生的，并非逐渐变化脱离。在较早的独立存活期间，分支物种的种群迅速（以地质时间论）经历了形态上的主要改变。因此，数量很小的、独立的新物种将停留在一个静态的扩展状态（平衡），在余下的存在时间中，它们的形态只有最小的变化，而这个阶段可能持续数百万年。

　　间断平衡论的基础建立在恩斯特·迈尔的地理物种形成论上，这个理论于 1963 年被普及，并被广泛接受。迈尔的理论认为，在物种形成过程中，即不同的物种从亲本种中产生的过程中，一个小群体开始从亲本种群的大群体中分离出来，出现生理上的分歧，这个阶段的时间相对短暂，因此不足以留下确定性的化石记录。间断平衡被认为是进化的一种重要模式，但它极具争议，并且常常在各种层面上被误解，其中一个错误的概念就是认为它反驳了达尔文的自然选择进化论。■

1972 年

再生能源来自可持续补充的资源，包括阳光（太阳能）、风、雨、潮汐、波浪，以及地热。

人口增长与食物供给（1798），全球变暖（1896），影响种群增长的因素（1935），绿色革命（1945），能量平衡（1960），臭氧层损耗（1987）

1972 年

自然资源并非取之不尽，这一概念可追溯至数百年前的林业管理模式，当时的人们已经在寻求林木消耗与更替之间的平衡。可持续发展的目标是负责任地使用自然资源，在满足当下需求的同时，也不损害子孙后代的使用需求。最近数十年，可持续发展的界线已延伸到了环境保护之外，环保的焦点是"绿色"运动，而如今的可持续发展已囊括经济发展、社会公平与文化保护各领域。

1972 年，联合国人类环境会议在斯德哥尔摩召开，这是首届探讨人类活动对环境之影响的国际大会，它强调了污染、自然资源毁坏，以及对物种侵害等问题。在 1992 年里约地球峰会上，100 多个国家在里约热内卢齐聚一堂，倡导限制二氧化碳与甲烷等温室气体的排放，以应对气候变化。此外，他们还赞成保持生物多样性，并以可持续的方式使用生物资源，比如减少森林采伐。

国际大会面对的问题是如何平衡发达国家的意愿和发展中国家的需求。发达国家越来越关注环境问题，并力图减少工业的持续发展对环境的影响。尽管如此，世界上 80% 的自然资源却是被全球 20% 的人口消耗的。社会越来越注重投资于财政可行的绿色科技，注重能效，并使用对环境无害的可再生资源，比如风能和太阳能。

发展中国家渴求经济发展至更高水平，以追上工业化国家。经济局限性促使他们诉诸于资源开采，并使用成本最低的方法以达成工业化之类的目标，而这些方法却要付出高昂的环境代价。我们所面临的挑战是如何协调繁荣与生态，如何继续保持经济增长而不过度损害环境。■

亲本投资和性选择

罗伯特·L.特里弗斯（Robert L. Trivers，1943— ）

母狮以 3～8 只成群捕猎食物，雄狮则负责保护幼仔。幼狮易受鬣狗和豹子的袭击，但是它们最大的威胁来自其他雄狮。

性选择（1871），动物色彩（1890）

后代的健康，甚至是生存与未来的繁育能力都取决于其父母自交配时起为它们所作的努力。1972 年，美国进化生物学家及社会生物学家罗伯特·特里弗斯正在哈佛大学工作，他提出了亲本投资理论。父母为后代花费的时间、能量、资源以及风险构成了它们的投资，而投资的种类因分类与性别不同。

特里弗斯注意到，在后代出生之前，雄性只会投入一点点时间和精力，以获得生育上的成功，也就是说，他只负责交配。但其进化回报却很丰厚，他的基因得到了传播，其后他便可以离开去寻找下一个配偶。相反，该物种的雌性成员则需要为妊娠投资，付出怀孕带来的精神与生理成本，并且在怀孕期间不能进行繁殖。后代出生之后，双亲的投资根据物种分类而不同。除了少数例外，如水生无脊椎动物、鱼类和两栖动物在出生后很少或是完全不会得到任何亲本的照料。对于鸟类父母的一方——通常是对双方而言，产前与产后的亲本投资包括准备鸟巢、守卫鸟卵，并照顾幼鸟。对哺乳动物，尤其是人类来说，在经历 9 个月的妊娠期以及哺乳期后，双亲的投资（有时只有一方）无所不包，可能要持续数十年。

特里弗斯坚称，每位父母投资的相对差别深刻地影响着生物对配偶的选择，雌性在选择时远比雄性挑剔得多。雄性彼此竞争配对的机会，其成功的决定性因素包括身材、力量、色彩的鲜艳度——这是健康和活力的指标。雌性钟爱的雄性通常体魄强健，有优秀的身体性状（即可以遗传给后代的优秀基因）、更高的地位（阿尔法雄性），以及资源。对于双方亲本都参与照顾后代的物种而言，雌性将选择看上去对协助照料感兴趣的雄性。■

1972 年

露西

玛丽·李奇（Mary Leakey，1913—1996）
伊维斯·柯本斯（Yves Coppens，1934—   ）
莫里斯·泰伊白（Maurice Taieb，1935—   ）
唐纳德·约翰逊（Donald Johanson，1943—   ）

图为南方古猿阿法种的复制品，它们是最长寿且最出名（因为露西）的早期人种之一。人们在东非发现了他们留下的遗迹，其历史可追溯至385—295 万年前，这意味着这一种族存活的时间超过了 90 万年——几乎四倍于晚期智人的已知历史。

 灵长类（约公元前 6500 万年），尼安德特人（约公元前 35 万年），解剖学意义上的现代人（约公元前 20 万年），放射性定年法（1907），最古老的 DNA 与人类进化（2013）

1974 年，露西 —— 或者至少是她的遗骸登上了历史舞台，经放射性定年法判断，她是 320 万年前的南方古猿阿法种。在进化树的人类分支上，南方古猿阿法种也许是古人种中最早期的成员之一。与其他人类学发现不同，露西不是化石或少许骨骼碎片，而是整具骨架的 40%。基于骨盆的开口大小，人们推断这是一具女性的残骸，她高 43 英寸（1.1 米），重约 66 磅（30 千克）。露西的骨骼在美国公开巡回展出了许多年，于 2013 年返回故乡。如今，其塑料复制品与相关人工制品陈列在埃塞俄比亚首都亚的斯亚贝巴的国家博物馆中。

化石的最初迹象出现在埃塞俄比亚东北部的哈达特，是法国地质学家莫里斯·泰伊白于 1972 年发现的。为了勘探此处，他集齐一支由三国科学家组成的队伍，其中包括美国人类学家唐纳德·约翰逊、英国考古学家玛丽·李奇，以及法国古生物学家伊维斯·柯本斯。1974 年，在实地研究的第二季度，他们发现了露西，她的名字来自他们营地中播放的一首披头士的歌：《露西在缀满钻石的天空》（*Lucy in the Sky with Diamonds*）。

对骨盆与腿骨的检查结果可证明露西是两足动物；颅腔容量与猿相仿，大约是现代人颅腔容量的三分之一。这使得科学家们得出结论：在人类进化史中，直立行走先于大脑扩张。这个观点和之前人们所相信的截然相反。有些研究者疑惑于露西和南方古猿阿法种是否现代人的远祖。人们发现的其他遗迹大都位于非洲的同一区域，并没有证据表明南方古猿阿法种使用了成形的工具或火。■

1974 年

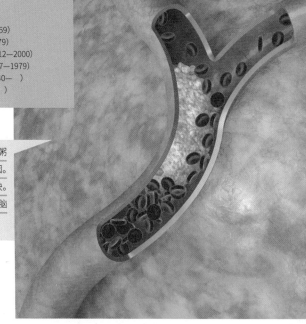

胆固醇代谢

阿道夫·温道斯（Adolf Windaus，1876—1959）
费奥多尔·吕嫩（Feodor Lynen，1911—1979）
康拉德·埃米尔·布洛克（Konrad Emil Block，1912—2000）
罗伯特·B.伍德沃德（Robert B. Woodward，1917—1979）
约瑟夫·L.戈尔茨坦（Joseph L. Goldstein，1940—　）
麦可·S.布朗（Michael S. Brown，1941—　）

因胆固醇堆积引起的动脉堵塞被称为动脉粥样硬化，它是西方国家人口死亡的主要原因。当血流被阻碍时，动脉中就会形成血凝块。当血块停滞时，就可能堵塞通向心脏和大脑动脉的血流，分别引发心脏病和中风。

 新陈代谢（1614），负反馈（1885），孕酮（1929），压力（1936）

一说到胆固醇，人们就会反射性地联想到动脉硬化、心脏病以及中风。不过，这种固体甾族醇对于动物细胞膜的构建与维持来说必不可少，并且对其渗透性和流动性也至关重要，后两种性质使蛋白质与其他化合物能穿过双层细胞膜进入细胞。胆汁在脂肪的消化与吸收中扮演着重要角色，而胆固醇是如它一类的甾族化合物在进行生物合成时的起始分子；它还参与构成维生素 A、D、E 和 K，还有肾上腺激素皮质醇和醛固酮，以及雄性及雌性激素。胆固醇还是髓鞘的重要成分，髓鞘负责包裹并隔绝神经轴突，后者帮助传导神经冲动。

胆固醇最早是于 1769 年在胆汁和胆结石中被发现的。1833 年，人们又在血液中发现了它。之后的研究重点在于它的化学性质和代谢途径，以及其含量偏高引起的健康问题。1903 年，阿道夫·温道斯确定了它的化学结构。1951 年，杰出的有机化学家罗伯特·伍德沃德成功合成了胆固醇。

20 世纪 50 年代，康拉德·埃米尔·布洛克和费奥多尔·吕嫩各自研究，分别确定了胆固醇的生物合成过程。布洛克追踪其从一个 2 碳乙酸盐分子至 27 碳四环结构胆固醇的合成过程，有 26 种酶参与其中。胆固醇的生物合成是由当时的机体胆固醇水平通过负反馈系统来调控的，较高的饮食摄入量会导致其合成量下降，反之亦然。1974 年，得克萨斯大学西南医学院的麦可·S.布朗和约瑟夫·L.戈尔茨坦识别了一系列调控胆固醇代谢的分子。他汀类可以在胆固醇合成的限速步骤（反应中最慢的步骤）中抑制其合成，它是世界上应用最广泛的药物之一。

直至今日，研究胆固醇的学者们总共获得过 13 项诺贝尔奖，而胆固醇也被称为"史上最荣誉满身的小分子"，这种说法也许并不夸张。这些获奖者包括温道斯（1928）、伍德沃德（1951）、布洛克和吕嫩（1964），以及布朗和戈尔茨坦（1976）。■

1974 年

味觉

池田菊苗（Kikunae Ikeda, 1864—1936）

有些人觉得十字花科蔬菜的味道特别苦，
比如球芽甘蓝和西兰花，造成这种味道
的化学物质是丙硫氧嘧啶。

 神经系统通信（1791），神经
元学说（1891），动作电位
（1939），嗅觉（1991）

1974 年

在早年的学校生涯中，我们都学过四种基本味觉——甜、咸、苦、酸，每一种味道都能被我们的舌头选择性地感觉到。自 1901 年起，学生们就开始记下舌头的味觉分布图，它是德国科学家 D.P. 哈尼格（D. P. Hanig）在这一年绘制的。现在，我们已经知道有五种基本味觉，第五种为鲜味（日语写为旨味，意指"好味"或"美味"）。这种味道在含有味精（MSG）的食物中很常见，它是日本化学教授池田菊苗于 1907 年发现的。1974 年，弗吉尼亚·柯林斯（Virginia Collings）发现，舌头的不同部位对于味道的敏感性只有非常小的区别，而味觉感受器遍布在整个舌头上。简而言之，味觉分布图只是虚构的。

四种基本味觉为早期人类提供了其目标食物的性质线索：甜味意味着富含热量；咸味提供营养价值；酸味暗指腐坏或未成熟的食物；苦味则警示该食物可能有毒。味觉是由味蕾上专门的受体细胞所识别的化学感觉，味蕾被包裹在杯状乳突中，也就是舌头上的突起。一个味蕾上可能会有 50 个这样的受体，每一种基本味觉都会触发一个受体。每个受体细胞都有一个突起，即味毛，味毛从味孔伸出至舌头的外表面。当一个味道分子与唾液混合后，它会进入味孔，与味毛受体相互作用，并激活味觉信息，使其传播至大脑皮层的味觉区。

对味觉的研究可追溯至 20 世纪 30 年代，并一直延续至近些年，我们知道某些人对味道的敏感度胜过他人，而这些研究为这方面的理解提供了基础。以丙硫氧嘧啶（治疗甲状腺失调的药物）为受试物，50% 的实验对象都会觉得它有苦味，25% 尝不出它的味道（"味盲"），另外 25% 则觉得它非常苦（"超敏味觉者"）。超敏味觉者在女性及亚非和南美人中较为常见，这些人的高敏感度要归因于其有更多的味觉受体细胞。■

图中的单克隆抗体（mAb）是一个免疫球蛋白 G（lgG）分子，是血液和淋巴中最丰富的抗体种类。

单克隆抗体

北里柴三郎（Kitasato Shibasaburō，1853—1931）
保罗·埃尔利希（Paul Ehrlich，1854—1915）
埃米尔·冯·贝林（Emil von Behring，1854—1917）
迈克尔·波特（Michael Potter，1924—2013）
塞萨尔·米尔斯坦（Cesar Milstein，1927—2002）
乔治斯·克勒（Georges Kohler，1946—1995）

适应性免疫（1897），埃尔利希的侧链学说（1897）

20 世纪之交，德国医生及科学家保罗·埃尔利希提出了"魔弹"概念：这是一种能够选择性瞄准并击杀致病生物的化合物，且不会对病人造成伤害。埃尔利希的构想是在 1890 年提出的，此时他还处于自己的科学研究生涯早期。也是这一年，埃米尔·冯·贝林和北里柴三郎推出了一种免疫血清，以治疗白喉和破伤风。这种治疗产生的免疫力源自特异抗体，这些抗体是为了对抗细菌毒素（即抗原）而产生的。单克隆抗体一开始就有希望成为"魔弹"。

20 世纪 50 年代，迈克尔·波特在美国国立卫生研究院的国家癌症研究所工作，他完善了在老鼠体内培养浆细胞瘤的技术，以生成对抗特异抗原的高特异性抗体分子。波特慷慨地与全世界的科学家共享这些老鼠浆细胞，其中包括英国剑桥分子生物学实验室的塞萨尔·米尔斯坦和乔治斯·克勒。生物化学家米尔斯坦生于阿根廷，后移民英国，克勒则是德国博士后研究员，1975 年，他们将老鼠脾细胞与骨髓瘤细胞混合在一起（脾细胞中富含来自浆细胞瘤的 β-淋巴球），以生成杂交瘤。

这些杂交瘤产生了单克隆抗体，或是完全相同的抗体——因为它们是由同一类免疫细胞生成的。另外，这些抗体可以无限量地生成。单克隆抗体的研发被视为 20 世纪生物医学研究中最重要的进步之一，这项成就为米尔斯坦和克勒赢得了 1984 年的诺贝尔奖。米尔斯坦没有为他的技术申请专利保护，这在英国政府的最高层中激起了巨大的反响。人们预测单克隆抗体在医疗领域将用途广泛，因为它们安全、效果针对性强，并且易于生产。2014 年 6 月，美国食品及药物管理局批准通过了 30 种单抗产品，以治疗癌症、自体免疫疾病、炎性病变，并许可其成为诊断性药物。■

1975 年

社会生物学解释了这只雪猴保护幼仔的本能行为，这种行为是出于守护其幼仔生存及繁殖的意图，这将保证它的基因能传播下去。

昆虫（约公元前 4 亿年），达尔文的自然选择理论（1859），优生学（1883），联想学习（1897），亲本投资和性选择（1972）

1975 年

　　基因组成产生的一些变异能为个体提高生存概率，并提供更多繁殖的机会，根据自然选择原理，这些个体的数量将成倍增长，这促使基因优势较少的个体越来越少。1975 年，美国生物学家及昆虫学家爱德华·O. 威尔逊撰写了《社会生物学：新综合学科》（*Sociobiology：The New Synthesis*），他在书中力图根据进化理论和自然选择解释动物与人类的行为，他认为生物所选择的行为方式能将传播基因给后代的机会最大化。比如说，许多哺乳类的母亲会本能地保护自己的后代，以助其生存并繁殖。

　　相比于个体行为，社会生物学家主要关注本能行为与群体。进化生物学家们普遍认可非人类动物的适应性行为可以遗传，这是一个活跃的研究领域。但是威尔逊坚称人类行为和这些动物一样，受基因的影响胜过受文化的影响，甚至比动物更甚。根据他的推理思路，对于人类不断改变的行为而言，社会与环境因子只有有限的影响力。社会生物学在人类方面的应用引发了激烈的争议与批评。

　　斯蒂芬·杰·古尔德是反对者中的一名先锋，他是一位古生物学家，也是受欢迎的科学作家。古尔德等进化科学家驳斥有关人类的生物论断，坚持认为人类行为也许会受基因组成影响，但并不由后者决定。一旦认可了人类基因难以驾驭，并且能操纵命运，使人满足于维持现状，就会有人以这种观念为依据，拥护统治精英，支持独裁政策和许多社会不公平现象，包括种族主义和性别歧视。

　　在 20 世纪 80 年代之前，社会生物学和行为生态学差不多是同义词，而行为生态学研究的是动物行为的生态及进化基础。为了避免有人尝试将动物行为的进化理论应用到人类领域，该学科的研究者们将自己的工作限制于动物领域，并且更乐意被称为"行为生态学家"。■

致癌基因

弗朗西斯·佩顿·劳斯（Francis Peyton Rous, 1879—1970）
J. 迈克尔·毕晓普（J. Michael Bishop, 1936—　）
哈罗德·瓦慕斯（Harold Varmus, 1939—　）

照片中，美国国家癌症研究所主任哈罗德·瓦慕斯正于 2010 年进行一次演讲。因证明病毒中的致癌基因如何引发癌症，他成为 1989 年诺贝尔奖的共同获奖者之一。

 病毒（1898），致癌病毒（1911），细菌遗传学（1946），分子生物学的中心法则（1958），HIV 和 AIDS（1983）

　　1911 年，佩顿·劳斯发现了（劳斯）肉瘤病毒（RSV），这是一种致癌病毒，能引发鸡的癌症。这一发现率先证明了病毒能引发任一物种的癌症，并最终于 50 多年后得到了诺贝尔委员会的认可，这一年是 1963 年，劳斯已 84 岁。之后，人们发现 RSV 是一种逆转录病毒，它携带的是 RNA 而非 DNA，但可以由病毒中的逆转录酶转录为 DNA 分子。异常 DNA 能够进入正常细胞的染色体，改变其活性，导致癌症。

　　1976 年，旧金山市加州大学的迈克尔·毕晓普和哈罗德·瓦慕斯用 RSV 证明了正常细胞基因形成恶性肿瘤的过程。致癌基因指的是病毒遗传物质的特定部位，它可以指导正常细胞转变为癌细胞，其影响因子可能来自病毒的其他部分、辐射或某些化学物质。两人发现 RSV 的致癌基因并不是真正的病毒基因，而是正常的细胞基因——原癌基因，它是病毒在复制过程中从宿主细胞中获得并带走的。原癌基因是编码激酶（为其合成发送指令）的基因，激酶负责触发信号，刺激正常细胞生长及分裂。根据毕晓普和瓦慕斯的发现，研究者们识别出了许多细胞基因，它们通常控制生长发育，但也可以产生突变，导致癌症。

　　在细胞周期中，基因损坏的 DNA 一般会被修复或摧毁。如果这种修复-摧毁机制没有充分发挥作用，突变就会累积，而损坏的基因被传递给子细胞。当机体的正常细胞在遗传物质上发生不可逆转的改变时，就可能产生癌症。调控细胞生长的有两类基因：原癌基因和抑癌基因（TSG），其中任何一类发生突变都可能导致癌症。原癌基因的突变可能导致细胞生长受到过度刺激并脱离控制，此时 TSG 的突变就可能打开控制细胞生长的闸门。■

1976 年

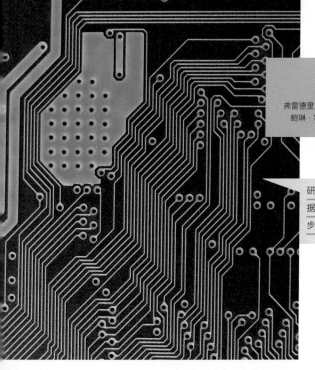

研究者们很可能正在遭受越来越多的新的详细数据与信息的轰炸，它们部分是源于信息技术的进步，其中包括图示这样的电路板。

噬菌体（1917），胰岛素的氨基酸序列（1952），致癌基因（1976），基因组学（1986），人类基因组计划（2003），人类微生物组计划（2012），最古老的DNA与人类进化（2013）

1977 年

　　无数生物数据从全世界各种学科的实验室中产生，它们累积的速度如此令人惊异，甚至足以让经验最丰富的研究团队应接不暇。这种现象在分子生物学领域最为明显，基因组学技术的进步一直在推动该学科的进程。基因组学是为某个生物体细胞整组 DNA 的结构与功能进行测序、整合并分析的学科。1975 年，弗雷德里克·桑格发明了第一种 DNA 测序技术，20 年前他就已经阐述了胰岛素的氨基酸序列。1977 年，他又确定了第一个完整基因组上的 5 386 个核苷酸的 DNA 序列，这个基因组属于一种噬菌体（感染细菌的病毒）。自此后，基因组学的发展一日千里！2003 年，人类基因组计划完成，测序了 20 500 个基因。研究者们面临的挑战不再是如何获得信息，而是能否利用信息推进自己的研究。

　　理解数据。生物信息学这个名词是荷兰理论生物学家鲍琳·霍奇维格于 1970 年创造的。这一学科融合了生物学、计算机科学与信息技术，涉及使用信息技术来获取、储存、管理并分析生物数据库中的信息。研究者们可以进入这些数据库，检索现有信息，并添加新信息。在更深入的层次，该学科力图发展数学算法、数据挖掘技术以及其他辅助资源——它们辅助分析现有数据，并使其可以与现有信息进行对照。它的终极目标是展开生物学的新视野，并获得全球视角，由此确立生物学的基础概念。若能获得细胞正常活动的全面信息，人们将有更好的基础理解它们在疾病中出现的偏差。

　　除了为 DNA 和氨基酸测序，以及预测蛋白质的氨基酸序列外，生物信息学还使人们可以通过检测 DNA 变化而追踪生物的进化历程、分析高度复杂的蛋白质活性调控系统，并搜寻癌细胞中的突变。∎

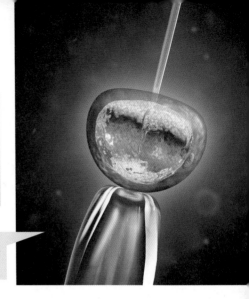

体外授精 （IVF）

沃尔特·希普 （Walter Heape，1855—1929）
格雷戈里·G. 平卡斯 （Gregory G. Pincus，1903—1967）
张明觉 （Min Chueh Chang，1908—1991）
帕特里克·C. 斯特普托 （Patrick C. Steptoe，1913—1988）
罗伯特·G. 爱德华兹 （Robert G. Edwards，1925—2013）

这张数码插图展示的是 IVF 过程，一枚玻璃针正在将精子注入从女性卵巢中提取的卵细胞。

 胎盘 （1651），精子 （1677），关于发育的理论 （1759），卵巢与雌性生殖 （1900），繁殖时间表 （1924）

1978 年，一个延续了几近整个世纪的梦想终于成为现实。经过产科及妇科医生帕特里克·斯特普托和生理学家罗伯特·爱德华兹 10 年的努力，第一个体外授精 （IVF） 的婴儿路易丝·乔伊·布朗 （Louis Joy Brown） 在英国奥尔德姆市出生。无子女的父母们欢呼着迎接这一喜讯，但有些教会领袖却嘲弄着指责他们在"扮演上帝"。2010 年，爱德华兹获得诺贝尔奖 （斯特普托已故），此时大约已有 400 万"试管婴儿"出生。路易丝·布朗已于 1999 年怀孕并自然分娩。

体外授精起源于 1891 年的剑桥大学，沃尔特·希普在这一年成功将胚胎植入一只兔子体内，它生了 6 只小兔子。1934 年，哈佛大学的繁殖生物学家格雷戈里·平卡斯与 E. V. 恩兹曼 （E. V. Enzmann） 率先提出，哺乳动物的卵子可以在试管内 （体外） 正常发育 （数十年后，平卡斯与他人共同研发了口服避孕药）。在两年之前，奥尔德斯·赫胥黎 （Aldous Huxley） 就已经在《美丽新世界》 （Brave New World） 一书中提出了在实验室中形成胚胎的理念。1959 年，虚构的情节在现实中再现，伍斯特实验生物学基金会的繁殖生物学家张明觉在长颈烧瓶中给新排出的兔子卵子授精，率先完成了 IVF。

IVF 的原理看似比较简单，但斯特普托和爱德华兹花了 10 年时间才实现成功所需的理想条件。女性通常每个月排出一枚卵子。在 IVF 过程中，人们会使用催孕药诱导"超数量排卵"，以生成多枚卵子。接着，卵子经由卵泡抽吸术从女性卵巢中取出。如果母体没有生成卵子，也可以使用捐赠的卵子。精子和卵子在试管中混合 （授精），卵子通常在数小时后受精成功；也可以将精子注入卵子 （卵胞浆内单精子注射，或称 ICSI）。受精卵分裂形成胚胎，被放进烧瓶中培养，3 ～ 5 天后，它将被植入母体子宫。IVF 胎儿成活的成功率随母体的年龄增长而下降：35 岁以下的女性拥有 41% ～ 43% 的成功率；41 岁以上的女性成功率下降至 13% ～ 18%。

历史中不乏这样的事例：重金属、化学物质以及杀虫剂进入食物链，通过生物放大过程，致使野生生物大量死亡。

寂静的春天（1962）

1979年

1929年至1979年，多氯联苯（PCB）被应用在数百种盈利的工业及商业项目上。但器材渗漏与PCB废料的非法或不当丢弃致使其暴露于环境中，至今仍在产生灾难性的后果。越来越多的证据表明，PCB致癌，并对免疫、生殖、内分泌及神经系统等都有不良影响，因此，1979年，美国禁止了PCB的生产；1976年，有毒物质控制法也对其明令禁产。

PCB是非常稳定的化学制品，在环境中并不能轻易分解。它们不溶于水，但极易溶于脂肪组织，并在体内的保留时间长。简言之，PCB是非常适合生物放大的化学物质。另一些相似的常见有毒物质包括杀虫剂（如DDT），以及重金属（如砷、汞、铅）。一旦脂溶性的污染物被鸟类或哺乳动物摄入体内，它们就会储存在组织与内脏中。和水溶性的化学物质不同，它们很难随尿液排出，因此会在体内累积，增强毒性。

生物放大（生物富集或生物累积）是有害物质在食物链中向上移动时逐渐累积的过程。PCB就是一个典型范例，在北美五大湖中，它向食物链上端移动，同时渐渐累积（百万分之一）：食物链底部的浮游植物（0.025）→浮游动物（0.123）→小型鱼类香鱼（1.04）→大型鱼类鳟鱼（4.83）→银鸥卵（124）——生物放大作用将近5 000倍！

随意使用DDT导致秃鹰、游隼与褐鹈鹕的种群数量毁灭性地下降。雷切尔·卡森在《寂静的春天》（Silent Spring，1962）一书中强调了这一点，从而促使美国于1972年禁止使用DDT。从1932年至1968年，智索株式会社将含有甲基汞的废水倒进日本的水俣湾，这种化学物质在鱼类和贝类体内累积，而它们又被当地居民及其牲畜食用，最后造成了极其严重的神经毒害（水俣病）。据报道，有将近1 800人因此而死亡。■

生物体能被授予专利吗？

路易·巴斯德（Louis Pasteur，1822—1895）
阿南达·查克拉巴蒂（Ananda Chakrabarty，1938— ）

2013 年，美国最高法院判处禁止一项人类基因拥有专利权，这份诉讼涉及 BRCA1 基因缺陷引发的乳腺癌检测。这次判决也影响到了其他天然化合物，包括那些从植物中分离的化合物、人类或动物源蛋白质，以及来自土壤或海洋的微生物。

 人工选择（选择育种）（1760），微生物发酵（1857），生物技术（1919），质粒（1952），转基因作物（1982），深水地平线号（BP）溢油事故（2010）

石化工业的科学家一直以来都很清楚，有一些细菌能将碳氢化合物代谢成更简单、更无害的物质。但是，由于没有任何一种菌株能够代谢原油中所有类型的碳氢化合物，所以人们使用多种菌株来处理石油泄漏。这些菌株并非都能在不同的环境条件下生存，而且有时菌株间会互相竞争，从而降低了效能。

阿南达·查克拉巴蒂是一位印度裔美国微生物学家，1971 年，他在通用电气公司工作时发现了能够降解原油的质粒。这些质粒能被传递给假单胞菌属（*Pseudomonas*）的细菌，从而产生一种自然界中并不存在的基因制造物种。在这之前，人们混合四种菌株以分解典型原油中三分之二的已知碳氢化合物，而这种新型"食油"菌分解原油的速度高过它们几个数量级。但是，先不论效率，生物体能被授予专利吗？

美国宪法第一章第八节庄严宣称，专利权"促进科学与实用技术的进步……"它授予发明者固定期限的专卖权，以便公众共享这项发明。1873 年，路易·巴斯德获得了某种纯化酵母菌的美国专利权。1930 年颁发的植物专利法案旨在鼓励农业创新、促进新植物培育，它暗指这些创新都是例外，并可以获得专利。1980 年，专利与商标局的理事西德尼·戴蒙德（Sidney Diamond）质疑了"食油"假单胞菌的可专利性，他的理由是细菌乃自然的产物。

1980 年，美国最高法院调查戴蒙德和查克拉巴蒂的案例，以 5 票对 4 票通过了决议，称"对专利法的宗旨而言，微生物是活体这一事实并无法律意义""人类在日光下所造的一切"都可以取得专利权。紧随这一标志性决议之后的是雪崩一般的生物技术专利应用及批准，其中包括第一例转基因动物"哈佛鼠"（1988），以及基因制造作物（1990）。只有加拿大禁止高级生命体（如老鼠）获得专利权。尽管如此，2013 年 6 月，美国最高法院仍判决自然形成的 DNA 序列没有获得专利的资格。■

1980 年

这是一张转基因生物（GMO）的
概念图：豌豆荚中的玉米。

烟草（1611），人口增长与食物供给（1798），
孟德尔遗传（1866），生物技术（1919），绿
色革命（1945），细菌遗传学（1946）

1982 年

转基因作物（GMC）的使用极具争议性、政治性、经济性，易令人情绪化，在代表了生物科技进步的同时，也被一些人视作重大的社会及健康风险。美国是最大的 GMC 生产国，该国许多最受尊敬的科学及健康团队都断定 GMC "实质等同"非 GMC（传统）食物，无须贴上特别的"转基因（GM）"标签。相反，在 28 个欧盟成员国中，有一些国家并不相信这些食物是安全的，他们抵制 GMC 进口，并反对培育 GMC 以满足自己国内人民的营养需求。

转基因技术源于 1947 年对基因重组的观察报告 —— 即有机体之间 DNA 的自然传递。GMC 涉及修改植物的基因组成，其方式是向植物的基因组插入一个以上的基因，以增强有利的性状。要完成这一过程，最常用的工具是一种生物弹射装置（基因枪），它以高压将 DNA 射入植物；又或是通过农杆菌，这种植物寄生菌天然就能传递基因，最常见的是苏云金芽孢杆菌（*Bacillus thuringiensis*）的蛋白，或称 Bt 毒蛋白，这种自然诞生的杀虫药能减少人们对化学物质的需求。1982 年，烟草成为第一种对除草剂具耐受性的 GMC，并且它一直是运用最广泛的"模式植物"，被用来研究植物基因。美国第一种市场销售的 GMC 是莎弗番茄（1994），它的保存期限比普通番茄更长。最常见的 GMC 是玉米、木瓜和大豆。

反对者们力图截停或限制 GMC 的使用，他们已经掀起了关于其安全性的争议：这些作物能引起过敏反应、可能意外污染非转基因作物（形成"超级杂草"），并且会破坏生态多样性。另外，反对者们担忧各公司将过度掌控农民对其产品的使用——世界上 90% 的转基因专利权都归孟山都公司所有。而对这些批评的有力反击的是，生产出能够对抗病毒性疾病、忍受干旱与霜冻，并为资源匮乏的发展中国家提高食物与营养供给量的安全作物。■

HIV 和 AIDS

吕克·蒙塔尼（Luc Montagnier，1932— ）
罗伯特·加洛（Robert Gallo，1937— ）
弗朗索瓦丝·巴尔·西诺西（Francoise Barre-Sinoussi，1947— ）

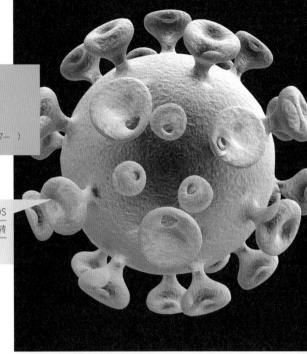

人类免疫缺陷病毒（HIV，如图）是导致 AIDS 的原因，这一发现使 AIDS 从一种死亡宣判转变为一种可治疗的慢性病。

 适应性免疫（1897），病毒（1898），作为遗传信息载体的 DNA（1944），病毒突变与大流行病（2009）

1981 年，越来越多的同性恋者和静脉吸毒者出现显著缺乏白血球的症状，白血球是免疫系统的关键成分，这种症状后来被称为"获得性免疫缺乏综合征"或艾滋病（AIDS）。这种疾病迅速扩散至全球，各大实验室开始寻找它的成因。一些求胜心切的科学家热切地争夺这一发现的优先权，其中，竞争最激烈的莫过于罗伯特·加洛和吕克·蒙塔尼。

1976 年，美国国立卫生研究院国家癌症研究所的加洛及其同事首先成功培育出了 T 细胞（一类白细胞），并发现了人体 T 细胞白血病病毒（HTLV），它于 1981 年被识别，是第一种被识别的人体内逆转录酶病毒。1984 年 5 月，加洛在权威刊物《科学》上发表了一系列论文，报告称自己分离出了一种相关逆转录酶病毒——HTLV-III，并称是这种病毒导致了 AIDS。而巴黎巴斯德研究所的蒙塔尼也在同期《科学》（Science）上描述了淋巴结病毒（LAV），这是他从一位 AIDS 病人体内分离出来的，他称其在 AIDS 中的作用"尚无定论"。

发现致 AIDS 病毒的优先权不仅是科学家之间互相讥讽的争辩主题，同时也引发了美国与法国政府之间的国际纠纷，双方都希望自己的总统能解决此事——罗纳德·里根和弗朗索瓦·密特朗。争论的核心是哪一方政府将获得检测该病毒的专利权。按照所罗门断案传统，最后决定双方各获得该发现的一半权利，专利权使用费平分为二，并且该病毒也被居中命名为：人类免疫缺陷病毒或 HIV。

2008 年，蒙塔尼及其同事弗朗索瓦丝·巴尔·西诺西共同获得诺贝尔奖，但加洛却被排除在外，这个决定令蒙塔尼"很吃惊"。现在，人们（但并非所有人）普遍赞同，尽管蒙塔尼的实验室分离出了 HIV，但加洛率先判断 AIDS 是由 HIV 引起的，并积累了相关背景科学，为发现 HIV 铺平了道路。2013 年，大约有 340 万名艾滋病患者存活于世。■

1983 年

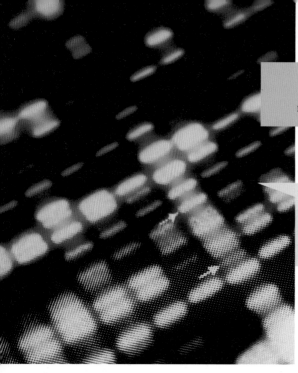

Southern 杂交是一种常见的实验方法，用来检测含 DNA 样本中的某一特定 DNA 序列。其用途包括显示遗传关系，比如建立亲子鉴定或 DNA 指纹图谱。这种方法以其发明者命名，他是英国生物学家埃德温·萨瑟恩（Edwin Southern, 1938— ）。

DNA 聚合酶（1956），HIV 和 AIDS（1983），DNA 指纹图谱（1984），反灭绝行动（2013）

1983 年

大规模生产 DNA。只需要含有不纯样品的非常少量的 DNA，再用上一支试管、一些基础试剂、某种热源，聚合酶链反应（PCR）就能够在数小时中生产出数百万纯化的 DNA 副本。在引入这种程序之前，人们很难进行 DNA 复制，它的克隆需要在细菌细胞内进行，并且需要消耗数周时间。1983 年，加州生物科技公司塞塔斯公司的美国生物化学家凯利·穆利斯研制出了 PCR 技术。1991 年，PCR 专利卖出了 3 亿美元，两年后，穆利斯成为 1993 年诺贝尔奖的共同获得者之一。

一个 PCR 程序包括三个主要步骤，它们需要在不同的温度下完成：第一步，双链 DNA 样本经受高温解链成为两条单链 DNA，每一条单链都是 DNA 序列的复制模板。在加入引物后，聚合酶（Taq）沿模板移动，读取原链并装配出双链 DNA 分子副本。这个程序在一个自动循环中重复 30 至 40 次，生产的副本数量在每次循环中都以指数级增加。

从分子生物学研究至犯罪现场指纹分析之类的法医学应用，PCR 的应用领域非常广泛。更特别的是，PCR 还被用来创造作为人类疾病模型的转基因动物、诊断遗传缺陷、检测人类细胞中的 AIDS 病毒、确定亲子关系，并在刑事侦查中用以根据血液和头发样本追踪疑犯。进化生物学家能够利用极少量的化石发现，又或是一只 4 万年前的冰冻猛犸象生成无数 DNA。比如说，PCR 分析法揭示出，比起大熊猫，小熊猫与浣熊的亲缘关系更近。■

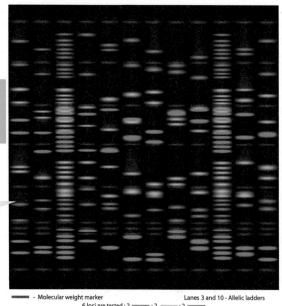

- Molecular weight marker
6 loci are tested : 2 ▬▬ ; 2 ▬▬ ; 2 ▬▬
Lanes 3 and 10 - Allelic ladders

DNA 指纹图谱

亚历克·杰弗里斯（Alec Jeffreys，1950— ）

图为一例 DNA 指纹图谱，展示了 10 个不同个体测试的 6 个基因座位（即一条染色体上某个 DNA 序列的位置）。

 DNA 聚合酶（1956），聚合酶链反应（1983），人类基因组计划（2003），人类微生物组计划（2012）

自 20 世纪初，指纹证据就成为犯罪现场最常用的调查方法之一，而且，用它破获的案件数量超过了其他任何一种方法。人们对指纹的独特性（除同卵双胞胎外）并无太多疑问，不过总有人担心检查员正确判读指纹的能力，尤其是那些无意间留在犯罪现场的指纹。

亚历克·杰弗里斯是英国莱斯特大学的遗传学教授，1984 年，他在检查 DNA 的 X 射线胶片时，意外发现了某位技术员家庭成员的 DNA 存在一些相同与不同点。3 年后，他的 DNA 指纹分析法进入了商业领域，如今，它不仅被用于犯罪调查，还被用来进行亲子鉴定、识别灾难事件的受害者（如 9·11 事件）、寻找匹配的器官捐献者、判断家畜血统。1992 年，人们用 DNA 证据确定：纳粹医生约瑟夫·门格勒（Josef Mengele）以假名葬在了巴西。

法医研究室可以使用的样本包括血液（更精确）、精液、唾液、头发或皮肤，因为机体的每个细胞中都含有一样的 DNA。在我们所有人的 DNA 中，99.9% 的部分都是完全一样的，独特的只有 0.1%。两个非同卵双胞胎的人拥有完全相同 DNA 指纹图谱的可能性约莫只有 300 亿分之一。DNA 指纹分析亦称为基因指纹分析、DNA 纹印测试或 DNA 分型，这种方法以分析小卫星 DNA 为基础，后者是与基因功能无关的 DNA 具体序列，在基因内部循环往复地重复。人们从细胞样本中提取 DNA 将其纯化，置于凝胶状物质中，施以电流（电泳）。

美国法院通常承认 DNA 分析的可靠性，其分析结果将被当作证据之一。人们的疑问在于其准确性、测试的费用，以及技术人员的能力（包括防止样本污染、正确分析或解释其发现的能力）。另外还有伦理方面的问题，如未经许可地取样是否违反了美国宪法对隐私权的保护。1985 年，美国最高法院判定其并不违反隐私权。■

1984 年

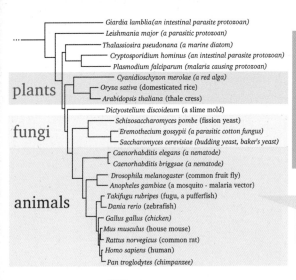

基因组学

232

弗朗西斯·克里克（Francis Crick, 1916—2004）
弗雷德里克·桑格（Frederick Sanger, 1918—2013）
罗莎琳·富兰克林（Rosalind Franklin, 1920—1958）
詹姆斯·D.沃森（James D. Watson, 1928— ）
托马斯·罗德里克（Thomas Roderick, 1930—2013）
沃特·吉尔伯特（Walter Gilbert, 1932— ）
克雷格·文特尔（Craig Venter, 1946— ）

这是一张以基因组分析为基础的真核生物谱系树，展现了植物、真菌与动物间的遗传关系。

 双螺旋结构（1953），生物信息学（1977），人类基因组计划（2003），人类微生物组计划（2012）

1986 年

大局。基因组学是遗传学的一个子集。遗传学关注的是个人基因，基因组学则着眼于整个系统，包括对基因组的定位、测序，以及功能分析 —— 基因组是一个有机体的所有遗传物质。20 世纪 80 年代，技术进步使人们得以实现 DNA 测序，并对由此产生的无数数据进行收集和分析，这一切都为基因组学奠定了基础。到了 90 年代，这一学科已趋成熟，并发展至今。基因组学一词是托马斯·罗德里克于 1986 年创造的，他是美国缅因州巴尔港杰克逊实验室的一名遗传学家。

要对某个有机体的完整基因组进行测绘和测序，就需要发展至一定程度的分析工具。1953 年，詹姆斯·沃森、弗朗西斯·克里克和罗莎琳·富兰克林确定了 DNA 结构，人们还发现它由四种碱基构成：腺嘌呤、鸟嘌呤、胞嘧啶和胸腺嘧啶。为 DNA 测序即为 DNA 分子中的这些碱基确定精准的顺序，这本是一个艰辛的任务，不过各种工具加快了它的进程。这些工具包括 20 世纪 70 年代弗雷德里克·桑格和沃特·吉尔伯特推出的更快捷的方法（他们为此获得了 1980 年的诺贝尔奖），以及 1986 年和 1987 年分别研发的半自动与全自动的 DNA 测序机器。1995 年，基因组研究所中克雷格·文特尔的实验室发表了第一个活的生物体的基因组，它是流感嗜血杆菌（*Haemophilus influenzae*），共有 18 亿个碱基对。紧接着，2003 年，人类基因组及其 33 亿个碱基对的图谱宣告完成。

由此产生的并行挑战是如何用一种易于查阅与理解的格式来存储海量的数据，另外，对这些数据进行分析与解读需要关联各种功能。生物信息学满足了这一需求，在这一领域，信息处理系统已经发展至一定程度，它可以扫描 DNA 序列，并从数据库中搜索找出与具体功能对应的基因，包括疾病状态对应的基因。比较基因组学直接对比各生物体的 DNA 序列。人类 99.9% 的碱基都是完全相同的，而人与昆虫的 DNA 存在高度的相似性，这也证明了生命史中遗传密码的早期来源。■

线粒体夏娃

阿伦·威尔逊（Allan Wilson, 1934—1991）
丽贝卡·L.卡恩（Rebecca L. Cann, 1951— ）
马克·斯通金（Mark Stoneking, 1956— ）

图为《亚当与夏娃》，1536 年由德国文艺复兴画家小卢卡斯·克拉纳赫（Lucas Cranach the Younger, 1515—1586）所作。

解剖学意义上的现代人（约公元前 20 万年），线粒体和细胞呼吸（1925），生物域（1990）

1987 年，权威杂志《自然》（Nature）上发表了一篇论文，称"所有的线粒体 DNA 都来自一个女人"，而她活在大约 20 万年前的非洲。这篇论文的作者是伯克利市加利福尼亚大学的丽贝卡·L.卡恩、马克·斯通金，以及他们的博士导师阿伦·威尔逊。它从各方面激起了人们强烈的兴趣和激烈的争议，这种状况一直延续至今。

作者将他们分析的样本称为"线粒体 DNA"，而媒体戏称之为"线粒体夏娃"，这个称呼更加令人难忘，但也容易使人误解。这个夏娃并不是活在当时的唯一一位女人，她和创世纪的夏娃不同。根据圣经的文字记载推断，人类的历史应该是数千年，而不是 20 万年。另外，许多进化论者相信，人类是在世界上的不同地区同时进化的，他们并不赞成"走出非洲"的理论，根据后一种理论，解剖学意义上的现代人源自非洲，而后迁移至世界各地。

卡恩和她的同事分析了线粒体 DNA（mtDNA）以及非核 DNA（nDNA）。nDNA 负责向后代传递我们眼睛的颜色、人种特征，以及对某些疾病的易感性；mtDNA 只能编码蛋白质的合成及线粒体的其他功能。nDNA 存在于机体的所有细胞内，混合了母亲与父亲的 DNA（重组）；而 mtDNA 几乎只源于母系，来自精子的 mtDNA 即使有，也只有极少的部分。亲缘关系相近的个体拥有几乎完全一样的 mtDNA，数千年里只出现过偶然的突变。人们认为，突变的数量越少，我们离共同祖先的时间距离就越短。

线粒体夏娃的支持者并不认为这个夏娃是世上第一个女人，或当时唯一的女人。相反，他们估计出现了某些灾难事件，令地球人口大幅度地减少了 1 万～2 万人，只有这位夏娃的女性后裔系谱没有中断。据称，这位夏娃是所有现代人最晚近的共同祖先。■

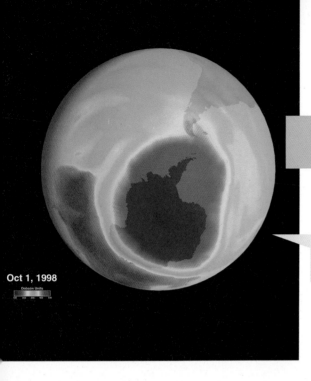

Oct 1, 1998

Dobson Units

臭氧层损耗

这张 NASA 卫星图像摄于 1998 年 10 月 1 日，图中呈紫色的是南极洲上空的臭氧层破洞。

全球变暖（1896），食物网（1927），寂静的春天（1962），可持续发展（1972），肤色（2000）

1987 年

自 20 世纪 70 年代以来，臭氧层的臭氧总量每十年就下降 4%。这样的损耗使地表更多地暴露在中波紫外线（UV–B）下，对生物界的所有居民都造成了巨大的影响。过度暴露于 UV–B 下会增加患皮肤癌恶性黑色素瘤、白内障和免疫系统衰弱的风险。植物营养物质的分布与代谢也因此产生了变化，同时其发育阶段也发生了改变，这些变化与作物减产相关。甚至连海洋生物都受到影响，浮游植物的减少就是一个例证，而它们是水生食物链的最底层。鱼类、虾、螃蟹和两栖动物的最初发育阶段也遭到损伤。

臭氧是一种自然生成的稀少气体，其中大约 90% 存在于大气层的一定高度内——从地表上方 6～10 英里（10～17 千米）处向上，至大约 30 英里（50 千米）的高度。这一大气层位于平流层，此处发现的臭氧被称为臭氧层。阳光是紫外线辐射最常见的形式，而臭氧能吸收 UV–B 辐射，因此只有很小一部分紫外线能抵达地表。

臭氧损耗使极冠上方的臭氧层在南极春季（9 月至 12 月初）减少了三分之一，它被称为臭氧层空洞。这一损耗的主要原因被归于含氯氟烃（CFCs）与氢氟碳化物（HCFCs），从前它们被作为推进物，用于喷雾器、制冷剂、泡沫与绝缘产品中，还被用作电子溶剂。这些挥发性物质被携带上升至平流层，在那里被紫外线分解，释放出氯原子，而氯原子与臭氧分子（O_3）反应，致使后者分解损耗。

国际间对于 CFC 影响的认知促成了 1987 年的《蒙特利尔议定书》（Montreal Protocol），它的内容涉及损耗臭氧层的物质，这份国际条约提倡减少使用 CFCs 以及其他减损臭氧的化合物。2010 年，有 190 个国家签署了这份协议。人们估计，如果完全停用 CFCs，臭氧将于 2050 年恢复正常水平。■

生物域

卡尔·林奈（Carl Linnaeus，1707—1778）
恩斯特·海克尔（Ernst Haeckel，1834—1919）
C.B. 范尼尔（C. B. van Niel，1897—1985）
罗杰·Y. 斯塔尼尔（Roger Y. Stanier，1916—1982）
卡尔·乌斯（Carl Woese，1928—2012）
乔治·E. 福克斯（George E. Fox，1945—　）

大棱镜温泉是世界第三大温泉，位于美国怀俄明州的黄石国家公园，图中展示了它的虹彩色。这种色彩源自泉中的嗜热菌（古生菌中的极端微生物），它们各自偏爱的温度从中心区的 1 880 华氏度（870 摄氏度）至边缘的 1 470 华氏度（640 摄氏度）不等。

 原核生物（约公元前 39 亿年），真核生物（约公元前 20 亿年），真菌（约公元前 14 亿年），林奈生物分类法（1735），内共生学说（1967），原生生物分类（2005）

　　17 世纪，各种新的动植物种类抵达欧洲，掀起了人们对分类学的热情。卡尔·林奈是分类学（也称系统分类学）的先驱者之一，1735 年，他设计了一个生物命名的分级系统，最高层级囊括了所有较低的层级，称为"界"，他定义的两个界分别是动物界与植物界。而后，人们渐渐意识到单细胞生物体被这一分类排除在外，1866 年，恩斯特·海克尔提出增加第三个界：原生生物界。

　　20 世纪 60 年代，罗杰·Y. 斯塔尼尔和 C.B. 范尼尔设计了一个四界分类系统，其依据是原核生物和真核生物细胞的区别——真核细胞的细胞核外有一层细胞膜包裹。另外，他们提出了一个更高级且更具包容性的层级，名为"超域"或"总界"。原核生物超域包括原核生物界（细菌），真核生物超域包括植物界、动物界，以及原生生物界。

　　至 20 世纪 70 年代，所有的分类依据都是生物体的外在表象，即它们的解剖结构、形态、胚胎，以及细胞结构。1977 年，伊利诺伊大学厄本那香槟分校的卡尔·乌斯和乔治·E. 福克斯根据生物体基因在分子水平上的不同，将其分类。他们特别对比了核糖体 RNA 亚基的核苷酸序列，rRNA 的分子曾经历过进化的变迁。1990 年，他们提出了细胞三域概念：古细菌域，这是一个迥然不同的原核生物群体，是地球上发现的最古老的生物之一，能适应极端环境（极端微生物）；细菌域；真核生物域，该域又细分为真菌界（酵母、霉菌）、植物界（开花植物、蕨类）和动物界（脊椎动物、无脊椎动物）。之后，他们的原生生物界又被细分为更独立的各界。分类学史的最终章还未书写，目前提出的各种系统分类包括 2~8 个界。■

1990 年

嗅觉

理查德·阿克塞尔（Richard Axel, 1946— ）
琳达·B. 巴克（Linda B. Buck, 1947— ）

寻血猎犬有时被称为"附身一只狗的鼻子"，以其不知疲倦、以数十英里计追踪个体的能力而著称。

 神经系统通信（1791），神经元学说（1891），动作电位（1939），信息素（1959）

动物使用嗅觉来定位食物、标记领地、识别后代，并侦察未来配偶的存在与青睐。在所有嗅觉灵敏的动物中，寻血猎犬最是出类拔萃——有时它被称为"附身一只狗的鼻子"。其欧洲祖先可追溯至一千多年前，如今，它们的追踪能力被用来寻找失踪人口、丢失的儿童，以及潜逃的罪犯。它们是如此可靠，以至于其发现完全被法院采信。它们能跟踪早至 300 小时之前遗留的呼吸、汗液和皮肤散发的混合气味，其已知追踪距离超过了 130 英里（210 千米）。人类可以分辨数千种不同的色彩，但是嗅觉却被认为相对简单，寻血猎犬可以区分的气味种类至少是人类的 1 000 倍。猎食性食肉动物的嗅觉系统是最发达的。

这些杰出的追踪能力来自嗅觉器官，其位于鼻子中，由改良神经元组成。这些神经元表面有数条细小的毛发，含有嗅觉受体（OR）的毛发从鼻腔上皮细胞的一小片区域伸出，进入一片黏液。受体位于受体细胞内，可以在空气中侦察气味分子的蛋白质。当动物呼吸时，空气中的气味分子就溶解在黏液中，与受体结合，触发电子信号传导至大脑的嗅球，供其解读。不同的受体细胞会选择性感受不同的气味，这些细胞分布于鼻腔各处。

1991 年，哥伦比亚大学的琳达·巴克和理查德·阿克塞尔从分子水平研究了实验大鼠的嗅觉系统，其研究结果为她们赢得了 2004 年的诺贝尔奖。她们发现了一组基因，它们的数量超过 1 000 个（人类所有基因的 3%），负责编码同等数量的嗅觉受体。她们证明了，每个受体细胞只含有一个受体，这个受体专门辨别某几种气体。■

瘦蛋白：减肥激素

道格拉斯·L. 高尔曼（Douglas L. Coleman，1931— ）
鲁道夫·L. 雷贝尔（Rudolph L. Leibel，1942— ）
杰弗里·M. 弗里德曼（Jeffrey M. Friedman，1954— ）

图为歌川国芳（Utagawa Kuniyoshi，1797—1861）所绘的相扑运动员系列画之一，他是日本的一位木刻版画及绘画大师。相扑选手没有体重上限，已知最重者超过了 500 磅（225 千克）。

人体消化（1833），节俭基因假说（1962），下丘脑–垂体轴（1968）

1950 年，在美国缅因州杰克逊实验室里的一群小鼠中，随机出现了贪食且肥胖的突变小鼠。人们发现这类动物产生了肥胖（ob）基因突变。在 20 世纪 60 年代，道格拉斯·高尔曼发现了同时拥有糖尿病（db）与肥胖（ob）基因突变的小鼠。1992 年，在近亲交配与基因检测后，高尔曼与鲁道夫·雷贝尔共同推出理论，称他们制造出了肥胖（ob）小鼠，它们缺乏某种蛋白激素，这种激素可以调节食物摄入量及体重，db 小鼠能够产生这种激素，但缺少可察觉其信号的受体。

1994 年，雷贝尔和杰弗里·弗里德曼在洛克菲勒大学工作，他们发现了能够抑制食物摄入量与体重的基因和激素，并将其命名为瘦蛋白（leptin，在希腊语中是"瘦"的意思）。肥胖小鼠的基因突变使机体无法制造功能性瘦蛋白。这种激素是由 167 个氨基酸构成的蛋白质，它主要在脂肪细胞中产生，并在下丘脑中以多种方式产生作用。它能限制神经肽 Y（NPY），后者是一种天然摄食刺激剂，由肠道和下丘脑的细胞释放。早前，人们发现 NPY 是食欲调节中的关键成分，少量便可刺激进食，而 NPY 神经的损坏将导致食欲丧失。另外，瘦蛋白能促进合成 α-黑素细胞刺激素（MSH），这是一种由大脑形成的蛋白激素，它很可能会抑制食欲（不过人们更加能够确定的是它在皮肤色素沉着中的作用）。

有人提出，瘦蛋白涉及机体对挨饿的适应性。在正常生理状况下，当机体脂肪减少时，血浆中的瘦蛋白水平就会下降，促使机体进食增多，并减少能量消耗，这种作用会持续至机体恢复正常的脂肪储存量。

人们希望瘦蛋白能为肥胖个体的减肥计划提供答案。人体测试表明，频繁使用大剂量瘦蛋白只能减去少量体重。因为瘦蛋白是一种蛋白质，所以它必须被注射使用，不能口服，否则胃酶将使其失去活性。这一领域的研究目前仍在继续。■

1994 年

暴露于阳光中的紫外线（UVR）下，皮肤就会被晒黑。经过数代人的发展，社会对晒黑皮肤的可取之处抱有复杂的态度。对于肤色较浅的人而言，深褐色的皮肤往往很时尚，但是同时也有患皮肤癌和提早衰老的风险。

解剖学意义上的现代人（约公元前 20 万年），臭氧层损耗（1987）

2000 年

皮肤是机体最大的器官，重约 6 磅（13 千克），它也是机体与外界相互作用的主要场所。它的颜色一直是文化分类的依据之一。我们总是倾向于关注皮肤的外在表象，但是除了能够保护机体免受机械损伤、化学与微生物侵害之外，它还有一系列重要功能。它还能帮助调节水分平衡与机体温度、储存脂肪、生成激素和维生素 D_3。

黑色素是人类肤色的主要决定因素，同时也存在于头发和眼睛虹膜中。它由表皮底层的黑素细胞生成。在经受紫外线辐射（UVR）时，黑色素的生成量会增多，导致皮肤晒黑。一直以来，人们都认为深色皮肤能为机体抵御阳光的有害 UVR。

2000 年，人类学家尼娜·亚布隆斯基（Nina Jablonski）在旧金山市加州科学院工作，她和自己的丈夫乔治·卓别林（George Chaplin）一起提出，在数千年的迁徙中，人类暴露于不同程度的 UVR 下，而肤色是对不同 UVR 的一种进化适应。他们分析 NASA 臭氧总量绘图系统生成的数据，据此构建了一个理论。1978 年，这一绘图系统针对全球 50 多个城市测量了抵达地表的 UVR 水平，离赤道越远的地区 UVR 水平越低。两人观察到了 UVR 与肤色间的联系，UVR 越弱，肤色越浅。

最早的人类有着深色的头发、浅色的皮肤。大约 120 万年之前，他们迁往东非，居住在离赤道更近的地方，从此他们的毛发变得稀少，皮肤色素沉积得更暗。亚布隆斯基和卓别林假定，当这些人类迁徙时，肤色的变化必须在伤害与营养间维持平衡——过多的辐射会对机体造成伤害，而与之相矛盾的是，机体需要充足的 UVR 以合成维生素 D_3。机体必须有足够的 D_3，才能维持充足的血钙和血磷水平，以促进骨骼生长，并且，健康的繁殖也需要这种维生素。■

人类基因组计划

托马斯·亨特·摩尔根（Thomas Hunt Morgan，1866—1945）
阿尔弗雷德·H. 斯特蒂文特（Alfred H. Sturtevant，1891—1970）
弗朗西斯·克里克（Francis Crick，1916—2004）
弗雷德里克·桑格（Frederick Sanger，1918—2013）
詹姆斯·D. 沃森（James D. Watson，1928— ）

图中，一束紫外激光穿过透明容器，以检测 DNA。

 脱氧核糖核酸（DNA）（1869），染色体上的基因（1910），作为遗传信息载体的 DNA（1944），双螺旋结构（1953），生物信息学（1977），基因组学（1986），人类微生物组计划（2012）

人类基因组计划是史上最大型的生物学项目，可以说是登月的生物学版本。20 世纪 80 年代末，人们开始构想描绘人类基因组图，测绘其所有的 DNA 和基因。至 2003 年，这个项目完成了 99%。人类基因组计划的主要目的是寻找疾病（如癌症）的遗传基础，并确定人类遗传密码的个体差异，这种差异让我们中的某些人更容易患上特定的疾病。从基因水平上对这些疾病有所了解，也许能够让我们研发出更有针对性的生物制药。至 2013 年，约有 1 800 种与疾病相关的基因被记录，350 种生物科技产品进入临床试验。

美国能源部和美国卫生研究院共同投资的人类基因组计划（HGP）于 1990 年启动，人们计划在 15 年内完成这个国际研究项目。它于 2003 年基本完成——人类基因组已完成测序，这比计划进度提前了两年，而整个项目花费了大约 38 亿美元。2006 年，最后一个染色体序列被公布。在我们的 23 对染色体中，有 22 对与性别决定无关。一个人的基因组大约有 20 000～25 000 个基因（与老鼠的基因数目大致相同），其中总共包括 33 亿个碱基对（相较而言，果蝇有 13 767 个基因）。所有生物体的 DNA 都由相同的四种碱基构成，它们特别的排序决定了生物体是人类、果蝇，还是植物。

这方面的努力早在近 100 年前就已经有了成果。世界上最早的遗传图谱属于黑腹果蝇（*Drosophila melanogaster*），这是阿尔弗雷德·斯特蒂文特 1911 年的博士论文课题，由哥伦比亚大学的托马斯·亨特·摩尔根指导其完成。1953 年，詹姆斯·沃森和弗朗西斯·克里克描述了 DNA 的双螺旋结构，以及腺嘌呤、胞嘧啶、鸟嘌呤和胸腺嘧啶组成的碱基对性质。1975 年，弗雷德里克·桑格发明了一种 DNA 测序技术。摩尔根、沃森、克里克和桑格都是诺贝尔奖得主。■

原生生物分类

恩斯特·海克尔（Ernst Haeckel, 1834—1919）
罗伯特·H. 惠特克（Robert H. Whittaker, 1920—1980）

图为墨西哥夸特罗-谢内加斯盆地的一处叠层石礁。叠层石是世界上最古老的化石种类之一，它由多层原核蓝细菌（之前称为蓝绿藻）和原生生物累积形成。在人们还不了解其来源时，它们被称为"活的岩石"。

 真核生物（约公元前 20 亿年），列文虎克的微观世界（1674），林奈生物分类法（1735），光合作用（1845），内共生学说（1967），生物域（1990）

2005 年

生物学家都是分类学者，但是近两个世纪的经验表明，对原生生物的任何一种简单分类都无法经受时间的考验。古老的分类系统认为所有生物体不是植物就是动物，之后，单细胞生物作为第三界加入系统，1866 年，恩斯特·海克尔将其称为原生生物，意指它们原始的形态。1959 年，美国植物生态学家罗伯特·惠特克提出五界学说，稍后又改为四界分类系统，其中一界就是原生生物界。

直至最近，原生生物被归为真核生物域内的四界之一，真核域中的生物都有真正的细胞核，它们的细胞核和胞内细胞器外都裹着细胞膜。根据超微结构（细胞器）、生物化学与遗传学的研究成果，植物界、动物界及真菌界的生物都被视为单源物种——每个群体都源自同一种祖先及其所有后代。

在水体有时或一直存在的环境中，生存着 20 万多种原生生物。它们通常是单细胞的，不同之处在于其大小和形状、繁殖方式、运动性，以及获得营养的方式。但是，根据 DNA 和超微结构研究，原生生物甚至比人们之前认为的更具多样性，而且，比起原生生物彼此之间的亲缘关系，有些原生生物和其他界生物的亲缘关系更近。原生生物并不都共享一种共同的谱系（它们是多源生物），与其说它们属于同一个界，不如说它们是非植物、非动物、非真菌的真核生物万象大集合。尽管如此，"原生生物"这个名字依然被用来简略地称呼这一类生物体。

2005 年，加拿大达尔豪斯大学的生态学家西娜·M. 艾多（Sina M. Adl）提出了一个分类系统，这个系统放弃了遗传关联性，非正式地将所有原生生物归入五个"超群"，每个超群又根据其移动方式和营养获取方式细分为不同的群体。另外还有一个更简单更易理解的原生生物分类系统，它的基本分类是：原虫或类动物原生生物，这一群体的成员能摄取食物，并且能够运动；藻类或类植物原生生物，包括了通过光合作用制造自身食物的生物；还有类真菌原生生物，它们从环境中吸收营养。■

诱导多能干细胞

詹姆斯·汤姆森（James Thomson，1958— ）
山中伸弥（Shinya Yamanaka，1962— ）

诱导多能干细胞是基因重组的成人细胞。它们被用作疾病模型，并且可以用于细胞疗法，以治疗阿尔茨海默病、脊髓损伤、糖尿病、烧伤，以及骨关节炎等疾病。

发育的胚层学说（1828），永生的海拉细胞（1951），克隆（细胞核移植）（1952）

2006年

近年来，科学界与公众都相当热衷于关注干细胞，除了因为它对组织和器官移植有潜在的医疗效果外，也是因为它可以治疗糖尿病、阿尔茨海默病与帕金森综合征等疾病。但是使用干细胞涉及人类胚胎的破坏与人类克隆的可能性，这就导致了激烈的伦理与政治争议，人们担心其未来的研究会脱轨失控。诱导多能干细胞（iPS）的成功研发有望在缓和争议的同时保留预想的益处。

干细胞是哺乳动物胚胎在胚泡阶段发育数天后形成的，胚泡阶段也就是囊胚期。胚胎干细胞是能够分裂产生更多干细胞的未分化细胞，它们能分化成机体三种细胞系或胚层（内胚层、中胚层、外胚层）的任何一层，并形成任何类型的特化细胞。此外还有成人干细胞，它们主要存在于骨髓和脐带血中，这些干细胞能修复并填补成人细胞与组织。

1998年，威斯康星大学麦迪逊分校的詹姆斯·汤姆森成功分离出了人类胚胎干细胞，它们的来源使这一重要的科学成就显得极具争议性。但2006年的研究成果打消了大多数质疑，日本京都大学的山中伸弥将成体小鼠的纤维母细胞（皮肤细胞）重新编码，生成了iPS。2007年，山中伸弥更进一步从人类成熟皮肤细胞中生成了iPS，这一年晚些时候，汤姆森复制了山中伸弥的壮举。在这个过程中，各种转录因子被加入皮肤细胞，它们是能够控制遗传信息从DNA流向（转录）信使RNA的蛋白质。山中伸弥是2012年诺贝尔奖的共同获得者之一。

人们最初对iPS的医疗潜能充满了热情，但这种热情如今已渐渐消退，因为胚胎干细胞和iPS是不同的，而iPS有可能引发癌症。美国至今仍未批准iPS的临床应用。■

病毒突变与大流行病

在这张 1918 年的照片中，一位护士正从消防栓中为大水罐灌水，她戴着一副口罩，以防御 1918—1919 年西班牙大流感期间的流感病毒。

适应性免疫（1897），病毒（1898），作为遗传信息载体的 DNA（1944）

2009 年

1918—1919 年，全世界范围内有 5 亿人感染了流感——这是世界人口数量的五分之一，流感夺走的人口数量在 2000 万至 1 亿。美国的死亡病例为 675 000 个，是最新统计的第一次世界大战战争伤亡者人数的 10 倍。70 年后，引发西班牙大流感的病毒（H1N1）又以猪流感的形式出现，感染了世界人口的近 20%，在 2009 年至 2010 年造成 20 万至 30 万人死亡。H1N1 流感病毒并不是你们所知的季节性流感病毒。

病毒几乎与包括人类在内的生物体形影相随，因为它们只能在宿主细胞中进行繁殖。病毒将自身蛋白质结合于宿主细胞表面，向其注入遗传物质（DNA 或 RNA），而后盗取宿主的细胞装置以制造更多病毒，之后再移入另一个宿主细胞。宿主以免疫反应阻止相同病毒的二次感染，在这个过程中，宿主产生抗体，阻止病毒结合于宿主细胞的表面。为了生存，病毒会发生突变，改变其外壳蛋白质，从而逃过宿主的免疫防御。机体对早前感染过的病毒产生反应生成抗体，但这种抗体无法抵御突变过的新病毒株。因此，每个季节都需要不同的新病毒疫苗。

以 DNA 进行复制的病毒包括天花病毒，它们在复制遗传密码前，会仔细检查所有的差错，因此它们的突变速度比较缓慢。相比之下，如流感病毒之类的 RNA 病毒省略了耗时的校对过程，直接复制遗传密码，因此它们突变的速度非常快，以至于宿主的免疫系统完全无法跟上新病毒株出现的速度。

流感病毒能够融合来自鸟、猪，以及人的流感病毒元件。在猪圈中挤挤挨挨的猪能轻易接纳来自鸟和人的病毒，并将其传播给猪圈里的同伴。猪能接纳突变的病毒，但自身却不会感染得病，然而人类与之不同。这样的突变病毒株包括 H1N1 西班牙流感病毒和猪流感病毒，它们与之前的株系完全不同，人类对其并无免疫力，完全无法防御。■

深水地平线号（BP）溢油事故

石油泄漏会在水中形成"死亡区域"，其中的氧气被耗尽，致使水生生物窒息而亡。除了严重的生态损害之外，名胜海滩的旅游业停滞也会造成经济损失。

人口增长与食物供给（1798），生态相互作用（1859），种群生态学（1925），生物体能被授予专利吗？（1980）

史上最严重的海上漏油事故发生在 2010 年的 4 月至 7 月，其起因是英国石油公司（BP）钻井平台深水地平线号的爆炸与沉没，11 名工作人员死于此次事故。在 87 天里，490 万桶（2.1 亿加仑）原油流进了墨西哥湾，造成了海湾各州严重的生态及经济灾难，其中包括路易斯安那州、密西西比州、亚拉巴马州和佛罗里达州，受到影响的还有各州居民与清洁工人。至 2013 年止，BP 的刑事与民事赔款超过了 420 亿美元。

泄漏的原油中有 40% 的甲烷，甲烷令海生生物窒息，造成"死亡区域"，在这个区域中，水中的氧气将被耗尽。石油净化包括物理方法（撇油、拦船木栅或浮动障碍、可控的燃烧）、化学分散剂和微生物降解。其中一些方法是有益的，而另一些方法会造成更加糟糕的状况。石油分散剂 Corexit 含有致癌成分，而且人们已发现它自身对浮游植物、珊瑚、牡蛎和虾等具有毒性。它还会引发虾、螃蟹和鱼的突变，对清洁工人和居民造成呼吸系统和皮肤的不适、影响心理健康、损伤肝脏和肾脏。同时，分散剂还会使石油更快更深地沉入海滨。据 2012 年的一次调查研究估计，Corexit 分散剂将石油的毒性提高了 52 倍。相比之下，用食油微生物海洋螺菌目（Oceanospirillales）细菌进行生物降解就要高效得多。这些天然细菌似乎已在海湾中进化了数百万年，它们的食物就是自然界中渗漏的石油。有些人怀疑它们会造成"死亡区域"，对海生动植物造成损害，但是这样的损害并未发展到令人担心的程度。

1989 年 3 月，油轮埃克森·瓦尔迪兹号在阿拉斯加州的威廉王子湾搁浅，泄漏出 26 万～75 万桶（1000 万加仑）原油，影响了 1 300 英里的海岸线。动物的皮毛或羽毛上沾染的原油会使之丧失绝缘的能力，导致动物因体温过低而死。死亡的生物中包括海獭（1 000～2 800 只）、麻斑海豹（300 只）、海鸟（10 万～25 万只）、秃鹰（247 只）。一些调查结果显示，需要 30 年时间环境才能恢复原貌。■

2010 年

这张画名为《生病的女人》，其作者是荷兰画家扬·斯滕（Jan Steen，1625—1679）。19 世纪之前，可用的有效药物很少，许多成功的治疗都被归功于细心的医师的安慰效果。

科学方法（1620），血压（1733），细菌致病论（1890），组织培养（1902），抗生素（1928），克隆（细胞核移植）（1952），单克隆抗体（1975），生物信息学（1977），基因组学（1986）

2011 年

科学研究通常被分为基础科学和应用科学。基础研究一般在学术机构或研究所中进行，它是理论性的，对成功有着长期愿景。在基础研究领域，重大发现的回报包括权威刊物的发表、学术推广，以及学界的推崇。基础研究科学家的关注重点往往并不在于应用，而且，其执导的研究时常是高度专业化的。相比之下，商业实验室（生物科技、制药、农业、化学）中进行的研究综合了多学科领域，其追求的是短期的商业目标和实用价值。

如今，基础科学和应用科学之间的界限已越来越不明显。并非所有的基础研究都是理论性的，也没必要如此。随着人们在分子与生化水平上对人类及微生物的理解越来越深入，有更多针对特定病因的新药被研制出来，其中包括纠正基因缺陷的药物。当商业公司投资学术科学家的基础研究时，合同通常会为赞助者保证任何成果的专利优先权。另外，一些开明且鼓励创新的生物医学、化学、电子公司将支持他们的科学家从事非定向的基础研究，它们暂时没有商业目的性。

近年来，欧美政府越来越关注"转化"研究，它是将实验室中得出的基础科学发现直接应用于实践，为社会的健康与财富造福。没有什么领域比生物医学界对转化研究更具动力。2011年 12 月，美国国立卫生研究院建立了国家转化科学促进中心。本着"从临床到实验室再到临床"的宗旨，转化医学力图在各个领域取得极可能富有成效的基础研究成果 —— 如基因组学、转基因动物模型、结构生物学、生物化学和分子生物学，并将这些成果作为临床研究的基础，一旦这些研究取得成功并得到完善，就能成为常规临床实践的应用基础。■

稻米中的白蛋白

图为泰国清迈一片绿色的水稻梯田。

 水稻栽培（约公元前 7000 年），血液凝结（1905），
生物技术（1919），转基因作物（1982）

白蛋白是哺乳动物体内最充足的血浆蛋白质，并占据了人类血浆蛋白质的 50% ～ 55%。它由肝脏生成，负责在血液中运送激素，消化并吸收脂肪的胆汁盐、胆红素与凝血蛋白。白蛋白最重要的功能是通过将水分吸入循环系统——尤其是毛细血管中，以调控血量。它的医药用途是充当血浆扩容剂，以治疗失血过多引起的休克以及严重的烧伤，并在全血输入准备完毕之前争分夺秒地稳定伤者状况。引发休克的原因是血载氧气量不足以供应细胞，导致不可逆转的后果。白蛋白还可以运用在药物和疫苗的生产过程中。

人血清白蛋白（HSA）提取自人血浆——血液的液体成分，全世界每年大约需要 500 吨（50 万千克）HSA，其天然原料供不应求。而生产人造 HSA 或实验室 HSA 也有各种困难。新近的 HSA 生产已经在采用基因工程的方式。问题是如何开发一个高效率低能耗的系统，并生产最不可能导致过敏反应的产品。过去人们试图在马铃薯植株和烟草叶片中培育白蛋白，但这些方法并未奏效，因为其产量过低。

水稻的基因组在 2005 年完成测序。2011 年，中国武汉的杨代常和他的研究团队发表了成功在水稻中获取 HSA 的报告。他们使用农杆菌向水稻中注入一段基因，以编码 HSA。这段基因在植物形成种子的过程中被激活，使白蛋白得以储存在稻粒中，其携带的营养可以滋养发芽的植物胚胎。水稻源 HSA 和人源 HSA 的对照结果表明，它们在物理及化学性质上完全相同，585 个氨基酸组成的氨基酸序列和三维形态也都相同，此外，在小鼠体内也有相同的生物效果。2.2 磅（1 千克）糙米中可生成约 0.1 盎司（2.8 克）HSA，因此这种方法的性价比很高，而且其供应几乎无限量。 ■

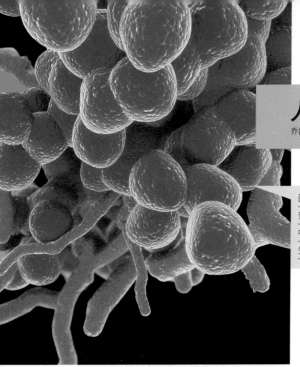

人类微生物组计划

乔舒亚·莱德伯格（Joshua Lederberg, 1925—2008）

图为染色的肠球菌，它们是人类及动物肠道内的普通居民，但也会引起严重的感染，在医院环境中尤甚。肠球菌最受关注的特点是，它对多种抗生素都有天然或获得性的抗药性。

生态相互作用（1859），益生菌（1907），抗生素（1928），基因组学（1986），人类基因组计划（2003）

微生物组一词是乔舒亚·莱德伯格于 2001 年创造的，指的是人体内（表）全体微生物及其遗传物质的集合。2012 年，人类微生物组计划（HMP）发现，至今为止人体中数量最多的居民不是人体细胞，而是微生物。人体微生物细胞的数量是人体细胞的 10 倍，它们构成了人体体重的 1%～3%，大约有 2～6 磅（0.9～2.7 千克）。而且，人类基因组有 22 000 个蛋白编码基因，而细菌的蛋白编码基因是其 360 倍以上（约 800 万个）。

人类基因组计划于 2006 年全部完成，它将整个人类基因组测序，为研究者提供了分辨人类与微生物基因的基础。2008 年，美国国立卫生研究院开启了 HMP，这一五年研究计划意图评估健康人体上微生物群体的性质、建立参考数据库、确定这些群体的变化或不同是否是导致人类个体易于得病的原因。科学家们发现了大约 1 万种微生物，它们大都是细菌，还包括原生动物、酵母菌以及病毒。2012 年 6 月，他们鉴别了其中的 81%～99%。数量最多的微生物存在于皮肤、生殖部位、嘴部以及（尤其是）肠道内外。相似身体区域内的微生物种类是最相像的，这并不令人惊讶。人们发现微生物的种群构成会随着时间的推移而变化，并且受各种因素的影响，其中包括疾病和药物——尤其是抗生素。

之前要识别微生物，就不免需要在培养基中养养它们，并耗费精力地分离它们。HMP 运用了 DNA 测序仪，并以细菌核糖体 RNA（16S rRNA）为标识，使用计算机分析基因组序列。16S rRNA 只存在于细菌中，系统发生研究也以它为标记来分类并鉴定微生物。

人们一直以来都认为人类机体能独立维持正常健康状态，而微生物只会引发传染性疾病。但现在我们已了解，在我们消化吸收许多营养物质的过程中，有些微生物起着必不可少的作用，而且它们还负责合成某些维生素及天然抗炎物质，并代谢药物及其他外源化学物质。■

2012 年

表观遗传学

让-巴普蒂斯特·拉马克（Jean-Baptiste Lamarck，1744—1829）

人们发现在基因相同的雌性保育工蜂与外勤工蜂之间，存在 DNA 甲基化模式的区别，这说明行为能够改变基因表达。

拉马克遗传学说（1809），孟德尔遗传（1866），重新发现遗传学（1900），染色体上的基因（1910），作为遗传信息载体的 DNA（1944）

两个世纪前，让-巴普蒂斯特·拉马克假定环境因素能够影响性状，而这种影响能被传递给其后代。当他在世时，这一假说被完全否定，然而依据多年对动物和人类的研究成果，科学家们开始重新思考这一理论。

第二次世界大战的"饥饿冬季"过后约 60 年，幸存者们显示出了异常的甲基化模式，这种异常模式打开或关闭了某些基因，引发了一系列机体紊乱。荷兰的饥饿冬季始于 1944 年年末，此时的食物供应大幅度削减，以至于他们得到的食物少于每日应有摄入量的四分之一。这种状况一直持续至 1945 年 5 月荷兰解放，在此期间，有 18 000 ～ 22 000 人死于饥饿。这时期怀孕所生的孩子个头都很小，并且体重不足，相比饥荒之前与之后出生的兄弟姐妹，他们更容易出现肥胖、心脏病、糖尿病和高血压。相同的状况也出现在 1968—1970 年尼日利亚的比夫拉饥荒后出生的孩子身上。在中国三年困难时期（1958—1961 年），孕期缺少食物的母亲生出的孩子易患精神分裂症。

性状是由基因决定的，基因是 DNA 所携带的信息。DNA 指导蛋白质与 RNA 分子的合成——后者转译合成蛋白质，这种合成是我们的基因组成与外在或身体性状之间的纽带。表观遗传学研究的是除 DNA 序列变化之外所有的基因变化。这类后天形成的变化通常包括甲基（$-CH_3$）群附加至 DNA 主干的变化，它们"标记"DNA，干扰其向 RNA 转录信息的能力。表观遗传标记也出现在某些癌症中。

2012 年，安德鲁·范伯格（Andrew Feinberg）描述了雌性工蜂 DNA 甲基化模式的区别，这些工蜂同属一个蜂巢，拥有完全相同的基因序列，但是却表现出了不同的行为模式。有些工蜂留在蜂巢中照顾蜂后，当时机成熟时，它们就离开蜂巢，去寻找花粉。保育蜂和外勤蜂各自有自己独特的 DNA 甲基化模式。当保育蜂被移出蜂巢时，外勤蜂便进入蜂巢代替前者，而它们的甲基化模式将转变成保育蜂的模式。由此可见，表观遗传标记是可逆的，并且与行为相关。■

2012 年

美国栗树疫病

一个世纪前，美国栗树是美国东北部最常见且最具经济价值的硬材树。50 年后，在一次灾难性的真菌枯萎病后，只有少量栗树存活下来——这一巨大损失影响至今。

真菌（约公元前 14 亿年），陆生植物（约公元前 4.5 亿年），裸子植物（约公元前 3 亿年），人工选择（选择育种）（1760），生物技术（1919），转基因作物（1982）

1900 年，美国栗树的数量是 40 亿棵，它们构成了美国所有东北部硬材的四分之一，并且是东部森林中最高且最壮观的居民之一。这些高大的树木可以从其第一根枝条再往上高耸 50 英尺，它们坚硬笔直的耐腐木材备受家具厂商的推崇。1904 年，一艘船载着寄生了真菌的日本栗树苗木抵达美国，这种真菌意外传播开来，摧毁了日本栗树的美国兄弟。至 1950 年，美国栗树已几乎消亡殆尽，成为真菌枯萎病的牺牲者。

栗疫病菌（*Cryphonectria parasitica*）通过树皮上的伤口或老化的断层进入树木内部。它在树皮下环绕生长，形成溃疡，并分泌出能迅速杀死树木的草酸。2013 年，人们测试了两种可以抵抗栗疫病的方法：培育杂交栗树，或是最近采用的转基因栗树。

自 1940 年以来，美洲栗基金会一直力图将抗真菌的中国栗树和美国栗树杂交。在遭受真菌袭击时，中国栗树能从基因水平上进行反击，围着真菌建起一面墙，在后者分泌出足以环绕树木的草酸之前拦截它们。美国栗树的反应方式与之相同，但是速度太慢，以至于无法自我挽救。基金会的目标是培育一个杂交品种，它拥有美国栗树的所有特征——坚硬、耐寒、抗旱，在缅因州至路易斯安那州之间的正常区域内欣欣向荣地生长——同时又携带有抗真菌的特性。

森林生物技术学家威廉·A. 鲍威尔（William A. Powell）和遗传学家查尔斯·A. 梅纳德（Charles A. Maynard）是锡拉丘兹市纽约州立大学环境科学与林业科学学院的研究学者，他们在寻找一种基因水平上的解决方法。他们正在检验一种转基因栗树，它拥有一段来自小麦的基因，这段基因能合成一种可钝化草酸的酶，这将能阻止真菌杀死树木。正如其他转基因植物一样，这些栗树必须生长在隔离的试验田中，这杜绝了它们的花粉传播至其他树木的可能性。这些方法是否能够成功，还需要时间的检验。■

反灭绝行动

乔治·居维叶（Georges Cuvier, 1769—1832）

这张图出现在《世界各地现存与灭绝的野生牛羊》一书中，画中的是庇里牛斯山羊（*Pyrenean ibex*）。这本书的作者是英国博物学家理查德·莱德克（Richard Lydekker, 1849—1915）。

泥盆纪（约公元前 4.17 亿年），恐龙（约公元前 2.3 亿年），古生物学（1796），入侵物种（1859），"活化石"腔棘鱼（1938），克隆（细胞核移植）（1952），寂静的春天（1962），间断平衡（1972），聚合酶链反应（1983）

灭绝是一个物种的结束，以其最后一名成员的死亡为终点。1796 年，法国博物学家乔治·居维叶提供了有力的证据，确定了灭绝是存在的事实。人们估计在史上所有存在过的物种中，超过 99% 已经灭绝。根据过去 5 亿多年中的化石记录，世界上曾发生过 5 次大灭绝事件——最近的一次发生在 6500 万年前的白垩纪，其间，超过半数的海洋生物，以及许多的陆生植物和动物灭绝。人们认为这次大灭绝的起因是一次小行星或彗星撞击。在最近的年代，灭绝事件被归因于气候变化、遗传因素以及栖息地毁坏与污染。其他可识别的原因包括过度渔猎、物种入侵以及疾病。

在最近的时期，灭绝的物种包括了猛犸象（3 000～10 000 年前）、候鸽（1914）、塔斯马尼亚虎（1930），以及庇里牛斯山羊或西班牙山羊（2000）。但并非所有科学家都认同"灭绝难以避免"的设想，人们发起积极的反灭绝行动，力图恢复灭绝的动植物物种。最广泛的提议是使用克隆的方法，约翰·布鲁斯南（John Brosnan）的《重返侏罗纪》（*Carnosaur*，1984）和迈克尔·克莱顿（Michael Crichton）的《侏罗纪公园》（*Jurassic Park*，1990）都向人们普及了这一概念。在这种反灭绝过程中，科学家从某个灭绝物种中提取出一段具有活性的 DNA 样本，它灭绝的时间不能超过数千年——并不像这些小说中所写的那样是数百万年，而后，DNA 样本被置于某只宿主动物体内孕育。

迄今为止，反灭绝行动只获得了有限的成功。2003 年，最后一只庇里牛斯山羊已在三年前死去，西班牙研究者们从它身上提取了冰冻的组织，植入一只普通山羊体内。他们的努力没有成功。2009 年，庇里牛斯山羊的一只克隆体活着出生，但在 7 分钟后就因一种无关的呼吸疾病而死去。2013 年，人们对反灭绝行动重燃起熊熊的激情，经由热烈的讨论及争论，并根据俄国和韩国的科学家计划，他们将从西伯利亚发现的一只保存完好的猛犸象身上提取基因加以克隆。■

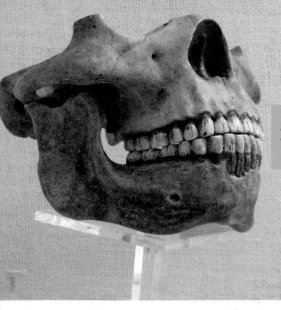

最古老的 DNA 与人类进化

斯万特·帕珀（Svante Pääbo，1955— ）

图为海德堡人的下颌骨，他们可能生活在 130 万
年前的欧洲、非洲和西亚地区，现在已经灭绝。
海德堡人是第一种生活在较为寒冷气候中的人
类，也许也是第一种死后进行安葬的人类。

尼安德特人（约公元前 35 万年），解剖学意义上的现代人（约公元前 20 万年），露西（1974），
基因组学（1986），线粒体夏娃（1987），人类基因组计划（2003）

2013 年 12 月，人们发现了关于人类进化最古老的证据，这个发现引出了一系列进化疑问。
人们从"骨坑"中复原了一节股骨（大腿骨）化石——"骨坑"指的是西班牙北部的一个地
下洞穴，自 20 世纪 70 年代起，科学家们从中复原了 28 具几近完整的人类骨骼。德国莱比锡
城马普研究所的马蒂亚斯·迈耶（Matthias Meyer）及其同事从粉末化的股骨中提取了线粒体
DNA（mtDNA），它的历史约有 40 万年，比早前发现的类人 DNA 样本早了 30 万年。

初步检测后，人们发现这段股骨的解剖结构类似于尼安德特人，但是 DNA 对比则表明它
与丹尼索瓦人更为接近得多，后者的 DNA 分析样本来自西伯利亚以东 4 000 英里处发现的遗
迹，它们已有 8 万年的历史。这一发现挑战了根据之前所发现的化石遗迹与 DNA 分析书写的
人类发展史。我们通常认为，人类、尼安德特人和丹尼索瓦人都有一个共同的祖先，他生活在
50 万年前的非洲。这个祖先的后代产生了人类的分支，这一分支之外的后代离开了非洲，于
30 万年前再次分裂，形成尼安德特人和丹尼索瓦人。尼安德特人向西迁徙，前往欧洲；丹尼索
瓦人则向东发展。我们的人类祖先留在非洲，进化出了智人，智人于 6 万年前迁徙至欧洲和亚
洲，在那里与尼安德特人和丹尼索瓦人混种杂交，后两个物种则渐渐灭绝。但是新的 DNA 证
据提出了疑问：为什么西班牙会有丹尼索瓦人的化石遗迹？

新的 DNA 发现只能算是可能的事实，因为复原古老 DNA 的技术一直在发展。当一个生物
体死亡时，它的 DNA 会分解成细小的碎片，随着时间的推移，这些碎片混合在一起，并被其
他物种的 DNA 污染——尤其是土壤细菌。也在马普研究所工作的瑞典生物学家斯万特·帕珀
专攻进化遗传学，1997 年，他研发了一种复原 DNA 碎片的新技术，并用它在 2010 年确定了
尼安德特人的基因组序列，之后又以之复原了西班牙的股骨。我们的生物历史很可能因为这一
类技术发展而全面改写。■

2013 年

注释与延伸阅读

写作本书的过程中用了许多资料，不过我们只列举了其中一部分。此外，我们还罗列了一些阅读材料，为读者提供更深入的信息，以探讨这些主题。我们竭诚欢迎你指出生物学中任何意义重大或有趣的里程碑事件，请将你的意见发往 mcgeraldweb@gmail.com，它们将可能出现在本书未来的新版本中。

一般阅读

B. Alberts, et al., *Molecular Biology of the Cell*. New York: Garland Science, 2007

J. Alcock, *Animal Behavior*. Sunderland, Ma: Sinauer Associates, 2013

E. J. Gardner, *History of Biology*. Minneapolis, MN: Burgess Publishing, 1972

E. R. Kandel (ed.), et al., *Principles of Neural Science*. New York: McGraw-Hill Professional, 2012

K. Kardong, *Vertebrates: Comparative Anatomy, Function, Evolution*. New York: McGraw-Hill, 2011

J. D. Mauseth, *Botany*. Burlington, MA: Jones & Bartlett, 2012

D. L. Nelson, et al., *Lehninger Principles of Biochemistry*. New York: W. H. Freeman, 2010

B. A. Pierce, *Genetics: A Conceptual Approach*. New York: W. H. Freeman, 2010

J. B. Reece, et al., *Campbell Biology*. San Francisco: Benjamin Cummings, 2013

L. Sherwood, et al., *Animal Physiology: From Genes to Organisms*. Independence, KY: Cengage, 2012

T. M. Smith, *Elements of Ecology*. San Francisco: Benjamin Cummings, 2012

G. J. Tortora, et al., *Microbiology: An Introduction*. San Francisco: Benjamin Cummings, 2012

约公元前 40 亿年，生命的起源

F. Dyson, *Origin of Life*. New York: Cambridge University Press, 1999

约公元前 39 亿年，最后一位共同祖先

C. Woese, *Proceedings of the National Academy of Sciences USA* 1998 95 (11): 9710

约公元前 39 亿年，原核生物

J. Lengeler (ed.), et al., *Biology of Prokaryotes*. New York: Wiley-Blackwell, 1999

D. White, et al., *The Physiology and Biochemistry of Prokaryotes*. New York: Oxford University Press, 2011

约公元前 25 亿年，藻类

J. E. Graham, et al., *Algae*. San Francisco: Benjamin Cummings, 2008

约公元前 20 亿年，真核生物

P. Keeling, et al., Eukaryotes, http://tolweb.org. Tree of Life Web Project.

约公元前 14 亿年，真菌

J. H. Petersen, *The Kingdom of Fungi*. Princeton, NJ: Princeton University Press, 2013

约公元前 5.7 亿年，节肢动物

A. Minelli (ed.), *Arthropod Biology and Evolution: Molecules, Development, Morphology*. New York: Springer, 2013

约公元前 5.3 亿年，延髓：至关重要的大脑

E. R. Kandel (ed.), et al., *Principles of Neural Science*. New York: McGraw-Hill Professional, 2012

约公元前 5.3 亿年，鱼类

Q. Bone, *Biology of Fishes*. New York: Taylor & Francis, 2008

G. Helfman, et al., *The Diversity of Fishes: Biology, Evolution, Ecology*. New York: Wiley-Blackwell, 2009

约公元前 4.5 亿年，陆生植物

L. A. Lewis, et al., *American Journal Botany*. 2004 91(10): 1535

约公元前 4.17 亿年，泥盆纪

G. R. McGhee, *When the Invasion of Land Failed: The Legacy of the Devonian Extinctions*. New York: Columbia University Press, 2013

约公元前 4 亿年，昆虫

H. V. Daly, et al., *Introduction to Insect Biology and Diversity*. New York: Oxford University Press, 1998

P. J. Gullan, *The Insects: An Outline of Entomology*. New York: Wiley-Blackwell, 2010

约公元前 4 亿年，植物对食草动物的防御

H. F. Howe, *Ecological Relationships of Plants and Animals*. New York: : Oxford University Press, 1988

约公元前 3.6 亿年，两栖动物

W. E. Duellman, et al., *Biology of Amphibians*. Baltimore: Johns Hopkins University Press, 1994

K. D. Wells, *The Ecology and Behavior of Amphibians*. Chicago: University of Chicago Press, 2007

约公元前 3.5 亿年，种子的胜利

J. D. Bewley, et al., *Seeds: Physiology of Development, Germination and Dormancy*. New York: Springer, 2012

约公元前 3.2 亿年，爬行动物

L. J. Vitt, et al., *Herpetology: An Introductory Biology of Amphibians and Reptiles*. New York: Academic Press, 2013

约公元前 3 亿年，裸子植物

S. P. Bhatnagar, *Gymnosperms*. New Delhi: New Age International, 1996

约公元前 2.3 亿年，恐龙

D. E. Fastovsky, et al., *Dinosaurs: A Concise Natural History*. New York: Cambridge University Press, 2012

S. D. Samson, *Dinosaur Odyssey: Fossil Threads in the Web of Life*. Berkeley, CA: University of California Press, 2009

约公元前 2 亿年，哺乳动物

D. Attenborough, *The Life of Mammals*. Princeton, NJ: Princeton University Press, 2002

D. W. Macdonald, *The Princeton Encyclopedia of Mammals*. Princeton, NJ: Princeton University Press, 2009

约公元前 1.5 亿年，鸟类

Cornell Laboratory of Ornithology, *Cornell Laboratory of Ornithology Handbook of Bird Biology*. Princeton, NJ: Princeton University Press, 2004

约公元前 1.25 亿年，被子植物

P. S. Soltis, et al., *Phylogeny and Evolution of Angiosperms*. Sunderland, MA: Sinauer, 2005

约公元前 6500 万年，灵长类

J. G. Fleagle, *Primate Adaption and Evolution*. New York: Academic Press, 2013

P. Nystrom, et al., *The Life of Primates*. Cambridge, UK: Pearson, 2008

约公元前 5500 万年，亚马孙雨林

B. Morgan, *Rainforest*. London: DK, 2006

约公元前 35 万年，尼安德特人

D. Papagianni, et al., *The Neanderthals Rediscovered: How Modern Science is Rewriting Their History*. London: Thames & Hudson, 2013

约公元前 20 万年，解剖学意义上的现代人

D. Lieberman, *The Story of the Human Body: Evolution, Health, and Disease*. New York: Pantheon, 2013

F. H. Smith, et al., *The Origins of Modern Humans: Biology Reconsidered*. New York: Wiley-Blackwell, 2013

约公元前 6 万年，植物源药物

M. C. Gerald, *The Drug Book: From Arsenic to Xanax, 250 Milestones in the History of Drugs*. New York: Sterling, 2013

J. Pendleton, *Plants as Medicine: Healing Compounds Derived from Medicinal Herbs*. Traditional Healing Press, 2013

约公元前 1.1 万年，小麦：生活必需品

E. J. M. Kirby, Food and Agricultural Organization of the United Nations-Botany of the Wheat Plant.

约公元前 1 万年，农业

R. F. Denison, *Darwinian Agriculture: How Understanding Evolution Can Improve Agriculture*. Princeton, NJ: Princeton University Press, 2012

约公元前 1 万年，动物驯养

A. Manning, et al., *Animals and Human Society: Changing Perspectives*. New York: Routledge, 1994

约公元前 8000 年，珊瑚礁

C. R. C. Sheppard, et al., *The Biology of Coral Reefs (Biology of Habitats)*. New York: Oxford University Press, 2009

约公元前 7000 年，水稻栽培

S. Tsunoda (ed.), *Biology of Rice*. New York: Elsevier Science (1984)

约公元前 2600 年，木乃伊化

A. C. Aufderheide, *The Scientific Study of Mummies*. New York: Cambridge University Press, 2011

约公元前 2350 年，动物导航

J. L. Gould, et al., *Nature's Compass: The Mystery of Animal Navigation*. Princeton, NJ: Princeton University Press, 2012

约公元前 400 年，四种体液

paei.wikidot.com/Hippocrates-galen-the-four-homors

约公元前 330 年，亚里士多德的《动物史》

J. G. Lennox, *Aristotle's Philosophy of Biology: Studies in the Origins of Life Science*. Cambridge, MA: Cambridge University Press, 2000

约公元前 330 年，动物迁徙

Milner-Guilland, et al., *Animal Migration: A Synthesis*. New York: Oxford University Press, 2011

H. Ueda (ed.), *Physiology and Ecology of Fish Migration*. Boca Raton, FL: CRC Press, 2013

约公元前 320 年，植物学

R. F. Evert, et al., *Raven Biology of Plants*. New York: W. H. Freeman, 2012

L. Taiz, et al., *Plant Physiology*. Sunderland, MA: Sinauer Associates, 2010

公元 77 年，普林尼的《自然史》

Galus Plinius Secundus (Pliny the Elder), *Natural History: A Selection*. New York: Penguin Classis, 1991

约公元 180 年，骨骼系统

K. Kardong, *Vertebrates: Comparative Anatomy, Function, Evolution*. New York: McGraw-Hill Science, 2014

1242 年，肺循环

A. J. Peacock, et al., *Pulmonary Circulation*. Boca Raton, FL: CRC Press, 2011

1489 年，列奥纳多的人体解剖学

C. D. O' Malley, et al., *Leonardo da Vinci on the Human Body: The Anatomical, Physiological, and Embryological Drawings of Leonardo da Vinci*. New York: Gramercy, 2003

1521 年，听觉

D. B. Webster, et al., *The Evolutionary Biology of Hearing*. New York: Spinger, 1991

1543 年，维萨里的《人体构造》

A. Vesalius, et al., *On the Fabric of the Human Body: A Translation of De Humani Corporis Fabrica Libri Septem*. Boston: Jeremy Norman Co., 2003

1611 年，烟草

I. Gately, *Tobacco: A Cultural History of How an Exotic Plant Seduced Civilization*. New York: Grove Press, 2002

1614 年，新陈代谢

J. G. Salway, *Metabolism at a Glance*. New York: Wiley-Blackwell, 2004

Stipanuk, et al., *Biochemical, Physiological, and*

Molecular Aspects of Human Nutrition. St. Louis, MO: Saunders, 2012

1620 年，科学方法

W. I. B. Beveridge, *The Art of Scientific Investigation*. Caldwell, NJ: Blackburn, 2004

E. B. Wilson, Jr., *An Introduction to Scientific Research*. Mineola, NY: Dover, 1911

1628 年，哈维的《心血运动论》

D. Mohman, et al., *Cardiovascular Physiology*. New York: McGraw-Hill Professional, 2013

1637 年，笛卡尔的机械论哲学

E. Slowik, *Descartes' Physics*.

http://plato.stanford.edu/archives/fall2013/entries/descartes-physics/>

1651 年，胎盘

M. L. Power, et al., *The Evolution of the Human Placenta*. Baltimore: Johns Hopkins Press, 2012

1652 年，淋巴系统

V. Buckley, *Christina, Queen of Sweden: The Restless Life of a European Eccentric*. New York: Harper Perennial (2005)

F. R. Sabin, *The Origin and Development of the Lymphatic System (Classic reprint)*. Forgotten Books, 2012

1658 年，血细胞

K. Kaushansky, et al., *Williams Hematology*. New York: McGraw-Hill Professional, 2010

1668 年，驳斥自然发生说

J. Farley, *The Spontaneous Generation Controversy From Descartes to Oparin*. Baltimore: The John Hopkins Press, 1977

1669 年，磷循环

J. Emsley, *The 13th Element: The Sordid Tale of Murder, Fire, and Phosphorus*. New York: Wiley, 2002

1670 年，麦角中毒与巫术

A. C. Kors (ed.), et al., *Witchcraft in Europe, 400-1700: A Documentary History*. Philadelphia: University of Pennsylvania Press, 2000

1674 年，列文虎克的微观世界

P. de Kruif, *Microbe Hunters*. New York: Mariner Books, 2002

1677 年，精子

C. J. De Jonge, et al., *The Sperm Cell*. New York: Cambridge University Press. 2006

1717 年，瘴气理论

S. Litsios, *Plague Legends: From the Miasmas of Hippocrates to the Microbes of Pasteur*. Ballwin, MO: Science & Humanities Press, 2001

1729 年，昼夜节律

R. G. Foster, *Rhythms of Life: The Biological Clocks that Control the Daily Lives of Every Living Thing*. New Haven, CT: Yale University Press, 2005

1733 年，血压

N. H. Naqvi, et al., *Blood Pressure Measurement: An Illustrated History*. Boca Raton, FL: CRC Press, 1998

1735 年，林奈生物分类法

W. Blunt, et al., *Linnaeus: The Compleat Naturalist*. Princeton, NJ: Princeton University Press, 2002

约 1741 年，脑脊液

H. Davson, et al., *Physiology of the CSF and Blood-Brain Barriers*. Boca Raton, FL: CRC Press, 1996

1744 年，再生

B. M. Carlson (ed.), *Principles of Regenerative Medicine*. New York: Academic Press, 2007

S. G. Lenhoff, et al., *Hydra and the Birth of Experimental Biology, 1744: Abraham Trembley's Memories Concerning the Polyps*. Pacific Grove, CA: Boxwood Press, 1986

1759 年，关于发育的理论

J.D.Bewley, et al., *Seeds: Physiology of Development, Germination and Dormancy*. New York: Springer, 2012

1760 年，人工选择（选择育种）

R. J. Wood, et al., *Genetic Prehistory in Selective Breeding: A Prelude to Mendel*. New York: Oxford

University Press, 2001

1786 年，动物电

R. Plonsey, et al., *Bioelectricity: A Quantitative Approach*. New York: Springer, 2007

1789 年，气体交换

P. J. Dejours, *Respiration in Water and Air: Adaptions Regulations Evolution*. New York: Elsevier Science Ltd, 1988

1791 年，神经系统通信

J. LeDoux, Synaptic Self: *How Our Brains Become Who We Are*. New York: Viking, 2002

L. Squire (ed.), et al., *Fundamental Neuroscience*. New York: Academic Press, 2012

1796 年，古生物学

M. Foote, et al., *Principles of Paleontology*. New York: W. H. Freeman, 2006

1798 年，人口增长与食物供给

T. Malthus, An Essay on the Principle of Population. New York: Oxford University Press, 2008

J. R. Weeks, *Population: An Introduction to Concepts and Issues*. Independence, KY: Cengage Learning, 2011

1809 年，拉马克遗传学说

R. Honeywell, *Lamarck's Evolution: Two Centuries of Genius and Jealousy*. London: Murdock Books, 2008

1828 年，发育的胚层学说

S. Gilbert, *Developmental Biology*. Sunderland, MA: Sinauer Associates, 2013

T. A. McGeady, et al., *Veterinary Embryology*. Oxford, UK: Blackwell, 2006

1831 年，细胞核

T. Misteli, et al., *The Nucleus*. Cold Spring Harbor, NY: Cold Spring Harbor Laboratory Press, 2010

1831 年，达尔文和贝格尔号之旅

C. Darwin, *The Voyage of the Beagle* (many Editions).

A. Moorehead, *Darwin and the Beagle: Charles Darwin as Naturalist on the HMS Beagle Voyage*. New York: Harper & Row, 1970

1832 年，1832 年的《解剖法》

G. Abbott, *Grave Disturbances: A History of the Body Snatchers*. Cardiff, Wales: Eric Dobby Publishing, 2006

M. Fido, *Bodysnatchers: A History of the Resurrectionists*. Chicago: Academy Chicago Pub (1992).

1833 年，人体消化

D. J. Chivers (ed.), et al., *The Digestive System in Mammals: Food Form and Function*. New York: Cambridge University Press, 1994

J. Karlawish, *Open Wound: The Tragic Obsession of Dr. William Beaumont*. Ann Arbor, MI: University of Michigan Press, 2011

1836 年，化石记录和进化

B. Switck, *Written in Stone: Evolution, the Fossil Record, and Our Place in Nature*. New York: Bellevue Literary Press, 2010

T. N. Taylor, et al., *Paleobotany: The Biology and Evolution of Fossil Plants*. New York: Academic Press, 2008

1837 年，氮循环和植物化学

F. J. Stevenson, et al., *Cycles of Soil: Carbon, Nitrogen, Phosphorus, Sulfur, Micronutrients*. New York: Wiley, 1999

1838 年，细胞学说

B. Alberts, et al., *Molecular Biology of the Cell*. New York: Garland Science, 2007

G. Karp, *Cell and Molecular Biology: Concepts and Experiments*. New York, Wiley, 2013

1840 年，植物营养

K. Mendel, et al., *Principles of Plant Nutrition*. New York, Springer, 2001

F. J. Stevenson, et al., *Cycles of Soil: Carbon, Nitrogen, Phosphorus, Sulfur, Micronutrients*. New York: Wiley, 1999

1842 年，尿的生成

D. Eaton, *Vanders Renal Physiology*. New York:

McGraw-Hill Medical, 2013

1842 年，细胞凋亡（细胞程序性死亡）

D. R. Green, *Apoptosis: Physiology and Pathology*. New York: Cambridge University Press, 2011

1843 年，毒液

J. Gjersoe, et al., *Venoms: Sources, Toxicity and Therapeutic Uses*. Hauppauge, NY: Nova Science Publishers, 2010

J. White, et al., *Handbook of Clinical Toxicology of Animal Venoms and Poisons*. Boca Raton, FL: CRC Press, 1995

1843 年，同源与同功

K. Kardong, *Vertebrates: Comparative Anatomy, Function, Evolution*. New York: McGraw-Hill Science, 2014

1845 年，光合作用

J. J. Eaton-Rye (ed.), et al., *Photosynthesis: Plastid Biology, Energy Conversion and Respiration*. New York, Springer, 2011

D. O. Hall, et al., *Photosynthesis (Studies in Biology)*. New York: Cambridge University Press, 1999

1848 年，旋光异构体

chemistry.tutovista.com>Organic Chemistry nomenclature, Isomers.

1849 年，睾酮

E. Nieschlag (ed.), et al., *Testosterone: Action, Deficiency, Substitution*. New York: Cambridge University Press, 2012

L. B. Smith, et al., *Testosterone: From Basic Research to Clinical Applications*. New York: Springer, 2013

1850 年，三色视觉

M. F. Land, et al., *Animal Eyes*. New York: Oxford University Press, 2012

O. F. Lazareva, *How Animals See the World: Comparative Behavior, Biology, and Evolution of Vision*. New York: Oxford University Press, 2012

1854 年，体内平衡

C. Bernard, *An Introduction to the Study of Experimental Medicine*. Mineola, NY: Dover Publication, 1957

W. B. Cannon, *The Wisdom of the Body*. New York: W. W. Norton, 1963

1856 年，肝脏与葡萄糖代谢

J. M. Berg, et al., *Biochemistry*. New York: W. H. Freeman, 2010

D. L. Nelson, et al., *Lehninger Principles of Biochemistry*. New York: W. H. Freeman, 2012

1857 年，微生物发酵

E. M. T. El-Mansi (ed.), et al., *Fermentation Microbiology and Biotechnology*. Boca Raton, FL: CRC Press, 2006

1859 年，达尔文的自然选择理论

C. Darwin, *The Origin of Species by Means of Natural Selection* (many editions).

D. Quammen, *The Reluctant Mr Darwin: An Intimate Portrait of Charles Darwin and the Making of His Theory of Evolution*. New York: W. H. Norton, 2007

M. Ridley, *Evolution*. New York: Wiley-Blackwell, 2003

1859 年，生态相互作用

H. F. Howe, *Ecological Relationships of Plants and Animals*. New York: Oxford University Press, 1988

L. M. Schoonhoven, et al., *Insect-Plant Biology*. New York: Oxford University Press, 2006

1859 年，入侵物种

C. S. Elton, *Ecology of Invasions by Animals and Plants*. Chicago: University of Chicago Press, 2000

1861 年，大脑功能定位

R. W. Pelton, *The Age Old Science of Phrenology: An Age Old Science Developed by Franz Joseph Gall, M. D. of Vienna*. CreateSpace Independent Publishing Platform, 2012

1862 年，生物拟态

L. P. Brower, *Mimicry and the Evolutionary Process*. Chicago: University of Chicago Press, 1989

W. Wickler, *Mimicry in Plants and Animals*. New

York: McGraw-Hill, 1968

1866 年，孟德尔遗传

E. Edelson, *Gregor Mendel: And the Roots of Genetics*. New York: Oxford University Press, 1999

1866 年，胚胎重演律

S. J. Gould, *Ontogeny and Phylogeny*. Cambridge, MA: Harvard University Press, 1977

E. Hacckel, et al., *Art Forms in Nature: The Prints of Ernst Haeckel*. New York: Prestel, 2008

1866 年，血红素和血蓝素

D. Weatherall (ed.), et al., *Hemoglobin and its Diseases (Cold Spring Harbor Perspectives in Medicine)*. Cold Spring Harbor, NY: Cold Spring Harbor Laboratory Press, 2013

1869 年，脱氧核糖核酸（DNA）

F. H. Portugal, et al., *A Century of DNA: A History of the Discovery of the Structure and Function of the Genetic Substance*. Cambridge, MA: MIT Press, 1977

1871 年，性选择

B. Campbell (ed.), *Sexual Selection and the Descent of Man: The Darwinian Pivot*. Piscataway, NJ: Transaction Publishers, 2006

A. F. Dixson, *Sexual Selection and the Origins of Human Mating System*. New York: Oxford University Press, 2009

1873 年，协同进化

J. N. Thompson, *The Geographic Mosaic of Coevolution*. Chicago: The University of Chicago Press, 2005

1874 年，先天与后天

S. J. Gould, *The Mismeasure of Man*. New York: W. W. Norton, 1996

1875 年，生物圈

V. I. Vernadsky, *The Biosphere: Complete Annotated Edition*. Gottingen, Germany: Copernicus, 1998

1876 年，减数分裂

B. John, *Meiosis (Developmental and Cell Biology Series)*. New York: Cambridge University Press, 2005

1876 年，生物地理学

M. V. Lomolino, et al., *Biogeography*. Sunderland, MA: Sinauer Associates, 2010

R. A. Slotten, *The Heretic in Darwin's Court: The Life of Alfred Russel Wallace*. New York: Columbia University Press, 2004

1877 年，海洋生物学

P. Castro, et al., *Marine Biology*. New York: McGraw-Hill Science, 2012

1878 年，酶

J. M. Berg, et al., *Biochemistry*. New York: W. H. Freeman, 2010

D. L. Nelson, et al., *Lehninger Principles of Biochemistry*. New York: W. H. Freeman, 2012

1880 年，趋光性

P. Davies, *Plant Hormones and Their Role in Plant Growth and Development*. Boston: Martinus Nijhoff, 2013

1882 年，有丝分裂

A. Murray, et al., *The Cell Cycle: An Introduction*. New York: Oxford University Press, 1933

约 1882 年，温度感受

H. A. Braun (ed.), et al., *Thermoreception and Temperature Regulation*. New York: Springer, 1990

1882 年，先天免疫

P. Parham, *The Immune System*. New York: Garland Science, 2009

1883 年，种质学说

S. Gilbert, *Developmental Biology*. Sunderland, MA: Sinauer Associates, 2013

1883 年，优生学

D. Kevles, *In the Name of Eugenics: Genetics and the Uses of Human Heredity*. New York: Knopf, 2013

1884 年，革兰氏染色

G. J. Tortora, et al., *Microbiology: An Introduction*. San Francisco: Benjamin Cummings, 2012

1885 年，负反馈

C. Cosentino, et al., *Feedback Control in Systems Biology*. Boca Raton, FL: CRC Press, 2011

1890 年，细菌致病论

J. Waller, *The Discovery of the Germ: Twenty Years That Transformed the Way We Think About Disease*. New York: Columbia University Press, 2003

1890 年，动物色彩

J. Diamond, et al., *Concealing Coloration in Animals*. Cambridge, MA: Belknap Press, 2013

1891 年，神经元学说

G. M. Shepherd, *Foundations of the Neuron Doctrine*. New York: Oxford University Press, 1991

1892 年，内毒素

K. Chaudhuri, et al., *Cholera Toxins*. New York: Springer, 2009

1896 年，全球变暖

S. R. Weart, *The Discovery of Global Warning: Revised and Expanded Edition*. Cambridge, MA: Harvard University Press, 2008

1897 年，适应性免疫

P. Parham, *The Immune System*. New York: Garland Science, 2009

1897 年，联想学习

M. A. Gluck, et al., *Learning and Memory: From Brain to Behavior*. Richmond, UK: Worth, 2007

1897 年，埃尔利希的侧链学说

A. M. Silverstein, *Paul Ehrlich's Receptor Immunology: The Magnificent Obsession*. New York: Academic Press, 2001

1898 年，导致疟疾的原生寄生虫

S. Shah, *The Fever: How Malaria Has Ruled Humankind for 500,000 Years*. New York: Sarah Crichton Books, 2010

1898 年，病毒

K.-B. Scholthof (ed.), et al., *Tobacco Mosaic Virus: One Hundred Years of Contributions to Virology*. St. Paul, MN: Amer Phytopathological Society. 1999

1899 年，生态演替

L. R. Walker (ed.), et al., *Linking Restoration and Ecological Succession*. New York: Springer, 2007

1899 年，动物的行进能力

R. M. Alexander, *Principles of Animal Locomotion*. Princeton, NJ: Princeton University Press, 2002

1900 年，重新发现遗传学

H. Stubbe, *History of Genetics: From Prehistoric Times to the Rediscovery of Mendel's Laws*. Cambridge, MA: MIT Press, 1973

1900 年，卵巢与雌性生殖

H. O. Haterius, *Ohio Journal of Science* 1937, 37(6): 394

1901 年，血型

K. Kaushansky, et al., *Williams Hematology*. New York: McGraw-Hill, 2010

1902 年，组织培养

K-H. Neumann, et al., *Plant Cell and Tissue Culture—A Tool in Biotechnology: Basics and Application (Principles and Practice)*. New York: Springer, 2009

1902 年，促胰液素：第一种激素

D. O. Norris, et al., *Vertebrate Endocrinology*. New York: Academic Press, 2013

1904 年，树木年代学

M. A. Stokes, et al., *An Introduction to Tree-Ring Dating*. Tucson: University of Arizona Press, 1996

1905 年，血液凝结

R. F. Doolittle, *The Evolution of Vertebrate Blood Clotting*. University Science Books, 2012

1907 年，放射性定年法

D. Macdougall, *Nature's Clocks: How Scientists Measure the Age of Almost Everything*. Berkeley, CA: University of California Press, 2008

1907 年，益生菌

G. W. Tannock, *Probiotics and Prebiotics: Scientific Aspects*. Poole, UK: Caister Academic Press, 2005

1907 年，心脏因何跳动？

M. E. Silverman, et al., *Circulation*. 2006, 113: 2775

1908 年，哈迪-温伯格定律

Hardy-Weinberg Equilibrium Model, anthro.palomar.edu/synthetics/synth_2

1910 年，染色体上的基因

R. E. Kohler, *Lords of the Fly: Drosophila Genetics and the Experimental Life*. Chicago: University of Chicago Press, 1994

A. H. Sturtevant, *A History of Genetics*. Cold Spring Harbor, NY: Cold Spring Harbor Laboratory Press, 2001

1911 年，致癌病毒

Rockefeller University Press, *A notable career in finding out Peyton Rous, 1879-1970*. New York: Rockefeller University Press, 1971

1912 年，大陆漂移说

E. H. Colbert, *Wandering Lands and Animals: The Story of Continental Drift and Animal Populations*. Mineola, NY: Dover Publications, 1985

1912 年，维生素和脚气病

L. R. McDowell, *Vitamin History, The Early Years*. First Edition Design Publishing, 2013

1912 年，甲状腺和变态

K. Ain, et al., *The Complete Thyroid Book*. New York: McGraw-Hill, 2010

1912 年，X 射线结晶学

A. Authier, *Early Days of X-ray Crystallography*. New York: Oxford University Press, 2013

1917 年，噬菌体

A. Kuchment, *The Forgotten Cure: The Past and Future of Phage Therapy*. New York: Springer, 2011

1919 年，生物技术

A. Slater, et al., *Plant Biotechnology: The Genetic Manipulation of Plants*. New York: Oxford University Press, 2008

W. J. Thieman, et al., *Introduction to Biotechnology*. San Francisco: Benjamin Cummings, 2012

1920 年，神经递质

L. Iverson, et al., *Introduction to Neuropharmacology*. New York: Oxford University Press, 2008

1921 年，胰岛素

M. Bliss, *The Discovery of Insulin: Twenty-fifth Anniversary Edition*. Chicago: University of Chicago Press, 2007

1923 年，先天性代谢缺陷

J-M. Saudubray (ed.), et al., *Inborn Metabolic Diseases: Diagnosis and Treatment*. New York: Springer, 2012

1924 年，胚胎诱导

S. F. Gilbert, *Developmental Biology*. Sunderland, MA: Sinauer Associates, 2006

1924 年，繁殖时间表

S. F. Gilbert, *Developmental Biology*. Sunderland, MA: Sinauer Associates, 2006

1925 年，线粒体和细胞呼吸

D. Day (ed.), et al., *Plant Mitochondria: From Genome to Function*. New York: Springer, 2004

J. Jacobs, *Metabolism Basics: A Walkthrough Guide to Fermentation and Cellular Respiration*. Seattle WA: Amazon Digital Services, 2012

1925 年，"猴子审判"

E. J. Larson, *Summer for the Gods: The Scopes Trial and America's Continuing Debate Over Science and Religion*. New York: Basic Books, 1997

1925 年，种群生态学

M. Begon, et al., *Population Ecology: A Unified Study of Animals and Plants*. New York: Wiley-Blackwell, 1996

1927 年，食物网

G. A. Polis, et al., *Food Webs*. New York: Springer, 1995

1927 年，昆虫的舞蹈语言

W. A. Stearcy, et al, *The Evolution of Animal Communication: Reliability and Deception in Signaling Systems*. Princeton, NJ: Princeton University Press, 2005

1928 年，抗生素

E. Lax, *The Mold in Dr. Florey's Coat: The Story of the Penicillin Miracle*. New York: Henry Holt and

Co., 2004

1929 年，孕酮

J. C. Avise, *Evolutionary Perspectives on Pregnancy*. New York: Columbia University Press, 2013

1930 年，淡水鱼和海水鱼的渗透调节

T. Bradley, *Animal Osmoregulation*. New York: Oxford University Press, 2009

1931 年，电子显微镜

J. J. Bozzola, et al., *Electron Microscopy*. Burlington, MA: Jones & Bartlett, 1998

1935 年，印刻效应

R. W. Burkhardt, Jr., *Patterns of Behavior: Konrad Lorenz, Niko Tinbergen, and the Founding of Ethology*. Chicago: University of Chicago Press, 2005

1935 年，影响种群增长的因素

J. R. Weeks, *Population: An Introduction to Concepts and Issues*. Independence, KY: Cengage Learning, 2011

1936 年，压力

H. Seyle, *The Stress of Life*. New York: McGraw-Hill, 1978

1936 年，异速生长

M. J. Reiss, *The Allometry of Growth and Reproduction*. New York: Cambridge University Press, 1991

1937 年，进化遗传学

J. M. Smith, *Evolutionary Genetics*. New York: Oxford University Press, 1998

1938 年，"活化石"腔棘鱼

C. Werner, et al., *Evolution: The Grand Experiment: Vol.2-Living Fossils*. Green Fossil, AR: New Leaf Press, 2009

1939 年，动作电位

E. R. Kandel (ed.), et al., *Principles of Neural Science*. New York: McGraw-Hill Professional, 2012

1941 年，一个基因一个酶假说

B. A. Pierce, *Genetics: A Conceptual Approach*. New York: W. H. Freeman, 2010

1942 年，生物物种概念和生殖隔离

P. R. Grant, *How and Why Species Multiply: The Radiation of Darwin's Finches*. Princeton, NJ: Princeton University Press, 2011

1943 年，拟南芥：一种模式植物

M. Koomneef, *Plant Journal*, 2010 61 (6): 909

1944 年，作为遗传信息载体的 DNA

F. H. Portugal, et al., *A Century of DNA: A History of the Discovery of the Structure and Function of the Genetic Substance*. Cambridge, MA: MIT Press, 1977

1945 年，绿色革命

L. R. Brown, *Full Planet, Empty Plates: The New Politics of Food Scarcity*. New York: W. W. Norton, 2012

1946 年，细菌遗传学

W. Snyder, et al., *Molecular Genetics of Bacteria*. Washington, DC: ASM Press, 2013

1949 年，网状激活系统

Reticular Activating System: reticularactivatingsystem.org

1950 年，系统发育分类学

E. O. Wiley, et al., *Phylogenetics: Theory and Practice of Phylogenetic Systematics*. New York: Wiley-Blackwell, 2011

1951 年，永生的海拉细胞

R. Skloot, *The Immortal Life of Henrietta Lacks*. New York: Crown, 2010

1952 年，克隆（细胞核移植）

J. Cibelli (ed.), et al., *Principles of Cloning*. New York: Academic Press, 2013

1952 年，胰岛素的氨基酸序列

A. O. W. Stretton, *Genetics* 2002 182(2): 527

1952 年，自然界中的图案形成

P. Ball, *The Selfp-Made Tapestry: Pattern Formation in Nature*. New York: Oxford University Press, 1999

1952 年，质粒

B. A. Pierce, *Genetics: A Conceptual Approach*. New York: W. H. Freeman, 2010

1952 年，神经生长因子

A. Habenicht (ed.), *Growth Factors, Differentiation Factors, and Cytokines*. New York: Springer, 2011

1953 年，米勒 - 尤列实验

Wikipedia: en.Wikipedia.org/wiki/Miller-Urey Experiment

1953 年，双螺旋结构

H. F. Judson, *The Eighth Day of Creation: Makers of the Revolution in Biology*. Cold Spring Harbor, NY: Cold Spring Harbor Laboratory Press, 1996

J. D. Watson, *The Double Helix: A Personal Account of the Discovery of the Structure of DNA*. New York: Touchstone, 2001

1953 年，快速眼动睡眠

J. M. Siegel, *Sleep Medicine Reviews. 2011 (15)3: 139*

National Institute of Neurological Disorders and Stroke: www.ninds.nih.gov/disorders/brain_basics/understanding_sleep/condition_information

1953 年，获得性免疫耐受和器官移植

D. Hamilton, *A History of Organ Transplantation: Ancient Legends to Modern Practice*. Pittsburgh: University of Pittsburgh Press, 2012

1954 年，肌肉收缩的纤丝滑动学说

B. MacIntosh, et al., *Skeletal Muscle: Form and Function*. Champaign, IL: Human Kinetics, 2005

1955 年，核糖体

R. A. Garrett, et al., (eds.), *The Ribosome: Structure, Function, Antibiotics, and Cellular Interactions*. Washington, DC: American Society Microbiology 2000

1955 年，溶酶体

British Society for Cell Biology: bscb.org/learning-resources/softcell-e-learning/lysosome/

1956 年，产前基因检测

Stanford Children's Health: lpch.org/DiseaseHealthInfo/HealthLibrary/pregnant/tests.html

1956 年，DNA 聚合酶

I. R. Lehman, *Journal Biological Chemistry* 2005 280: 42477

1956 年，第二信使

H. Lodish, et al., *Molecular Cell Biology*. New York: W. H. Freeman, 2000, Sect. 20.6

1957 年，蛋白质结构与折叠

E. Reynaud, *Nature Education* 2010 3(9): 28

1957 年，生物能学

D. G. Nicholls, et al., *Bioenergetics*. New York: Academic Press, 2013

1958 年，分子生物学的中心法则

M. Ridley, *Francis Crick: Discoverer of the Genetic Code*. New York: Eminent Lives, 2006

1958 年，仿生人和电子人

J. Fischman, *National Geographic Magazine* (1) 2010

1959 年，信息素

T. D. Wyatt, *Pheromones and Animal Behaviour: Communication by Smell and Taste*. New York: Cambridge University Press, 2003

1960 年，能量平衡

Body Recomposition: bodyrecomposition.com/fat-loss-the-energy-balance-equation.html

1960 年，黑猩猩对工具的使用

C. Sanz (ed.), et al., Tool Use in Animals: Cognition and Ecology. New York: Cambridge University Press, 2013

1961 年，细胞衰老

D. G. A. Burton, *Age* 2009; 31(1): 1

1961 年，破解蛋白质生物合成的遗传密码

B. Alberts, et al., *Molecular Biology of the Cell*. New York: Garland Science, 2007

1961 年，基因调控的操纵子模型

B. Muller-Hill, *The Lac Operon: A Short History of a Genetic Paradigm*. Berlin: de Gruyter, 1996

1962 年，节俭基因假说

J. R. Speakman, *International Journal Obesity* 2008 32: 1611

1962 年，寂静的春天

R. Carson, *Silent Spring*. New York: Houghton

Mifflin, 1962

1963 年，杂种与杂交地带

J. Price (ed.), *Hybrid Zones and the Evolutionary Process*. New York: Oxford University Press, 1993

1964 年，大脑偏侧性

J. M. Schwartz, et al., *The Mind and the Brain: Neuroplasticity and the Power of Mental Force*. New York: Regan Books, 2003

1964 年，动物利他主义

R. Dawkins, *The Selfish Gene*. New York: Oxford University Press, 2006

1966 年，最优觅食理论

D. W. Stephens, *Foraging Theory*. Princeton, NJ: Princeton University Press, 1986

1967 年，细菌对抗生素的耐药性

K. S. Drlica, et al., *Antibiotic Resistance: Understanding and Responding to an Emerging Crisis*. Upper Saddle River, NJ: FT Press, 2011

1967 年，内共生学说

B. M. Kozo-Polyansky, et al., *Symbiogenesis: A New Principle of Evolution*. Cambridge, MA: Harvard University Press, 2010

1968 年，记忆的多重储存模型

M. A. Gluck, et al., *Learning and Memory: From Brain to Behavior*. Richmond, UK: Worth, 2007

J. W. Rudy, *The Neurobiology of Learning and Memory*. Sunderland, MA: Sinauer Associates, 2013

1968 年，下丘脑-垂体轴

D. O. Norris, et al., *Vertebrate Endocrinology*. New York: Academic Press, 2013

1968 年，系统生物学

E. Voit, *A First Course in Systems Biology*. New York: Garland Science, 2012

1969 年，细胞决定

Kenyon College Biology Department:

biology.kenyon.edu/courses/bioll14/Chap11/Chapter_11.html

1970 年，细胞周期检验点

A. Murray, et al., *The Cell Cycle: An Introduction*.

New York: Oxford University Press, 1993

1972 年，间断平衡

S. J. Gould, *The Structure of Evolutionary Theory*. Cambridge, MA: Belnap Press, 2002

1972 年，可持续发展

P. Rogers, et al., *An Introduction to Sustainable Development*. New York: Routledge, 2007

1972 年，亲本投资和性选择

B. S. Low, *Why Sex Matters: A Darwinian Look at Human Behavior*. Princeton, NJ: Princeton University Press, 2001

1974 年，露西

R. Jurmain, et al., *Introduction to Physical Anthropology, 2013-2014 Edition*. Independence, KY: Cengage Learning, 2013

1974 年，胆固醇代谢

J. L. Goldstein, *Arterioscerosis Thrombosis Vascular Biology*. 2009 29(4): 431

1974 年，味觉

T. E. Finger (ed.), et al., *The Neurobiology of Taste and Smell*. New York: Wiley-Liss, 2009

1975 年，单克隆抗体

Wikipedia: www.wikidoc.org/index.php/Monoclonal_antibodies

1975 年，社会生物学

E. O. Wilson, *Sociobiology: The Abridged Edition*. Cambridge, MA: Belknap Press, 1980

1976 年，致癌基因

G. M. Cooper, *Oncogenes*. Burlington, MA: Jones & Bartlett Learning, 1995

1977 年，生物信息学

S. Haddock, *Practical Computing of Biologists*. Sunderland, MA: Sinauer Associates, 2010

1978 年，体外授精（IVF）

K. Elder, et al., *In-Vitro Fertilization*. New York: Cambridge University Press, 2011

1979 年，生物放大作用

biologicalmagnification.org/understanding-biological-magnification

1980 年，生物体能被授予专利吗？

Wikipedia: En.wikipedia.org/wiki/Biological_patent

1982 年，转基因作物

N. G. Halford, *Genetically Modified Crops*. London: Imperial College Press, 2011

1983 年，HIV 和 AIDS

S. A. Kallen, *The Race to Discover the AIDS Virus: Luc Montagnier Vs Robert Gallo*. Springfield, MO: 21st Century, 2012

1983 年，聚合酶链反应

P. Rabinow, *Making PCR: A Story of Biotechnology*. Chicago: University of Chicago Press, 1996

1984 年，DNA 指纹图谱

N. Rudin, et al., *An Introduction to Forensic DNA Analysis*. Boca Raton, FL: CRC Press, 2001

1986 年，基因组学

M. Ridley, *Genome: The Autobiography of a Species in 23 Chapters*. New York: Harper Collins, 2006

1987 年，线粒体夏娃

B. Sykes, *The Sever Daughters of Eve: The Science That Reveals Our Genetic Ancestry*. New York: W. W. Norton, 2002

1987 年，臭氧层损耗

E. A. Parson, *Protecting the Ozone Layer: Science and Strategy*. New York: Oxford University Press, 2003

1990 年，生物域

L. Margulis, et al., *Kingdoms and Domains: An Illustrated Guide to the Phyla of Life on Earth*. New York: Academic Press, 2009

1991 年，嗅觉

T. E. Finger (ed.), *The Neurobiology of Taste and Smell*. New York: Wiley-Liss, 2009

1994 年，瘦蛋白：减肥激素

S. Akaba, et al., *Textbook of Obesity, Biological, Psychological and Cultural Influences*. New York: Wiley-Blackwell, 2012

2000 年，肤色

N. G. Jablonski, *Living Color: The Biological and Social Meaning of Skin Color*. Berkeley, CA: University of California Press, 2012

2003 年，人类基因组计划

M. Ridley, *Genome: The Autobiography of the Species in 23 Chapters*. New York: Harper Collins, 2006

2005 年，原生生物分类

J. B. Reece, et al., *Campbell Biology*. San Francisco: Benjamin Cummings, 2013

2006 年，诱导多能干细胞

R. Lanza (ed.), et al., *Essentials of Stem Cell Biology*. New York: Academic Press, 2009

2009 年，病毒突变与大流行病

G. Kolata, *Flu: The Story of the Great Influenza Pandemic of 1918 and the Search for the Virus that Caused It*. New York: Touchstone, 2001

2010 年，深水地平线号（BP）溢油事故

L. C. Steffy, *Drowning in Oil: BP & the Reckless Pursuit of Profit*. New York: McGraw-Hill 2010

2011 年，转化生物医学研究

R. Srivastava (ed.), et al., *Lost in Translation: Barriers to Incentives for Translational Research in Medical Sciences*. London: World Scientific Publishing Co., 2013

2011 年，稻米中的白蛋白

T. W. Evans, *Alimentary Pharmacology & Therapeutics* 2002 16 (suppl.5): 6

Yang He, et al., *Proceeding of the National Academy of Sciences USA* 2011 108(47): 19078

2012 年，人类微生物组计划

L. V. Hooper, *Science* 2001 292: 1115

2012 年，表观遗传学

R. C. Francis, *Epigenetics: The Ultimate Mystery of Inheritance*. New York: W. W. Norton, 2011

2013 年，美国栗树疫病

S. Freinkel, *American Chestnut: The Life, Death, and Rebirth of a Perfect Tree*. Berkeley, CA: University of California Press, 2007

2013 年，反灭绝行动

N. MacLeod, *The Great Extinctions: What Caused Them and How They Shape Life*. Richmond Hill, ON: Firefly Books, 2013

2013 年，最古老的 DNA 与人类进化

R. Jurmain, et al., *Introduction to Physical Anthropology*, 2013-2014 Edition. Independence, KY: Cengage Learning, 2013

Copyright © 2015 by Michael C. Gerald

This edition has been published by arrangement with Sterling Publishing Co., Inc., 387 Park Ave. South, New York, NY 10016.

版贸核渝字（2015）第 134 号

图书在版编目（CIP）数据

生物学之书 /（美）迈克尔·C. 杰拉尔德
(Michael C. Gerald)，（美）格洛丽亚·E. 杰拉尔德
(Gloria E. Gerald) 著；傅临春译 . 一重庆：重庆大
学出版社，2017.1（2024.7 重印）
（里程碑书系）
书名原文：The Biology Book: From the Origin of
Life to Epigenetics 250 Milestones in the History
of Biology
ISBN 978-7-5689-0047-8

Ⅰ . ①生…　Ⅱ . ①迈…②格…③傅…　Ⅲ . ①生物学
—普及读物　Ⅳ . ① Q-49
中国版本图书馆 CIP 数据核字（2016）第 199445 号

生物学之书

shengwuxue zhi shu

[美] 迈克尔·C. 杰拉尔德　格洛丽亚·E. 杰拉尔德　著
傅临春　译

责任编辑　王思楠
责任校对　邹　忌
装帧设计　鲁明静
责任印制　张　策

重庆大学出版社出版发行
出版人：陈晓阳
社址：（401331）重庆市沙坪坝区大学城西路 21 号
网址：http://www.cqup.com.cn
印刷：北京利丰雅高长城印刷有限公司

开本：787mm×1092mm　1/16　印张：18　字数：378 千
2017 年 1 月第 1 版　　2024 年 7 月第 11 次印刷
ISBN 978-7-5689-0047-8　定价：88.00 元